• 라틴어 원서 번역 •

자연과학의 수학적 원리

프린키피아

PRINCIPIA

제1권 물체들의 움직임

아이작 뉴턴 씀
이 무 현 옮김

ISAAC NEWTON

KYOWOO

가장 위대한 과학자

아이작 뉴턴 박사

수학과 물리학에서의 그의 이 저작
우리 시대와 민족의 찬란한 영광

에드먼드 핼리(Edmund Hally)

보라, 하늘의 조화 그리고 물체들의 성스러운 균형을.
전지전능하신 창조주께서 심사숙고하여,
태초에 천지에다 어길 수 없는 법칙들을 새겨놓아,
그의 걸작의 기초를 확립하였도다.
하늘의 가장 깊숙한 영역이 이제 열리고 정복되어,
가장 요원한 천구를 회전시키는 힘이 공개되었도다.

해는 그의 왕좌에 앉아서 모두에게 명령한다.
아래로 내려오너라.
별의 전차들이 광대한 허공을 직선으로 움직임을 금하노라.
그 중심에서, 제각각 고정된 원을 허하노라.
이제 혜성들의 방랑의 여정은 두렵지 않네.
이제 별들의 꼬리 현상에 경탄치 않으리라.

이 저작에 의해서,
마침내 은색 포이베(달)의 걸음걸이가 다른 원인을 알게 되었네.
어떠한 천문학자도 그것을 숫자들로 굴레 씌울 수 없었지.
교점(node)들이 왜 역행하고, 원지점이 왜 순행하는지.
그리고 방랑하는 킨씨아(달)가 바다에 어떤 힘을 가하는지 알게 되었네.

파도가 일고, 해초를 흩어버리고,
드러난 모래톱은 뱃사람들의 두려움.
해변을 번갈아 강력하게 때리는구나.

고대 철학자들의 마음을 애태우던 문제.
학자들이 헛되이 말다툼만 벌이던 문제.
수학이 검은 구름을 몰아냄을 보는구나.
이제 미혹의 그림자는 사라졌다.
천재에게 허락된 아득한 높이의 하늘에 올라,
천국의 저택을 관통하라.

필멸의 인간들이여, 일어나라.
세속의 번뇌를 벗어버리고,
이제 하늘이 준 이성의 힘을 깨달아라.
축생의 삶을 멀리 벗어버려라.

법률을 제정하여 살인, 도둑질 그리고 간음을 억제하고,
그리고 사기와 위증을 처벌한 자.
유랑하는 사람들에게 도시의 성벽을 건축시킨 자.
그가 기획자로다.
세레스의 선물로 나라를 축복한 자.
또는 포도주로부터 진통제를 추출한 자.
또는 나일의 갈대에 소리를 그려서,
소리를 공유하고, 목소리를 눈에 보이게 한 자.
인류를 수월찮이 고양시켰구나.
비참한 인생들에게 약간의 지복이 내려졌도다.

그러나 이제 우리는 천상의 잔치에 초청 받아,
하늘의 법률을 다루게 되었노라.
이제 지구의 숨겨진 비밀을 밝히고,
불변의 질서,
그리고 과거에 숨겨져 있던 세계의 일들을 인식하자.

비밀을 밝혀 낸 뮤즈를 찬양하라.
그는 하늘의 감로주를 즐겨 마시는구나.
뉴턴이 진리의 창고를 열어젖혔도다.
뉴턴이 바로 뮤즈로다.
그의 가슴은 순수한 포에부스(해)를 지니고,
그의 마음은 신성을 소유하고 있도다.
필멸의 인간들 중에
신들에게 더 가까이 다가갈 자 누구인가.

프린키피아 1권
번역자 머리글

본 번역서는 아이작 뉴턴의 [프린키피아] 제 3판 라틴어 원서를 번역한 것이며, 그래서 그 내용을 가장 정확하게 전달해 주고 있다. 이는 물리학을 공부하는 학생들에게는 물론, 과학사를 연구하시는 분들에게도 크게 도움이 될 것이다. [프린키피아]의 중요성 및 과학사에서의 위치는 널리 알려져 있으니, 여기에서 새삼 언급하지는 않겠다. 이 머리글에서는, [프린키피아]가 세상의 빛을 볼 수 있게 만든, 뉴턴과 에드먼드 핼리 사이의 우정과 헌신에 대해서 주로 언급하겠다.

프톨레마이오스가 [알마게스트]를 출판한 이래, 서양의 천문학과 철학은 천동설이 주류 이론으로 자리를 잡았다. 그러나 코페르니쿠스가 [천구의 회전]을 출판하고, 케플러가 행성 운행에 관한 3개의 법칙들을 발표하고, 갈릴레오가 [천동설과 지동설, 두 체계에 관한 대화]를 출판하면서, 서양에서는 지동설이 천동설을 물리치고 새로운 주류 이론의 자리를 차지하게 되었다.

1600년대 후반에 이르러서, 지동설이 올바른 이론임은 천문학자들 사이에서 논란의 여지가 없었다. 그리고 태양이 어떤 인력, 그러니까 끌어당기는 힘을 작용하여서, 그 때문에 행성들이 태양을 하나의 초점으로 가지는 타원 궤도를 그리며 움직임에 공감대가 형성되어 있었다.

태양의 빛이 퍼져나가는 것을 보면, 그 빛의 강도는 태양의 중심으로부터 거리의 제곱에 역으로 비례함을 쉽게 알 수 있다. 태양의 인력의 본질이 무엇인지는 밝혀지지 않았지만, 태양의 빛이 퍼지는 것을 바탕으로 추론하면, 태양의 인력도 거리의 제곱에 역으로 비례하리라고 유추할 수 있다. 그러나 천문학에서의 가장 중요한 역학 문제, 즉 “태양이 거리의 제곱에 역으로 비례하는 인력을 작용할 때, 행성들은 왜 태양을 하나의 초점으로 가지는 타원 궤도를 그리는가?"라는 문제는 여전히 난공불락의 미해결 과제였다.

에드먼드 핼리, 로버트 후크, 건축가 크리스토퍼 렌, 이 세 사람은 어느 날 같이 모여서 이 문제에 관하여 논의하였다. 후크는 자신이 이 문제를 해결하였으며, 증명할 수 있다고 주장하였다. 핼리는 후크에게 그 증명을 보여 달라고 요구하였는데, 후크는 큰소리 친 것과는 달리 그 증명을 제시할 수 없었다. 핼리는 크게 실망하였다.

핼리는 젊었을 때 남대서양의 외딴 섬 세인트 헬레나에서 남반구의 천체들을 관측하였을 정도로, 천문학의 발전에 헌신적인 인물이었다. (세인트 헬레나 섬은 먼 훗날 나폴레옹의 유배지로 사용된다.) 물론 핼리 본인도 이 문제를 증명하려고 시도하였지만, 핼리의 능력으로는 도저히 해결할 수 없는 난제였다. 그러다가 핼리는 문득 뉴턴이 생각났다. 은둔형 대천재로 소문난 뉴턴은 어쩌면 이 난제를 해결할 수 있을 것 같았다.

뉴턴은 원래부터 성격이 내성적이었으며, 남들과 논쟁하는 것을 매우 싫어했다. 그런데 뉴턴과 로버트 후크 사이에 몇 번의 충돌이 있었으며, 후크는 태양의 인력이 거리의 제곱에 역으로 비례한다는 자신의 아이디어를 뉴턴이 훔쳤다고 주장하였다. 크게 충격을 받은 뉴턴은 모든 학회 활동을 중단하였고, 캠브리지에서 마치 수도승처럼 은둔하고 있었다.

마침내 핼리는 뉴턴을 찾아갔다. (뉴턴은 내성적이고 무뚝뚝하였으며, 평소에 손님도 전혀 없었으니, 뉴턴이 핼리를 반갑게 환대하였을 리는 없다. 그렇지만 이 두 사람의 운명적 만남은, 마치 옥타비아누스와 아그리파의 만남처럼, 역사를 바꾸어 놓았다.) 간단한 인사를 나눈 뒤, 핼리는 본론을 꺼냈다. "큰 물체가 거리의 제곱에 역으로 비례하는 인력을 가할 때, 그 주위를 회전하는 작은 물체는 어떤 궤도를 그리게 됩니까?" 그러자 뉴턴이 즉시

답하였다. "작은 물체는 큰 물체를 초점으로 가지는 타원을 그립니다." 뉴턴이 자신 있게 즉답을 하자 핼리는 깜짝 놀랐다. "당신은 그 사실을 수학적으로 엄밀하게 증명할 수 있습니까?" 그러자 뉴턴은 자신이 그 사실을 이미 몇 년 전에 증명하였으며, 보여 주겠다면서 책상 서랍을 열었다.

뉴턴의 서랍 속에는 수백 장의 종이들이 수북이 쌓여 있었으며, 거기에는 온갖 종류의 법칙들과 증명들이 적혀 있었다. 핼리는 또 다시 깜짝 놀랐다. '뉴턴은 우주에 관한 온갖 비밀들과 규칙들을 밝혀 놓았구나. 그런데 그 모든 놀라운 발견들이 서랍 속에서 잠자고 있구나. 참으로 안타까운 일이다.' 핼리는 마치 연금술사의 비법을 발견한 마이다스처럼 흥분하였다.

뉴턴은 서랍 속을 뒤적였으나, 수백 장의 종이들이 뒤죽박죽으로 섞여 있었으니, 원하는 증명을 찾을 수 없었다. 뉴턴은 핼리에게 양해를 구하면서, 며칠 말미를 주면 그 증명을 찾거나 또는 다시 증명하여서 보내 주겠다고 약속하였다. 핼리는 약간의 의구심을 품은 채 뉴턴과 헤어졌다. 어쩌면 뉴턴은 후크처럼 허풍쟁이일 지도 모른다는 의심이 핼리를 괴롭혔다. 그러나 며칠 후, 뉴턴이 보낸 짤막한 증명을 보고, 핼리는 모든 의혹을 떨쳐버렸다. 비례식을 사용한 그 증명은 너무나 간단하고, 그럼에도 수학적으로 매우 엄밀하여서, 거리의 제곱에 역으로 비례하는 인력을 받는 물체가 타원 궤도를 그림을 논란의 여지가 없이 명쾌하게 보여 주고 있었다.

핼리는 즉시 뉴턴을 재방문하였으며, 그의 모든 발견들을 정리하여 책으로 출판할 것을 강력하게 권하였다. 뉴턴은 핼리의 요청을 완강하게 거부하였는데, 그는 세상 사람들이 자신의 이론에 대해서 비판할 것을 염려하였다. 뉴턴이 말하는 '세상 사람들'이란 '로버트 후크' 한 사람을 뜻함을 핼리는 곧 알아차렸다.

헬리는 뉴턴을 여러 차례 방문하여 책을 출판하도록 설득하였으며, 왕립 학술원에 뉴턴의 놀라운 발견들을 출판하도록 요청하였다. 왕립 학술원은 직전에 출판한 책이 잘 팔리지 않아서, 재정적으로 어려운 상황이어서 난감해하였지만, 핼리는 기꺼이 자신의 사재를 보태기로 결정하였다. 그리고 핼리는 뉴턴과 후크 사이를 오고가면서 적절한 중재 외교를 하여서, 후크가 책의 출판에 브레이크를 거는 일을 미연에 방지하였다. 이러한 핼리의 헌신에 힘입어, 뉴턴의 [프린키피아]는 1687년에 출판될 수 있었으며, 과학 기술의 신세계가 활짝 열릴 수 있었다.

본 번역서를 출판해 주신 교우사 오판근 사장님과, 책을 만드는 데 열과 성을 다해주신 편집부 모든 분들께 깊이 감사를 드립니다. 그리고 이 지면을 빌어서, 1990년대에 본 번역자와 거의 동시에 뉴턴의 [프린키피아]를 번역하여 ([프린시피아]라는 제목으로) 출판하셨던, 고 조경철 박사님의 명복을 빕니다.

번역자 이무현

프린키피아 1권

뉴턴의 머리글 제1판

고대 사람들도 (파푸스에 따르면) 자연 현상을 연구하는 데 가장 중요한 것은 역학이라고 간주하였다. 그리고 현대 사람들은 상당한 형식들과 주술적인 요소들을 거부하여서, 자연 현상을 수학 법칙으로 나타내게 되었는데, 나는 이 책에서 수학을 발전시켜 철학에 이르도록 하였다. 고대 사람들은 역학을 두 종류로 분류하였다. 논리적인 것. 이것은 증명들을 통해서 엄밀하게 전개할 수 있다. 그리고 실용적인 것. 손으로 직접 만지는 것들은 모두 실용적인 역학에 속한다. 역학이란 이름이 거기에서 나왔다. 그렇지만 기술자들의 작업은 대개 정확도가 떨어진다. 그렇기 때문에 모든 역학들은 기하학과 구별이 된다. 어떠한 것이든 완벽하게 정확하면 기하학적이라고 말하며, 어떠한 것이든 정확도가 떨어지면 역학적이라고 말한다. 그렇지만 오차들은 역학에 있는 게 아니라, 기술자들에게 있다. 누구든 정확도가 떨어지게 일하면, 역학자로서 완벽하지 않다. 누구든 가장 정확하게 작업하는 사람이, 가장 완벽한 역학자이다.

왜냐 하면 기하학의 근본이 되는, 직선들 그리고 원들의 작도들은 역학에 속하기 때문이다. 기하학은 그 선들의 작도들을 가르치지 않으며, 공리로서 받아들인다. 초보자들은 기하학에 입문하기 이전에 그것들을 정확하게 작도하는 방법을 배워야 한다. 그 다음에, 이러한 활동들을 통해서 어떻게 문제를 풀 수 있는지 배운다. 직선들 그리고 원들의 작도들은 문제이지만, 기하학의 문제가 아니다. 그 해답은 역학을 요구하며, 그 해답의 사용은 기하학에서 가르친다. 기하학이 멋진 점은, 다른 분야에서 들여온 불과 몇 가지 원리들을 바탕으로, 그렇게 많은 것들을 낳을 수 있다는 것이다.

그러므로 기하학은 역학적인 실행에 바탕을 두었으며, 측정하는 기술을 정확한 법칙들과 증명들로 환원한, 광범위한 역학의 그 분야일 뿐이다.

그렇지만 실제 손으로 하는 일은 주로 움직이는 물체들에 관해서이니, 기하학은 대개의 경우 그 크기에 관해서, 그리고 역학은 그 운동에 관해서 논한다. 이런 의미에서, 논리적인 역학이란 임의의 힘들에 의해서 생기는 운동들과, 임의의 운동을 낳기 위해서 요구되는 힘들을 정확하게 제시하고 증명하는 과학이다. 역학의 이 분야는, 사람의 노동에 속하는 다섯 가지 힘들과 관련하여서, 고대 사람들이 발전시켜 놓았다. 이러한 힘들에 의해서 무게를 움직일 때 이외에는, 그들은 중력을 (사람의 힘이 아니기 때문에) 거의 무시하였다.

그렇지만 우리는 (사람의) 작업들이 아니라 (자연의) 철학에 관하여, 사람의 힘들이 아니라 자연의 힘들에 관하여 저술하겠다. 주로 중력, 부력, 탄성력, 유체들의 저항, 당기는 또는 미는, 이러한 힘들을 다루겠다. 그러므로 우리의 책은 자연 철학의 수학적 원리를 추구할 것이다.

철학의 모든 어려움은 운동들의 현상들로부터 자연의 힘들을 조사하고, 그 다음에 이 힘들로부터 다른 현상들을 증명하는 것에 관련한다고 볼 수 있다. 우리들이 제 1권과 제 2권에서 다룬 일반적인 법칙들은 이것을 염두에 두고 있다. 제 3권에서는 우주의 체계를 설명하여서, 이것의 실제 예를 제시해 놓겠다. 앞의 책들에서 수학적으로 증명한 법칙들을 써서, 거기에서 천체 현상들로부터, 해와 제각각의 행성들을 향하는 물체들의 중력의 힘들을 유도해 내겠다. 그 다음에 또 다른 수학 법칙들을 써서, 이 힘들로부터 행성들, 혜성들, 달, 그리고 바닷물의 운동들을 이끌어 내겠다.

자연의 다른 현상들도 역학적 원리들을 써서 마찬가지 추론으로 유도해 낼 수 있다면 좋을 것이다. 왜냐 하면 여러 사항들이 나를 이끌어서, 이 모든 것들은 어떤 힘들에 의해서이며, 물체들의 입자들이, 아직 알려지지 않은 원인에 따라서 서로 간에 잡아당겨져 엉켜서 규칙적인 형태를 만들거나,

또는 서로 떠밀어서 거리가 멀어지는 것에서 유래된다고 추론되기 때문이다. 이 힘들을 몰랐기 때문에, 자연에 대한 철학자들의 지금까지의 연구는 헛수고였다. 이러한 방법의 철학이든, 또는 더 올바른 방법이든, 내가 여기서 제시한 원리들이 약간의 빛을 비추게 되기를 바란다.

이 책의 출판에서, 박학다식하고 예지가 뛰어난 에드먼드 핼리 씨의 헌신이 있었다. 그는 오류를 교정하고 도형들의 도판 제작을 도와주었음은 물론이고, 그의 간청이 있었기 때문에 이 책을 출판하게 되었다. 천체의 궤도에 관해서 내가 증명한 것을 그가 보고 나서, 그는 그것을 왕립 학술원에 전달하라고 나에게 계속 권하였다. 그 후 그의 권유와 간청에 못 이겨, 나는 그것을 출판하기로 마음먹었다.

그런데 달의 운동들의 불규칙함에 대해서 연구를 시작하고 나자, 다른 여러 사항들을 검토하게 되었다. 중력 그리고 다른 힘들의 법칙들 그리고 측정들, 주어진 어떤 인력들에 따라서 물체들이 그리게 될 도형들, 다수의 물체들 서로 간의 운동들, 저항이 있는 매질에서의 물체들의 운동들, 매질의 힘들, 밀도들 그리고 운동들, 혜성들의 궤도들 그리고 유사한 것들에 관해서.

결국 나는 이 모든 것들을 연구해서 하나로 매듭짓게 될 때까지 출판을 연기해야 한다고 생각하였다. 이 연구들은 모두 (이것들은 여전히 불완전하다.) 달의 운동과 관계된 법칙 66의 딸린 법칙들로 묶어 놓았다. 만약에 이들을 제각각 법칙으로 제시하고 증명하였다면, 그 주제가 요구하는 것에 비해서 지나치게 분량이 늘어났을 것이며, 다른 법칙들의 일관된 진행을 방해하였을 것이다. 차후에 발견한 어떤 것들은 약간 부적절한 위치에 넣을 수밖에 없었다. 많은 법칙들과 그들을 인용한 번호들을 바꾸고 싶지 않았기 때문이다.

모든 것들을 진솔하게 읽어 주기 바란다. 이 분야는 워낙 어려우니, 혹시 잘못이 있더라도 너무 책망하지 말고, 독자들의 새로운 노력과 연구로 친절히 보충해 주기 바란다.

1686년 5월 8일

캠브리지, 트리니티 칼리지

아이작 뉴턴

프린키피아 1권

뉴턴의 머리글 제3판

이 제 3판에서, 이러한 문제들에 대해서 매우 능숙한 헨리 펨버튼이 꼼꼼하게 감독하였으며, 제 2권의 매질의 저항과 관련하여 여러 사항들을 이전에 비해서 더 상세하게 설명해 놓았으며, 그리고 공기 속에서 낙하하는 무거운 물체들의 저항에 대한 새로운 실험들을 추가해 놓았다. 제 3권에서 달이 중력에 의해서 그 궤도를 유지함을 증명하는 추론을, 좀 더 길게 설명해 놓았다. 그리고 목성과 다른 행성들의 지름들의 비율을, 파운드가 새로이 관측한 것들을 추가해 놓았다.

게다가 1680년에 등장한 혜성에 대한 약간의 관측들도 추가하였다. 커크가 독일에서 11월에 관측한 것이며, 최근에 우리가 입수하였다. 그리고 이것의 도움을 받아서, 혜성의 운동이 포물선 궤도에 얼마나 가까운지 확립할 수 있었다. 그리고 그 혜성의 궤도는, 핼리의 계산으로, 이전보다 더욱 정확하게 결정되었으며, 타원을 따른다. 그리고 행성들이 천문학에서 정의한 타원궤도들을 따르는 것에 뒤지지 않는 정확도로, 그 혜성은 이 타원궤도를 따라서 하늘에서 아홉 개의 궁(별자리)들을 가로질러 지났다. 1723년에 등장한 혜성의 궤도도 추가하였다. 이것은 옥스퍼드의 천문학 교수 브래들리가 계산하였다.

1725년 1월 12일

런던

아이작 뉴턴

프린키피아 1권
차례

프린키피아 1권
물체의 운동

정의 1

물체의 양(Quantitas Materiae, 질량)이란 그 밀도 그리고 그 크기(부피)의 결합(곱)으로부터 유래되는 측정이다.

공기의 밀도가 두 배가 되면, 역시 두 배인 공간에서, (공기의 양은) 네 배가 되며, 세 배인 공간에서 (공기의 양은) 여섯 배가 된다. 눈 그리고 고운 가루를 압축하거나 또는 녹여서 응축시켜도 이와 같이 됨을 이해하자. 임의의 어떠한 원인에 의해서, 다양한 방법으로 응축시켜도, 모든 물체들은 이와 같은 비율이 된다. 만약 물체의 부분들 사이의 빈틈으로 자유롭게 스며드는 매질이 있다면, 나는 당분간 그에 대해서 논하지 않겠다.

내가 앞으로 물체 또는 질량(Massae)이라는 명칭을 사용하면, 그건 여기의 이 양을 뜻한다. 물체의 질량은 각각의 무게로 알려져 있다. 왜냐하면 나는 진자를 매우 정밀하게 만들어서, 실험을 통하여 그것(질량)이 무게에 비례함을 발견하였기 때문이다. 이것은 뒤에 가서 설명하겠다.

정의 2

운동의 양(Quantitas motus, 운동량)이란 그 속도 그리고 그 물체의 양의 결합(곱)으로부터 유래되는 측정이다.

전체의 운동은 각 부분들의 운동들의 합이다. 그러므로 두 배인 물체는, 같은 속도이면, (운동량이) 두 배가 되고, 그리고 속도가 두 배이면 네 배가 된다.

정의 3

물체의 내재된 힘(Materiae vis insita, 관성)이란 저항하는 힘이며, 각각의 물체는, 그 속에 이것이 들어있는 만큼, 정지해 있든 또는 직선을 따라서 일정하게 움직이든, 이것에 따라서 그 상태를 유지한다.

이것은 항상 (이것이 속해 있는) 그 물체에 비례한다. 질량의 타성(inertia Massae)과 전혀 다르지 않으며, 다만 감지하는 방법이 달라질 뿐이다. 질량의 타성 때문에, 모든 물체는 정지 또는 운동 상태에서 벗어나게 하기가 쉽지 않다. 그러니 내재된 힘(관성)이란 타성의 힘(vis inertiae)이라 부르는 것이 가장 적합하다고 할 수 있다.

물체가 이 힘을 행사하는 경우는, 다른 어떤 힘을 그 물체에 가해 그 상태가 바뀔 때뿐이다. 그리고 이 힘의 행사는, 다른 관점에 따라서, 저항(Resistentia) 그리고 기동력(Impetus)이 된다. 물체가 가해진 힘에 반항하며 그 상태를 유지하려 하니, 저항이다. 동일한 물체가, 방해물의 저항의 힘에 쉽게 굴복하지 않으며, 방해물의 그 상태를 바꾸려 시도하니, 기동력이다.

대개 정지한 물체에게 저항을, 그리고 움직이는 물체에게 기동력을 부여한다. 그러나 운동 그리고 정지는, 대개 개념을 잡을 때, 상대적으로 서로 간에 구별될 뿐이다. 대개 정지해 있다고 간주하는 물체들이, 항상 진정으로 정지해 있는 것은 아니다.

정의 4

가하는 힘(Vis impressa)이란, 물체가 정지해 있거나 또는 직선을 따라서 일정하게 움직이고 있는, 그 상태를 바꾸기 위해서 물체에다 어떤 행위를 행사함이다.

이 힘은 행위 속에서만 구성되며, 행위가 끝나면 물체 속에 남아 있지 않다. 물체가 모든 새로운 상태를 유지하는 것은 타성의 힘일 뿐이다. 그러나 가하는 힘이란 유래들이 다양하며, 때리는 것, 압력을 가하는 것, 구심의 힘 등등으로부터 생긴다.

정의 5

구심의 힘(Vis centrapeta, 구심력)이란 물체가 어떤 점을 향해서, 그것을 중심점으로 하여, 움직이도록 끌거나, 밀거나, 또는 어떻게든 강요되는 힘을 말한다.

중력이 이러한 종류인데, 그것에 의해서 물체는 지구의 중심을 향하게 된다. 자력의 힘에 의해서 쇠붙이는 자석을 향해서 움직이게 된다. 그리고 그 힘이 무엇이든 간에, 행성들이 영원히 직선 운동에서 벗어나서, 곡선을 따라서 회전하도록 만드는 힘이 있다.

돌멩이를 줄에 묶어서 돌리면, 돌멩이는 그 손으로부터 멀리 달아나려고 애를 쓴다. 그러니 그 시도로 줄을 팽팽하게 당긴다. 회전하는 속력이 더 빠르면 그 힘도 더 커진다. 그래서 풀려나자마자, 멀리 날아간다. 그 행위에 반대되는 힘이 있어서, 그것에 의해서 돌멩이는 영원히 손을 향해 끌리며, 그 원을 유지한다. 그것은 마치 궤도의 중심처럼 손을 향하니, 구심력이라 부르겠다.

그리고 궤도를 따라서 회전하는 모든 물체들은 이와 같은 원리이다.

그것들은 모두 궤도의 중심에서 멀어지려고 하는데, 그에 반대되는 어떤 힘이 있어서, 그것들을 그 궤도들에 붙잡아두는 것이다. 이러한 힘을 구심력이라 부른다. 이런 힘이 없다면, 그것들은 직선을 따라서 일정한 속력으로 멀리 가 버린다.

투사체는, 만약 중력의 힘을 박탈해 버리면, 지구를 향해서 굴절되지 않고, 직선을 따라서 하늘로 멀리 가게 될 것이다. 만약 공기의 저항을 제거하면, 그것은 일정한 (속력의) 운동이 된다. 중력 때문에 물체는 직선 경로로부터 (당겨져) 물러서며, 땅을 향해서 계속 굴절된다. 그 정도는 그 중력 그리고 운동 속력에 따라서 크거나 또는 작게 된다. 물질의 양에 비해서 그 중력이 작을수록, 또는 그것이 투사된 속력이 클수록, 직선 경로로부터 더 적게 벗어나며, 그리고 더 멀리 나아가게 된다.

납공을, 어떤 산꼭대기에서 주어진 속력으로, 수평선을 따라서 화약의 힘으로 투사하였더니, 곡선을 따라서 2 마일 거리를 나아간 다음 땅에 떨어지더라고 하자. 만약 공기의 저항을 제거하면, 이것이 두 배의 속력이면 거의 두 배의 거리를 나아가게 되고, 열 배의 속력이면 거의 열 배의 거리를 나아가게 된다.

그리고 그 속력을 증가시키면, 그것이 투사되는 거리는 원하는 만큼 증가하게 되며, 그것이 그리는 곡선의 곡률은 감소하게 된다. 그러니 그것은 마침내 10도 또는 30도 또는 90도 거리에서 떨어지게 된다. 또는 심지어 지구 전체를 회전할 수 있으며, 또는 마침내 하늘로 날아가서, 그 운동으로 무한히 멀리 나아갈 수 있다.

그리고 투사체가 중력의 힘에 의해서 그 궤도가 굽어서 전체 지구를 감싸는 것과 동일한 원리로, 달은 만약 중력이 있다면 중력의 힘에 의해서, 또는 다른 어떤 임의의 힘에 의해서, 지구를 향해 눌려져서(강제되어서), 계속(항상) 직선 경로로부터 지구를 향해 당겨져서, 굽어서 자신의 궤도로 갈 수 있다. 그러한 힘이 없다면, 달은 자신의 궤도를 유지할 수 없다.

이 힘이, 만약 적정량보다 더 작으면, 달을 직선 경로로부터 굴절시키기에 충분하지 않을 것이다. 만약 적정량보다 더 크면, 필요한 이상으로 굴절시켜서, 그 궤도의 방향이 지구를 향하게 될 것이다. 실제로 그것은 꼭 알맞은 크기가 요구된다. 그리고 어떤 물체가 주어진 어떤 궤도를 어떤 속력으로 정확하게 유지하기에 필요한 힘을 구하는 것은 수학자들의 임무이다. 그리고 역으로, 어떤 물체가 주어진 어떤 위치에서 주어진 어떤 속력으로 출발하다가, 주어진 힘에 의해서 굴절될 때, 그 곡선 궤도를 구할 수 있다.

이러한 구심력은 세 가지 유형들의 양이다. 절대(absoluta), 가속(acceleratrix), 그리고 동인(motrix).

정의 6

구심력의 절대 양(Vis centripetae quantitas absoluta)이란, 중심에서부터 그 둘레의 영역으로 퍼져나가는 그 원인의 효능의 크거나 또는 작은 측정이다.

자력의 힘의 크기 또는 강도는 어느 한 자석에서는 크고, 다른 자석에서는 작다.

정의 7

구심력의 가속 양(Vis centripetae quantitas acceleratrix)이란, 주어진 시간 동안 그것이 생성하는 속도에 비례하는 측정이다.

예를 들어 동일한 자석의 힘도 짧은 거리에서는 크고, 먼 거리에서는 작다. 또는 계곡들에서는 중력의 힘이 크지만, 높은 산꼭대기들에서는 (중력의 힘이) 작다. 게다가 지구로부터 매우 먼 거리들에서는 (뒤에 가서 보일 것이다.) 더욱 작다. 그러나 같은 거리들에서는 모든 방향에서 서로 같다. 왜냐 하면 모든 낙하 물체들이 (무겁든 또는 가볍든, 크든 또는 작든) 공기의 저항을 제거하면, 동일하게 가속이 되기 때문이다.

정의 8

구심력의 동인 양(Vis centripetae quantitas motrix)이란, 주어진 시간 동안 그것이 생성하는 운동에 비례하는 측정이다.

예를 들어 큰 물체는 무게가 더 크고, 작은 물체는 더 작다. 그리고 같은(동일한) 물체도 지구 가까이에서는 (무게가) 더 크고, 하늘에서는 더 작다. 이러한 양이 전체 물체의 구심의 의향, 또는 중심을 향하는 경향이다. 그리고 (말하자면) 그 무게이다. 그리고 그와 동일하고 반대인, 그 물체의 하강을 막을 수 있는 힘에 의해서 항상 알려진다.

간단하게 하기 위해서, 우리는 힘들의 이러한 양들을 동인, 가속 그리고 절대 힘들이라 이름붙일 수 있다. 그리고 구별하기 위하여, 중심을 향하는 물체들에 관해서, 물체들의 위치들에 관해서, 그리고 중심을 향하는 힘들에 관해서라 언급할 수 있다. 그러니까 물체에 대한 동인의 힘은, 중심을 향한 전체의 노력이며, 모든 부분들의 노력들의 결합으로 구성된다. 그리고 물체의 장소에 대한 가속의 힘은, 어떤 종류의 효능으로서, 중심에서부터 그 둘레의 각각의 장소로 퍼져, 거기에 있는 물체들을 움직인다.

그리고 중심에서의 절대 힘은, 어떤 원인에 의해서 제공되며, 그것이 없다면 동인의 힘들이 둘레의 영역들로 퍼져나갈 수 없다. 그 원인은 중심의 어떤 물체일 수도 있고(자력의 힘의 중심에 자석이 있고, 또는 중력의 힘의 중심에 지구가 있는 것처럼), 또는 드러나지 않은 다른 어떤 것일 수도 있다. 이 개념은 순수하게 수학적이다. 왜냐 하면 나는 지금 힘들의 물리학적 원인들 그리고 위치들을 고려하지 않기 때문이다.

그러므로 가속의 힘 대 동인의 힘의 관계는, 속도 대 운동의 관계와 같다. 왜냐 하면 운동의 양은 속도 그리고 물질의 양으로부터 나온다. 그리고 동인의 힘은 가속의 힘 그리고 동일한 물질의 양의 결합(곱)으로부터 나온다. 왜냐 하면 물체의 각각의 입자들에 대한 가속시키는 힘들의 작용들의 합은 전체 물체의 동인의 힘이기 때문이다.

(번역자 주) '속도'라는 용어가 '속력'의 개념으로 사용되는 경우도 흔히 있음에 유의하기 바란다.

그러므로 지구 표면 근처에서, 중력의 가속도 또는 중력의 힘은 모든 물체들에서 동일하니, 동인 중력 또는 무게는 그 물체(의 질량)에 비례한다. 그러나 만약 중력에 의한 가속이 작아지는 영역으로 상승하면, 무게도 마찬가지로 감소한다. 그리고 그것(무게)은 항상 물체(의 질량) 그리고 중력 가속도의 결합(곱)에 비례하게 된다. 그러므로 중력에 의한 가속이 절반으로 줄어드는 영역에서는, (질량이) 절반 또는 삼분의 일인 물체의 무게는 사분의 일 또는 육분의 일이 된다.

게다가 나는 인력들 그리고 가해지는 힘들이라는 용어를 가속의 힘들 그리고 동인의 힘들과 같은 의미로 사용하겠다. 그렇지만 나는 중심을 향하는 임의의 경향들, 인력들, 또는 가해지는 힘들을 서로 간에 구별하지 않고 자유분방하게 사용하겠으며, 이러한 힘들을 물리학적이 아니라 수학적으로만 고려하겠다. 그러므로 독자 여러분들은 유의하기 바란다.

내가 이러한 종류의 용어들을 사용하더라도, 어떤 활동의 유형 또는 물리적 원인과 이유에 대해서 내가 정의한다거나, 또는 설령 내가 중심들을 그리고, 힘들이 중심들을 향한다고 말하더라도, (수학적 점들에 불과한) 중심들에게 진정한 그리고 물리적인 힘들을 할당하는 게 아님을 말이다.

설명

지금까지 나는 덜 알려진 용어들에 대해서, 앞으로 어떤 의미로 사용할지를 설명하였다. 시간, 공간, 위치 그리고 운동은 널리 알려진 용어들이다. 그렇지만 일반인들은 이러한 양들을 감지할 수 있는 사물들과의 연관으로 파악함을 주목하기 바란다. 그리고 이 때문에 어떤 편견들이 생겨난다. 이 편견들을 제거하기 위해서, 이것들을 절대적 그리고 상대적, 진정한 그리고 겉보기의, 수학적 그리고 통상적(일상적)으로 구별하는 것이 온당하다.

I. 절대적, 진정한, 그리고 수학적 시간이란, 그 스스로 그 본성에 따라서, 외부의 어떠한 것과도 관계가 없이, 일정하게 흐른다. 이것을 지속이라고 부르기도 한다. 상대적, 겉보기의, 그리고 통상적 시간이란, 감지할 수 있고 외부적인, 운동에 의해서 측정 가능한 (정확하든 또는 일정하지 않든) 임의의 지속이다. 일반 대중은 진정한 시간 대신 이것을 사용하는데, 시간, 일, 월, 년 등등이다.

II. 절대적 공간이란, 그의 본성에 따라서, 외부의 어떠한 것과도 관계가 없이, 항상 균등하고 그리고 정지하여 존재한다. 상대적 공간이란 이 (절대적) 공간을 임의의 움직이는 물체로 측정 또는 차원짓는 것이며, 물체들에 대한 그 위치로써 우리들의 감각들에 의해서 정의된다. 그리고 통상적으로 고정된 공간으로 사용된다. 예를 들어 지하에서의, 공중에서의 또는 창공에서의 공간의 차원은 지구에 대한 그 위치로써 정의된다.

절대적 그리고 상대적 공간은, 그 유형 그리고 그 크기에서, 서로 동일하다. 그러나 이들이 동일한 수치를 항상 유지하지는 않는다. 왜냐 하면 만약 지구가, 예를 들어, 움직이면, 우리의 공기의 공간은, 지구와의 관계로는 항상 동일한 상대적 공간에 놓여있지만, 절대적 공간에서는 이제 어느 한 부분에서, 이제 다른 한 부분으로 공기가 지나간다. 그러므로 절대적으로는 영원히(계속해서) 변화하게 된다.

III. 위치는 그 물체가 차지하는 공간의 그 부분이다. 이것은 공간의 본성에 따라서 절대적 또는 상대적이다. 공간의 부분은, 말하자면, 물체의 장소(situs) 또는 둘러싼 표면이 아니다. 왜냐 하면 (부피가) 같은 입체들은 그 위치들이 항상 같다. 그러나 표면들은, 형태들이 다르기 때문에, 대개의 경우 같지 않다. 그러나 장소들은, 엄밀하게 말하면, 양을 가지지 않으며, 위치들이라기보다 위치들의 속성들이라고 하겠다.

전체의 운동은 부분들의 운동들의 합과 같다. 그러니까 전체가 그 위치로부터 이동하는 것은, 그 부분들이 그 위치들로부터 이동하는 것들을 합한 것이다. 그러므로 전체의 위치는 그 부분들의 위치들의 합과 같다. 그러므로 이것은 내부적이며, 그리고 전체 물체의 속이다.

IV. 절대적 운동이란 물체가 절대적 위치에서 절대적 위치로 이동하는 것이고, 상대적 운동이란 상대적 위치에서 상대적 위치로 이동하는 것이다. 그러니 돛에 의해서 움직이는 선박에서, 그 물체의 상대적 위치란, 그 물체가 차지하는 선박에서의 그 영역이다. 또는 (선박의) 전체 빈 공간에서 그 물체가 채워 주고 있는 부분이며, 그것은 선박과 더불어 움직인다.

그리고 상대적 정지란, 그 물체가 선박에서 동일한 영역 또는 빈 공간의 동일한 부분에서 영속하는 것이다. 그러나 진정한 정지란, 선박 자신과 선박의 빈 공간 그리고 그 모든 내용물들이 움직이고 있는, 그 움직이지 않는 공간의 동일한 부분에서 물체가 영속하는 것이다.

그러므로 만약 지구가 진정 정지해 있다면, 선박에 대해 상대적으로 정지해 있는 물체는, 지구에 대해서 선박이 움직이는 것과 동일한 속도로, 진정 그리고 절대적으로 움직인다. 만약 지구도 역시 움직이면, 물체의 진정한 절대적 움직임은, 일부분은 고정된 공간에서의 지구의 운동으로부터, 일부분은 지구상에서 선박의 상대적 운동으로부터 생겨난다. 그리고 만약 그 물체가 역시 선박에 대해서 상대적으로 움직이면, 그 물체의 진정한 움직임은, 일부분은 고정된 공간에서의 지구의 운동으로부터, 일부분은 지구상에서 선박의 상대적 운동으로부터 그리고 선박에서의 물체의 상대적 운동으로부터 생겨난다. 그리고 이들 상대적 운동들로부터 지구상에서 물체의 상대적 운동이 생겨난다.

예를 들어 선박이 움직이고 있는 지구의 그 부분이 10010 단위의 속도로, 진정 동쪽으로 움직인다고 하자. 그리고 강풍의 돛에 의해서,

선박은 서쪽으로 10 단위의 속도로 운반되고, 선원은 선상에서 동쪽으로 1 단위의 속도로 걷는다고 하자. 그러면 정지된 공간 속에서, 선원은 진정 그리고 절대적으로 10001 단위의 속도로 동쪽으로 움직인다. 그리고 지구에서 상대적으로, 9 단위의 속도로 서쪽으로 움직인다.

천문학에서는 절대적 시간을 상대적 시간과 구별하며, 일상적 시간에다 교정 공식을 적용한다. 우리는 일상적으로 시간의 측정 단위로써 자연의 하루하루가 (길이가) 같다고 간주하지만, 사실은 같지 않다. 천문학자들은 천체의 운동을 더욱 올바른 시간으로 측정하기 위해서, 이러한 불일치를 교정한다. 시간을 정확하게 측정하면, (속도가) 일정한 운동이란 존재하지 않을지도 모른다. 모든 운동들은 가속 그리고 감속이 될 수 있지만, 그러나 절대적 시간의 흐름은 변화시킬 수 없다.

운동들이 빠르든, 또는 느리든, 또는 전혀 없든, 사물들의 존재의 지속 또는 유지는 동일하다. 그러므로 이것들은 그 감지 가능한 측정들로부터 구별함이 온당하다. 그것들로부터 (감지 가능한 측정들로부터) 천문학적 방정식을 써서 이것을 (존재의 지속 또는 유지를) 획득한다. 현상들을 결정하는 데에 이 방정식이 필요함은, 진자 시계의 실험을 통해서, 그리고 또한 목성의 위성들의 식(eclipse)들을 통해서 증명이 된다.

시간의 각 부분들을 순서를 바꿀 수 없는 것처럼, 마찬가지로 공간의 각 부분들도 순서를 바꿀 수 없다. 이것들이 그 자신의 위치들로부터, (이를테면) 자신들로부터 벗어나 움직였다고 하자. 그러나 시간들 그리고 공간들은 그 자신들 그리고 다른 모든 사물들의 위치들이다.

시간 속에서 (모든 사물들은) 차례차례 순서에 따라서, 공간 속에서 (모든 사물들은) 그들의 장소(situs)의 순서에 따라서 위치한다. 그들의 에센스는 그 위치들(loca)이 됨이다. 그러니 그 주된 위치들로부터 옮겨진다는 것은 어처구니없다.

그러므로 이것들은 절대적 위치들이며, 이 위치들에서의 이동들만이 절대적 운동들이다. 그러나 이 공간의 부분들은 볼 수 없으며, 그러니 우리들의 감각으로는 서로 구별할 수 없다. 그러니 이것들 대신에 감지할 수 있는 측정들을 채용한다.

어떤 물체가 있어서, 그것이 움직이지 않는다(immobile)고 간주되면, 그것으로부터 사물들의 위치들 그리고 거리들로써, 우리는 모든 위치들을 정의한다. 그 다음에 우리들은 방금 언급한 위치들을 기준으로 모든 운동들을 평가한다. 물체들이 그들을 기준으로 이동하는 것을 감지하는 한에서 말이다. 그러니 우리는 절대적 위치들 그리고 운동들 대신에, 상대적을 사용한다. 인간들의 일상사에서는 적당하지 않다고 할 수 없다. 그러나 철학들에서는 감각들로부터 유리되어 추상화되어야 한다.

장소들 그리고 운동들의 기준으로 삼는, (절대적으로) 정지해 있는 물체가 없을 수도 있다. 그러나 절대적인 그리고 상대적인 정지들 그리고 운동들은, 그들의 성질들, 원인들 그리고 결과들에 따라서 서로 간에 구별된다. 진정 정지해 있는 물체들은 그들 사이에 정지해 있음이 정지의 성질이다. 그러므로 고정된 별들의 영역들, 또는 그보다 더 먼 곳에서는, 절대적으로 정지한 어떤 물체를 찾을 수 있을 것이다. 그렇지만 우리의 영역들에 있는 물체들 상호간의 장소로부터, 이들 중의 어느 하나가 그 먼 물체를 기준으로 주어진 위치를 유지하는지 여부를 알 수 없으니, 진정한 정지는 이러한 물체들 서로 간의 장소로부터 정의할 수 없다.

물체의 부분들이 전체에 대해서 그들의 주어진 상대적 위치들을 유지하면, 전체들과 동일한 운동들에 참여함이 운동의 성질이다. 왜냐 하면 회전하는 부분들은 모두 운동의 축으로부터 멀어지려고 하며, 진행하는 물체의 기동력은 그 각각의 부분들의 기동력들의 합으로부터 생겨나기 때문이다. 그러므로 주위의 물체들이 움직이면, 주위에 대해서 상대적으로 정지해 있는 물체도 같이 움직인다.

그렇기 때문에 진정한 그리고 절대적 운동은, 정지해 있는 것으로 간주되는 주위 물체들로부터의 이동으로 정의할 수 없다. 외부의 물체들이 정지해 있는 것으로 간주될 뿐만 아니라, 진정으로 정지해 있어야 한다. 그렇지 않다면, 포함된 모든 물체들은 둘레 주위로부터 이동하지 않는 한, 둘레의 진정한 운동들에도 역시 참여하게 된다. 그리고 만약 그러한 이동이 없다 하더라도, 이들은 진정 정지해 있는 것이 아니라, 다만 정지해 있는 것으로 간주될 뿐이다.

둘레는 내포하는 것들에 대해서, 전체에서 외부 부분의 내부 부분에 대한 관계와 같다. 또는 겉껍질 대 속알맹이와 같다. 만약 겉껍질이 움직이면, 속알맹이도 역시 움직인다. 겉껍질의 근방에서 이동하지 않으며, 전체의 일부분으로서 움직이는 것이다. 방금 언급한 것과 매우 유사한 성질로, 어떤 위치가 이동하면, 그 위치에 놓인 것도 (더불어) 이동한다. 그러므로 물체가, 움직이는 위치로부터 움직이면, 그 위치의 운동에도 역시 참여하게 된다.

그러므로 움직이는 위치들에서부터 만들어지는 모든 운동들은 전체 그리고 절대적 운동들의 부분들일 뿐이다. 그리고 모든 전체 운동은 그 첫째 위치로부터의 물체의 운동, 이러한 위치의 그 위치로부터의 운동, 그리고 등등의 합으로 생겨난다. 그래서 마침내 정지된 공간에 이르러야 한다. 위에서 선원의 예처럼 말이다.

그러므로 완전한 그리고 절대적 운동들은 정지된 위치들에 의해서만 정의될 수 있다. 그래서 나는 위에서 이것들을 정지된 위치들에 대해서, 상대적은 움직이는 공간에 대해서 언급하였다. 그러나 정지된 위치들이란, 무한에서부터 무한까지 주어진 서로 간의 위치를 유지하는 만물(omnia)이 있을 뿐이다. 그래서 그것들은 항상 정지해 있으며, 내가 정지라고 부르는 공간을 구성한다.

진정한 그리고 상대적 운동들을 서로 간에 구별할 수 있는 원인들은, 물체들에 가해져 운동을 생성하는 힘들이다. 진정한 운동은 그 물체 자신에게 가해진 힘이 아니면 생성되거나 또는 변화하지 않는다. 그러나 상대적 운동은 이 물체에게 가해진 힘이 없어도 생성되거나 변화할 수 있다. 그 관계가 형성된 다른 물체들에게만 가해도 충분하기 때문이다. 그래서 그것들이 물러나면, 이 물체의 상대적 운동 또는 정지를 구성하는 그 관계가 변화하기 때문이다.

재차 말하는 바, 진정한 운동은 그 운동의 물체에게 가해진 힘에 의해서 항상 변화하지만, 상대적 운동은 그 힘들에 의해서 반드시 변화하는 게 아니다. 왜냐 하면 그 관계가 형성되는 다른 물체들에게도 같은 힘들이 적용되면, 그렇게 가해진 물체들은 상대적 위치가 (그대로) 유지되며, 그러니 상대적 운동을 구성하는 관계가 그대로 보전될 것이다. 그러므로 모든 상대적 운동은 진정한 운동이 보전되면서 변화할 수 있으며, 진정한 운동이 변화되면서 보전될 수 있다. 그러므로 진정한 운동은 이런 종류의 관계로부터 형성되지 않는다.

절대적 그리고 상대적 운동들을 서로 구별할 수 있는 효과들로는, 회전운동의 축에서부터 멀어지려는 힘들이 있다. 왜냐 하면 순수하게 상대적인 회전운동에서 이러한 힘들은 영이며, 진정한 그리고 절대적인 회전운동에서는 운동의 크기에 비례하여서 커지거나 또는 작아지는 힘들이기 때문이다.

양동이를 기다란 줄에 묶어 매달아라. 그리고 줄을 계속 돌려서 단단하게 꼬이도록 만들어라. 그러고 나서 양동이에 물을 채우고, 물과 더불어 정지해 있도록 해라. 그 다음에 어떤 갑작스러운 힘에 의해서 이것이 반대 방향으로 회전하도록 만들고, (꼬였던) 줄이 풀리면서 이 운동을 오래 지속하도록 하여라.

물의 표면은 처음에는, 양동이가 운동을 시작하기 전과 마찬가지로, 편편할 것이다. 그러나 그 이후, 양동이의 힘이 점차 물에 가해져서, 물도 눈에 띄게 회전하도록 초래할 것이다. 물은 중심에서부터 점차 후퇴하여서, 양동이의 면을 향하여 올라갈 것이다. 그래서 우묵한 형태가 되며, (내가 직접 실험해 본 것처럼) 운동이 빨라지면 점점 더 많이 올라갈 것이며, 마침내 양동이와 같은 주기로 회전하게 되어서, 양동이에 대해서 상대적으로 정지 상태가 될 것이다.

이러한 상승은 운동의 축으로부터 멀어지려는 시도를 나타내며, 이러한 행동에 의해서 회전하는 물의 진정한 그리고 절대적인 운동을 측정하고 그리고 알아차릴 수 있다. 여기서는 상대적인 운동과 완전히 반대이다. 처음에, 양동이에 대한 물의 상대적 운동이 가장 컸지만, 그 운동은 축으로부터 멀어지려는 시도를 전혀 낳지 않았다. 물은 양동이의 면을 향해, 둘레에서 올라가려는 노력을 전혀 하지 않았으며, 편편하게 남아 있었다. 그러니 진정한 회전운동을 아직 시작하지 않은 것이다.

그러나 그 후 물의 상대적 운동은 감소하였지만, 양동이의 면을 향한 물의 상승은, 축으로부터 멀어지려는 시도를 나타내 준다. 이 시도는 물의 진정한 회전운동이 계속 증가함을 보여 주며, 마침내 물이 양동이에 대해서 상대적으로 정지하였을 때 최대를 이루게 된다. 그러므로 이 행동은 주위 물체들에 대한 물의 상대적 이동에 의존하지 않으며, 따라서 진정한 원운동은 그러한 (상대적) 이동들로 정의할 수 없다.

각각의 회전하는 물체에게 진정한 원운동은 단 하나이며, 그에 대응하여 단 하나의 온당하고 그리고 적당한 효과가 생겨난다. 그러나 상대적 운동들은 외부와의 여러 가지 관계들에 따라서 무수히 많다. 그리고 이러한 관계들은 진정한 효과들이 전적으로 배제되어 있으며, 다만 단 하나의 진정한 운동에 참여하는 정도만큼만 (효과가) 생겨난다.

그러니 우리의 하늘들이, 고정된 (항성들의) 하늘의 아래에서, 층을 이루어 회전하면서, 그들 속의 행성들을 더불어 운반한다는 체계에서도 이러하다. 각각의 행성들 그리고 각각의 하늘들의 부분들은, 그들의 가장 가까운 하늘에서 상대적으로 정지해 있지만, 진정 움직이고 있다. 왜냐 하면 그들 서로 간의 위치들이 변화하기 때문이다. (진정 정지해 있다면 그럴 수가 없다.) 하늘들에 의해서 운반될 때 그들의 운동들에 참여하며, 그러니 회전하는 전체의 부분들로서 그들의 축들로부터 멀어지려고 노력한다.

그러므로 상대적 양들은 그 용어들이 언급하는 이러한 실제 양들이 아니며, 단지 그것들의 감지된 측정들로서(올바르든 또는 틀리든), 측정하려는 양들 대신에 통상적으로 사용된다. 그러나 만약 용어들의 의미들을 그 사용처에 따라서 정의한다면, 시간, 공간, 위치 그리고 운동이라는 용어들에 따라서, 이러한 측정들을 온당하게 이해할 수 있다. 그리고 만약 측정하려는 양들이라고 여기서 이해하면, 그 표현은 일상적이지 않고 그리고 순수하게 수학적이다.

그러니 이러한 낱말들을 측정하려는 양들이라고 해석하는 자들은 신성한 용어들을 부당하게 행사하고 있다. 그리고 진정한 양들을 그들 사이의 관계들 그리고 통상적인 측정들과 혼동하는 자들도 그에 못지않게 수학 그리고 철학을 오염시키고 있다.

각각의 물체들의 진정한 운동들을 알아내고, 그것들을 실제로 보이는 것들로부터 구별해 내는 일은 실로 매우 어렵다. 왜냐 하면 물체들이 그 속에서 진정 움직이는, 고정된 공간의 부분들이 우리의 감각들에 드러나지 않기 때문이다. 그러나 그 경우가 완전히 절망적인 것은 아니다. 왜냐 하면 진정한 운동들의 차이들인, 겉보기 운동들로부터 약간의, 그리고 진정한 운동들의 원인 그리고 결과인 힘들로부터 약간의, 추론들을 선택할 수 있기 때문이다.

예를 들어 주어진 거리의 두 공들을 그 사이에 줄을 묶어 서로 간에 연결하고, 공통 무게중심에 대해서 회전하도록 하여라. 그 줄의 장력으로부터, 그 공들이 운동의 축으로부터 멀어지려는 노력들을 알 수 있으며, 이것으로부터 회전운동의 양을 계산할 수 있다. 그리고 나서 공들의 엇갈린 면들에다 임의의 같은 힘들을 동시에 가해서, 회전운동을 증가 또는 감소시켜라. 줄의 장력의 증가 또는 감소로부터, 운동의 증가 또는 감소를 알아낼 수 있다.

그리고 이것으로부터 공들의 면들 중에, 운동을 가장 크게 증가시키려면, 어떤 면에다 힘을 가해야 하는지 마침내 알아낼 수 있다. 후면, 그러니까 회전운동을 뒤따르는 면이다. 그런데 뒤따르는 면을 알아내고, 그리고 반대쪽의 앞서가는 면을 알아내면, 운동의 방향을 알아낸 것이다. 그러니 임의의 광대한 진공 속에서, 공들을 비교해 볼 수 있는 외부 물체들이 전혀 없더라도, 이러한 방법으로 운동의 양 그리고 방향을 알아낼 수 있다.

만약 그 공간 속에 어떤 물체들이 이미 확립되어 있어서, 마치 하늘들의 영역들의 고정된 별들처럼, 상당히 멀리 떨어져 있으면서 그들 사이에 주어진 위치를 유지하면, 물체들 사이에서 공들의 상대적 이동으로부터 그 운동이 후자에게 또는 전자에게 속하는지 여부를 알 수는 없다. 그러나 만약 그 줄을 관찰하고, 그 장력이 공들의 운동이 그것에게 요구하는 만큼과 같음을 발견하면, 공들은 운동하고, 그리고 물체들은 정지해 있다고 결론내릴 수 있을 것이다. 그리고 마침내 물체들 사이에서 공들의 이동으로부터, 이 운동의 방향을 결정지을 수 있을 것이다.

그러나 그들의 진정한 원인들, 효과(결과)들, 그리고 겉보기 차이들로부터 진정한 운동들을 어떻게 알아낼지, 그리고 역으로 진정한 또는 겉보기 운동들로부터 원인들 그리고 효과들을 어떻게 알아낼지, 뒤따르는 내용에서 더욱 상세하게 설명할 것이다. 나는 이것을 목적으로 이 책을 저술하였다.

프린키피아 1권

공리 또는 운동 법칙들

운동 법칙 1

모든 물체는, 그것에 힘이 가해져서 그 상태를 바꾸도록 강요되지 않는 한, 그의 정지 상태 또는 직선을 따른 일정한 (속도의) 운동 상태를 유지한다.

투사체들은 그들의 운동들을 계속하지만, 다만 공기의 저항에 의해서 느려지고, 중력의 힘에 의해서 아래로 (내려가도록) 강요될 뿐이다. 팽이(trochus)의 각 부분들은 응집력 때문에 직선 운동들로부터 계속 후퇴하게 되는데, 만약 공기에 의해서 늦춰지지 않으면, 회전을 멈추지 않는다. 행성들 그리고 혜성들의 거대한 물체들은 저항이 훨씬 적은 공간들에서 운동하기 때문에, 그들의 진행 그리고 회전운동들을 오래 유지한다.

운동 법칙 2

운동의 변화는 가해진 힘에 비례한다. 그리고 그 힘이 가해진 직선 방향을 따라서 (변화가) 만들어진다.

만약 어떤 힘이 임의의 운동을 생성하면, 두 배는 두 배를, 세 배는 세 배를 생성하게 된다. 가해지는 것이 동시에 그리고 단 한 번이든, 또는 점차(조금씩) 그리고 순차적이든 상관이 없다. 그리고 이 운동은 (항상 그 생성하는 힘이 결정하는 것과 같은 방향이니) 만약 그 물체가 이전에 운동하고 있었다면, 그 기존의 운동에다 같이 더해지거나, 또는 반대로 빼게 된다. 또는 비스듬하면 비스듬하게 더해져서, 둘의 결합에 따라서 결정된다.

운동 법칙 3

모든 작용은, 반대 방향이고 그리고 (크기가) 같은 반작용이 있다. 그러니까 두 물체들 서로 간의 작용들은 항상 (크기가) 같고 그리고 반대 방향들을 향한다.

다른 어떤 것을 밀거나 또는 당기는 임의의 물체는, 그에 의해서 같은 정도만큼 밀리거나 또는 당겨진다. 만약 손가락으로 돌멩이를 누르면, 그 손가락은 돌멩이에 의해서 눌려진다. 만약 말이 돌멩이를 줄로 묶어 앞으로 당기면, 말은 돌멩이에 의해서 그와 동등하게 (말하자면) 뒤로 당겨진다. 왜냐 하면 줄은 양쪽 방향으로 팽창하여서, 스스로 느슨해지려는 시도로써, 말에게 돌멩이 방향으로, 돌멩이에게 말의 방향으로 힘을 가하기 때문이다. 그러니 후자의 전진을 촉진하는, 꼭 그만큼 (크기의 힘으로) 전자의 전진을 방해하게 된다.

만약 어떤 물체가 다른 물체를 가격하여서, 그 힘에 의해서 그 운동을 어떻게 (임의의 방법으로) 바꿔놓든 간에, 다른 물체의 힘에 의해서 (서로 간의 같은 압력에 따라서) 그것도 역시 그 자신의 운동에서 그 반대 방향으로 그와 같은 (크기의) 변화를 겪게 된다. 이러한 작용들은 속도들의 변화들이 아니라, 운동량들(motuum)의 변화들이 같도록 만든다. 그러니까 물체들이 다른 저항들을 받지 않는다면 말이다. 속도들의 변화들은, 역시 반대 방향들로 생겨나며, 운동량들이 동등하게 변화하니, 그 물체들(의 질량들)에 역으로 비례한다. 이 법칙은 당기는 경우에도 역시 성립한다. 뒤의 설명에 가서 증명하겠다.

딸린법칙 1 결합된 힘들은, 각각의 변들을 그리는 것과 동일한 시간 동안, 물체가 평행사변형의 대각선을 그리도록 한다.

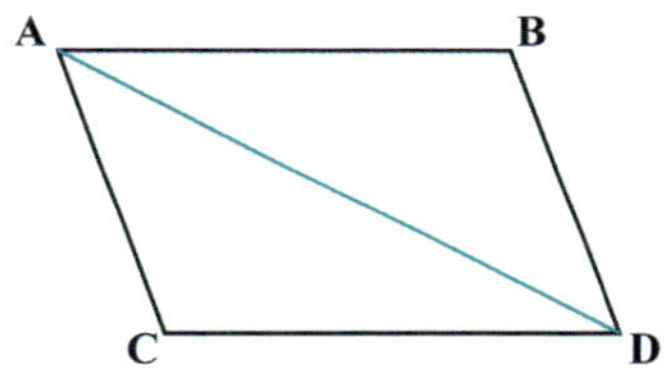

어떤 물체가 주어진 시간 동안, 위치 A에서 가해진 힘 M만에 의해서, A에서 B로 일정한 운동으로 운반되며, 그리고 같은 위치에서 가해진 힘 N만에 의해서, A에서 C로 (일정한 운동으로) 운반된다고 하자. 평행사변형 ABDC를 완성하여라. 그러면 두 힘들에 의해서, 물체는 동일한 시간 동안 대각선을 따라서 A에서 D로 운반될 것이다.

왜냐 하면 힘 N은 직선 AC를 따라서 작용하며, 이것은 BD에 평행하니, 운동 법칙 2에 따라서, 이 힘은 다른 어떤 힘에 의해서 그 직선 BD로 접근하는 속도를 변화시키지 않는다. 그러므로 힘 N이 가해지든, 또는 가해지지 않든, 그 물체는 동일한 시간에 직선 BD에 접근할 것이다. 그러니 그 시간의 끝에서, 그 물체는 그 직선 BD의 어딘가에서 발견될 것이다.

동일한 논증에 따라서, 동일한 시간의 끝에서 그것은 직선 CD의 어딘가에서 발견될 것이다. 그러므로 두 직선들의 교점 D에서 그것은 반드시 발견된다. 그런데 운동 법칙 1에 따라서, 그것은 A에서 D로 직선 운동으로 움직이게 된다.

딸린법칙 2 그리고 이것으로부터, 임의의 비스듬한 힘들 AB 그리고 BD의 결합의 힘은 AD 방향이 되고, 그리고 역으로 AD 방향의 임의의 힘은 임의의 비스듬한 방향들, AB 그리고 BD로 분해할 수 있음이 명백하다. 이러한 결합 그리고 분해는 역학에서 충분히 확인된다.

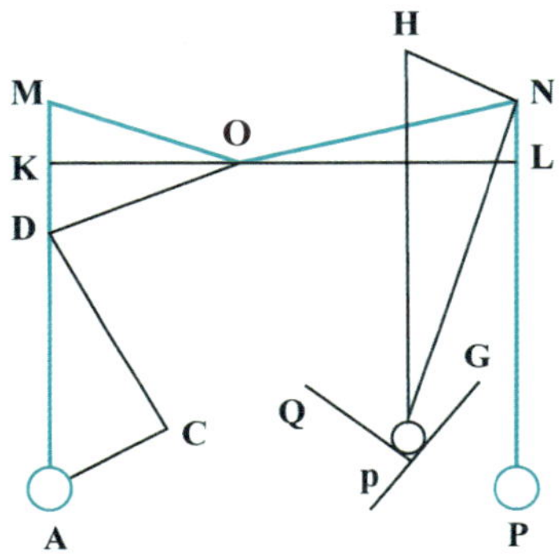

예를 들어, 임의의 바퀴의 중심 O에서 길이가 다른 바큇살들 OM, ON이 뻗어나가고, 줄들 MA, NP가 무게들 A 그리고 P를 지탱한다고 하자. 그리고 바퀴를 움직이려는 무게들의 힘들을 구해 보자.

중심 O를 지나도록 직선 KOL을 긋되, 줄들과 점 K 그리고 L에서 수직으로 만나도록 해라. O를 중심으로 하여, 거리들 OK, OL 중에 더 큰 OL을 반지름으로 하여 원을 그리고, 줄 MA와 만나는 점을 D라 하자. 직선 OD를 긋고, AC는 이에 평행하고, 그리고 DC는 이에 수직이 되도록 해라.

줄들의 점들 K, L, D가 바퀴의 평면에 붙어 있든 또는 붙어 있지 않든 상관이 없으니, 무게들은 매단 점들이 K 그리고 L 또는 D 그리고 L일 때 동일하게 작용한다. 무게 A의 전체 힘이 직선 AD를 따라서 표현된다고 하자. 그리고 이것은 힘들 AC, CD로 분해되며, 이들 중에 AC는 바큇살 OD를 중심에서부터 똑바로 잡아당기니, 바퀴를 움직이는 힘이 전혀 없다.

그러나 다른 힘 DC는 바큇살 DO를 직각으로 당기니, 이것은 OD와 (길이가) 같은 바큇살 OL을 직각으로 당기는 것과 동일하다. 그러니까 만약 무게 P 대 무게 A의 비율이, 힘 DC 대 힘 DA의 비율과 같으면, 그러니까 (삼각형들 ADC, DOK가 닮은꼴이니) OK 대 OD 또는 OL의 비율과 같으면, 그것(힘 DC)은 무게 P와 동일하다.

그러므로 무게들 A 그리고 P는, 한 직선에 놓여 있는 바큇살들 OK 그리고 OL에 역으로 비례하면, 이들은 동등하게 효력을 발휘하며, 따라서 평형을 이루어 유지하게 된다. 이것은 양팔저울(천칭), 지렛대, 그리고 축과 바퀴의 성질로 널리 알려져 있다. 만약 어느 한 무게가 이 비율보다 더 크면, 그게 바퀴를 움직이는 힘이 그만큼 더 크다.

이제 무게 p가 무게 P와 같다고 하고, (p의) 무게의 일부는 줄 Np에 매달려 있고, 일부는 비스듬한 평면 pG에 기대고 있다고 하자. pH, NH를 긋되, 전자는 수평선에 대해서, 후자는 평면 pG에 대해서 수직이 되도록 해라. 그리고 만약 무게 p의 아래로 향하는 힘을 직선 pH로 나타내면, 이것은 힘들 pH, HN으로 분해된다.

줄 pN에 수직이 되는 어떤 평면 pQ가 있어서, 다른 평면 pG와의 교선이 수평면과 평행한 직선이 된다고 하자. 그리고 무게 p는 이 평면들 pQ, pG에만 놓여 있다고 하자. 무게 p는 이 평면들을 힘들 pN, HN으로, 그러니까 평면 pQ는 힘 pN으로, 그리고 평면 pG는 힘 HN으로, 수직으로 누를 것이다.

그러니 만약 평면 pQ를 제거하여서, 무게가 줄을 당기면, 이제는 줄이 무게를 지탱하면서, 제거해 버린 평면의 역할을 맡아야 한다. 그러므로 이전에 그 평면을 누르던 것과 동일한 힘 pN으로 줄을 당기게 된다. 그러므로 이 비스듬한 줄의 장력 대 수직인 다른 줄 PN의 장력의 비율은, pN 대 pH 이다.

그러므로 만약 무게 p 대 무게 A의 비율이, 바퀴의 중심으로부터 이들 각각의 줄들의 가장 짧은 거리들인 pN, AM의 역비율, 그리고 pH 대 pN의 정비율의 결합(곱)과 같다면, 무게들은 바퀴를 움직이려는 힘이 같게 되며, 따라서 서로 간에 지탱하게 된다. 이것은 누구든 실험해 볼 수 있다.

무게 p가 이 두 비스듬한 평면들에 기대고 있는데, 이것이 쐐기의 역할로, 쪼개지는 물체의 안쪽 면들 사이에 있다고 하자. 그러면 쐐기와 메의 힘들을 구할 수 있다. 왜냐 하면 p의 힘이 그 자신의 무게이든, 또는 메의 가격에 의해서이든, 무게 p가 평면 pQ를 누르는 힘 대, 무게 p가 직선 pH를 따라서 평면들에다 가하는 힘과의 비율은, pN 대 pH이기 때문이다. 그리고 또 다른 평면 pG를 누르는 힘과의 비율은, pN 대 NH이다.

그런데 나사의 힘도 이와 비슷하게 힘들의 분해로 구할 수 있다. 그것은 지레로 쐐기를 밀어 넣는 것에 불과하기 때문이다. 그러므로 이 딸린 법칙은 아주 널리 사용되며, 그 다양한 적용들이 이것이 진리임을 증명해 주고 있다. 왜냐 하면 역학의 모든 이론들이 방금 설명한 것에 의존하며, 많은 저자들이 다양한 방법으로 증명하였기 때문이다. 이것으로부터 기계들의 힘들을 쉽게 계산할 수 있다. 기계들이란 일반적으로 바퀴들, 원통들, 도르래들, 지레들, 줄들, 그리고 똑바로 또는 비스듬하게 오르내리는 추들로 구성된 것이다. 다른 기계적인 힘들도, 동물들의 뼈들을 움직이게 하는 근육들의 힘들도 마찬가지이다.

딸린법칙 3 운동의 양은 동일한 방향으로의 운동들의 요소들을 더하고, 반대 방향으로의 요소들을 뺌으로써 결정되며, 그 물체들 서로 간의 작용에 의해서 바뀌지 않는다.

왜냐 하면 운동 법칙 3에 따라서, 작용 그리고 반대 방향으로의 반작용은 크기가 같으며, 그러므로 운동 법칙 2에 따라서, 반대 방향들로 운동들이 동일하게 (같은 크기만큼) 변화한다. 그러므로 만약 운동들이 동일한 방향으로 만들어지면, 선행하는 물체의 운동에 무엇이 더해지던 간에, 후행하는 물체의 운동에서 그만큼을 빼 주게 된다. 그러므로 그 합은 이전과 동일하게 유지된다. 만약 물체들이 정면으로 충돌하면, 양측 운동들에서 동일하게 빼 주게 될 것이다. 그러므로 반대 방향들의 운동들의 차이는 동일하게 유지될 것이다.

예를 들어 구형 물체 A가 구형 물체 B의 3배 무게라고 하자. 그리고 A의 속력이 2 단위이고, B의 속력은 10 단위이며, 같은 직선으로 뒤따른다고 하자. 그러면 A의 운동(량) 대 B의 운동(량)의 비율은 6 대 10이다. 이들의 운동(량)들을 6 단위 그리고 10 단위라고 가정하자. 그러면 합은 16 단위가 된다. 그러므로 물체들의 충돌에서, 만약 물체 A가 3 또는 4 또는 5 단위의 운동을 얻으면, 물체 B는 같은 숫자의 단위를 잃게 된다. 그러므로 물체 A가 반사 이후 9 또는 10 또는 11 단위로 나아가게 되고, 그리고 물체 B는 7 또는 6 또는 5 단위이니, 합은 항상 16 단위로 이전과 같다.

만약 물체 A가 9 또는 10 또는 11 또는 12 단위를 얻으면, 그러면 충돌 이후 15 또는 16 또는 17 또는 18 단위로 전진할 것이다. 물체 B는 A가 얻는 단위만큼 잃게 되니, 9 단위를 잃으면 1 단위로 전진하고, 또는 10 단위의 전진 운동을 잃고 나서 정지하고, 또는 그의 운동을 잃고 나서 1 단위를 (말하자면) 더 잃어버려 1 단위로 후진하고, 또는 12 단위의 전진 운동을 빼앗겨서 2 단위로 후진할 것이다. 그러니 같은 방향의 운동들의 합 $15 + 1$ 또는 $16 + 0$, 반대들의 차이 $17 - 1$ 그리고 $18 - 2$는 항상 16 단위이며, 충돌하고 반사되기 이전과 같다.

반사된 이후 물체들이 움직이게 될 운동들을 구하고 나면, 각각의 속력도 구할 수 있다. 그 속력 대 반사 이전의 속력과의 비율이, 이후의 운동

대 이전의 운동과의 비율과 같다고 놓으면 된다. 마지막의 경우에서, 물체 A는 반사 이전의 운동이 6 단위이고, 이후에 18 단위이다. 그리고 속력은 반사 이전에 2 단위이다. 그러니 반사 이후의 속력은 6 단위로 구해질 것이다. 운동들은 반사 이전에 6 단위이고 그리고 반사 이후 18 단위인 것처럼, 반사 이전의 속력이 2 단위인 것은 반사 이후 6 단위의 속력과 같은 비율이 되기 때문이다.

만약 물체들이 구형이 아니거나 또는 다른 직선들을 따라 움직여서 서로 비스듬하게 충돌하는 경우, 반사 이후 그들의 운동들을 구하려면, 충돌하는 물체들이 충돌의 지점에서 접하는 평면의 위치(방향)를 구해야 한다. 그러고 나서 각각의 물체의 운동을 (딸린 법칙 2를 써서) 이 평면에 수직인 것과 이 평면에 평행한 것, 이렇게 둘로 분해해야 한다. 그런데 평행한 운동들은, 물체들은 서로 간에 이 평면에 수직인 직선을 따라서 작용하기 때문에, 반사 이후에도 이전과 동일하게 유지되어야 한다. 그리고 수직 방향의 운동들은 반대 방향들에서 같은 크기로 변화되어서, 같은 방향들의 합 그리고 반대 방향들의 차는 이전과 동일하게 유지된다.

이런 종류의 반사들로부터 흔히, 물체들이 자신들 고유의 중심들에 대해서 회전하는 운동들이 생겨난다. 그러나 나는 이러한 경우들을 차후 내용에서 다루지 않겠다. 이와 관련한 모든 것들을 증명하는 일은 너무 장황하다.

딸린법칙 4 두 개 또는 다수의 물체들의 공통 무게중심은, 그 물체들 서로 간의 작용들에 의해서, 운동이던 또는 정지이던, 그 상태를 바꾸지 않는다. 그리고 따라서 모든 물체들은 그들 서로 간의 작용이 있더라도 (외부의 작용들 그리고 저항들을 배제하면), 공통 무게중심은 정지해 있거나 또는 직선을 따라서 일정하게 움직인다.

왜냐 하면 만약 두 점들이 직선들을 따라서 일정한 운동으로 진행하고, 그리고 그들의 거리를 주어진 비율로 자르면, 그 자르는 점은 정지해 있거나, 또는 직선을 따라서 일정하게 움직인다. 점들의 운동들이 같은 평면에서 일어나는 경우, 이것이 성립함을 뒤에 가서 렘마 23과 그 딸린 법칙에서 증명했다. 그리고 만약 운동들이 같은 평면에서 일어나지 않아도, 같은 논리로 이것을 증명할 수 있다.

그러므로 만약 임의의 개수의 물체들이 직선들을 따라서 일정하게 움직이면, 그들 중 임의의 두 개의 공통 무게중심은 정지해 있거나, 또는 직선을 따라서 일정하게 전진한다. 왜냐 하면 그 무게중심들은 직선들을 따라서 일정하게 전진하며, 그들을 연결하는 임의의 직선들은 이 공통 무게중심에 의해서 주어진 비율로 분할되기 때문이다.

그리고 마찬가지로, 이 두 물체와 세 번째 물체의 공통 무게중심은 정지해 있거나, 또는 직선을 따라서 일정하게 전진한다. 왜냐 하면 이 두 물체의 공통 무게중심 그리고 세 번째 물체의 중심 사이의 거리가 세 물체의 공통 무게중심에 의해서 주어진 비율로 분할되기 때문이다. 동일한 방법으로, 이 세 물체 그리고 네 번째 물체의 공통 무게중심은 정지해 있거나, 또는 직선을 따라서 일정하게 전진한다. 왜냐 하면 세 물체의 공통 무게중심 그리고 네 번째 물체의 중심 사이의 거리가 그 공통 무게중심에 의해서 주어진 비율로 분할되기 때문이다. 이렇게 무한히 계속된다.

그러므로 물체들의 체계가 있어서, 그들 서로 간에 전혀 (아무런) 작용이 없고, 외부로부터 그들에게 가해지는 작용도 없으면, 그러니 각각의 물체가 그 각각의 직선을 따라서 일정하게 움직이면, 그들 모두의 공통 무게중심은 정지해 있거나, 또는 직선을 따라서 일정하게 움직인다.

게다가 두 물체들이 서로 간에 작용하는 체계에서도, 공통 무게중심에서 그 중심들까지의 거리들은 그 물체들에 역으로 비례하니, 그 동일한 물체들의 상대적 운동들은, 공통 무게중심으로 접근하든 또는 멀어지든 간에, 그들 서로 간에 같을 것이다. 그러므로 반대되는 방향들로 만들어진 운동들의 동일한 (크기의) 변화들에 따라서, 그리고 이 물체들 서로 간의 작용들에 따라서, 그 중심은 전진하지도 않고 느려지지도 않으며, 그 운동 또는 정지 상태에 변화가 생기지도 않는다.

다수의 물체들의 체계에서, 서로 작용하는 임의의 두 물체들의 공통 무게중심은 그 작용의 결과로서 그 상태가 전혀 바뀌지 않는다. 그리고 나머지 물체들은, 그 작용이 그들에게 적용되지 않으니, 공통 무게중심이 그 작용으로부터 전혀 영향을 받지 않는다. 이들 두 (집단들의) 공통 무게중심들 사이의 거리는, 모든 물체들의 공통 무게중심에 의해서, 그 공통 무게중심에 해당하는 (집단의) 모든 물체들의 합에 역으로 비례하여 분할된다. 그리고 이 두 공통 무게중심들은, 그 운동 또는 정지 상태를 유지하니, 모두의 공통 무게중심도 역시 그 상태를 유지한다. 그러므로 모든 물체들의 공통 무게중심은, 그들 중의 두 물체들의 상호 작용에 의해서, 그 운동 또는 정지 상태가 전혀 변화하지 않음이 명백하다.

그런데 이러한 체계에서, 물체들 서로 간의 모든 작용들이란 두 물체들 사이이거나, 또는 두 물체들 사이 작용들의 합이다. 그러므로 그들 모두의 공통 무게중심은 그 운동 또는 정지 상태가 전혀 변화하지 않는다. 그러므로 그 중심은, 모든 물체들이 서로 간에 작용하지 않을 때, 정지해 있거나, 또는 어떤 직선을 따라서 일정하게 전진하니, 물체들 서로 간에 작용들이 있다 하더라도, 항상 정지해 있거나, 또는 항상 직선 방향으로 일정하게 움직임을, 동일하게 계속한다. 외부로부터 어떤 힘이 그 체계에 가해져서 그 상태로부터 벗어나지 않는다면 말이다.

그러므로 운동 또는 정지 상태의 보전에 관해서라면, 다수의 물체들의 체계는 외톨이 물체인 경우와 마찬가지 법칙이 적용된다. 왜냐 하면 외톨이 물체 또는 물체들의 체계의 전진 운동은, 항상 무게중심의 운동으로 파악되어야 하기 때문이다.

딸린법칙 5 주어진 공간 속에 내포된 물체들은 그들 서로 간의 운동들이, 그 공간이 정지해 있든, 또는 동일한 공간이 회전운동 없이 직선을 따라서 일정하게 움직이든, 동일하다.

왜냐 하면 두 경우 모두, 같은 방향을 향하는 운동들의 차이들, 그리고 반대를 향하는 운동들의 합들은, 시작할 때 (가정에 따라서) 동일하다. 그리고 이러한 합들 또는 차이들로부터, 물체들이 서로 간에 가격하는 충돌들 그리고 기동력들이 생겨난다. 그러므로 운동 법칙 2에 따라서, 두 경우들에 충돌들의 효과들은 동일하다. 그리고 따라서 어느 한 경우의 서로 간의 운동들은 다른 한 경우의 서로 간의 운동들과 동일하게 유지된다. 이것은 실험을 통해서 분명하게 증명된다. 배에서의 모든 운동들은, 배가 정지해 있든, 또는 직선을 따라서 일정하게 움직이든, 동일한 방식으로 일어난다.

딸린법칙 6 물체들이 서로 간에 임의로 어떻게든 움직이는데, 평행선들을 따라서 동일한 가속의 힘들을 받았다고 하자. 그러면 모두는, 그러한 힘들이 전혀 가해지지 않은 것처럼, 서로 간에 동일한 방식으로 운동을 계속한다.

왜냐 하면 그 힘들은 (움직이는 물체들의 양들에 비례하여) 동일하고, 그리고 평행선들을 따라서 작용하니, 운동 법칙 2에 따라서, 모든 물체들은 (속력에 관해서) 동일하게 움직이게 된다. 그러므로 그들 서로 간의 위치들 그리고 운동들은 전혀 바뀌지 않게 된다.

평설

내가 지금까지 제시한 원리들은 수학자들이 받아들이고 있으며, 그리고 다양한 실험들로 확인되었다. 처음 두 운동 법칙들 그리고 처음 두 딸린 법칙들을 써서, 갈릴레오(Galileo Galilei)는 무게들의 낙하는 시간의 제곱에 비례하고, 그리고 투사체의 운동은 포물선을 그림을 발견하였다. 실험들과 일치하는데, 그 운동들은 공기의 저항 때문에 약간 느려지기는 한다.

낙하하는 물체에게 일정한 중력이, 각각의 동일한 시간의 입자 동안 동일하게 작용하여서, 그 물체에게 동일한 힘들을 가하여서, 그래서 동일한 속력들을 생성한다. 그리고 전체 시간 동안 전체 힘을 가하여서, 그 (전체) 시간에 비례하는 전체 속력을 생성한다. 그리고 비례하는 시간들에서 그린 거리들은, 그 속력들 그리고 거리들의 결합(곱)에 비례한다. 그러니까 시간의 제곱의 비율에.

그리고 위로 투사한 물체에 대해서는, 일정한 중력이 힘들을 가하여서, 시간들에 비례하는 속력들을 빼앗는다. 그리고 최고 높이들까지 상승하는 (데 걸리는) 시간들은, 빼앗아야 할 속력들에 비례한다. 그리고 이 높이들은 속력들 그리고 시간들의 결합(곱)에, 또는 그 속력들의 제곱에, 비례한다.

그리고 임의의 직선을 따라서 투사한 물체는, 투사로부터 생겨난 운동이 중력으로부터 생겨난 운동과 결합된다. 예를 들어 물체 A가 투사에만 의한 운동으로 주어진 시간 동안 직선 AB를 그리고, 같은 시간 동안 낙하에만 의한 운동으로 고도 AC를 그린다고 하자. 평행사변형 ABDC를 완성하여라. 그리고 그 물체는 결합한 운동에 따라서, 그 시간의 끝에 가서 위치 D에서 발견될 것이다. 그리고

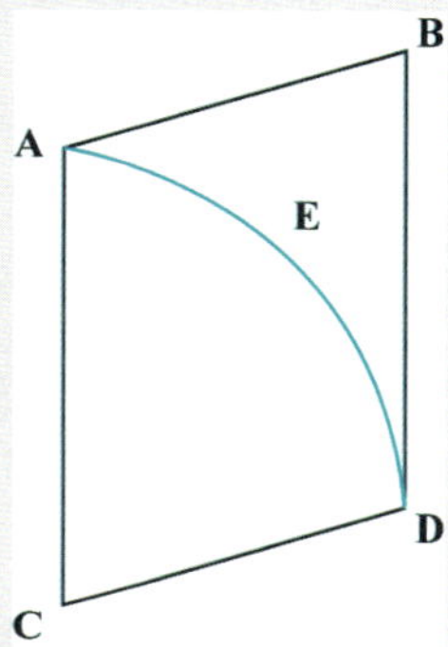

그 물체가 그릴 곡선 AED는 포물선이 되며, 직선 AB가 점 A에서 접하게 되며, 그 세로 좌표 BD는 AB^2에 비례한다. 진자들의 진동 주기들에 대해서 증명한 것들이 바로 이 운동 법칙들과 딸린 법칙들에 의존하며, 시계들의 매일의 경험을 통해서 지지된다.

이전 세대의 가장 위대한 기하학자들임이 명백한 크리스토퍼 렌(Christopher Wren), 왈리스(John Wallis), 하위헌스(Christiaan Huygens)는 바로 이 법칙들과 운동 법칙 3으로부터, 단단한 물체들의 충돌들 그리고 반사들에 대한 규칙들을 독립적으로 발견하였다. 이들이 왕립 학술원(Royal Society)에 (그 발견들을) 제출한 것은 거의 동시였으며, 서로 간에 (이 규칙들에 관하여) 완전히 일치한다. 그리고 발견한 것들을 왈리스가 제일 먼저 출판하였으며, 그 다음은 렌 그리고 하위헌스였다. 게다가 렌은 진자들의 실험을 통해서 왕립 학술원에서 그 진리를 증명하였다. 그 후 저명하신 마리옷(Mariotte)은 그것을 주제로 온전한 책을 구상하였다.

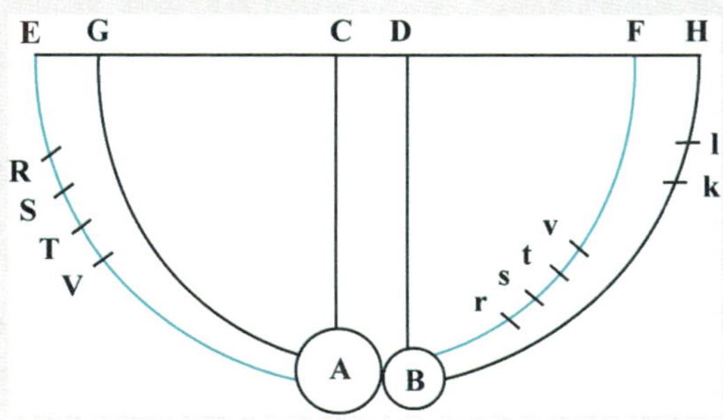

그렇지만 이 실험이 이론들과 정확하게 일치하도록 하려면, 공기의 저항 그리고 충돌하는 물체들의 탄성력, 이 둘을 반드시 고려해 주어야 함이 사실이다. 구형 물체들 A, B를, 중심들 C, D로부터, 평행하고 (길이가) 같은 실들 AC, BD로 매달아 놓았다고 하자. 이 중심들 그리고 구간들로 반원들 EAF, GBH를 그리면, 반지름들 CA, DB가 이등분한다.

물체 A를 호 EAF의 임의의 점 R로 끌어올린 다음, (물체 B는 치우고) 거기에서 그것을 놓아 주어서, 한 번 진동한 다음 점 V로 되돌아왔다고 하자. RV는 공기의 저항에 의한 (물체의) 늦춰진 정도이다. RV의 가운데에다 ST를 잡되, 사분의 일이 되도록 잡아라. 그러면 RS 그리고 TV는 크기가 같고, RS 대 ST는 3 대 2이다. 그리고 이 ST는 S에서 A까지 하강에서의 늦춰진 정도를 거의 정확하게 나타낸다.

물체 B를 제 위치에 복원하여라. 물체 A가 점 S에서 하강하면, 반사 위치 A에서의 그 속력은, 진공 속에서 위치 T에서 하강한 속력과 거의 오차 없이 같은 크기이다. 그러므로 이 속력을 호 TA의 현으로 나타내자. 왜냐 하면 기하학자들에게 널리 알려진 법칙인데, 진자가 맨 아래 점을 지날 때의 속력은, 진자가 하강하면서 그린 호의 현에 비례하기 때문이다.

반사된 이후 물체 A는 위치 s에, 그리고 물체 B는 위치 k에 도달한다고 하자. 물체 B를 치우고, 그리고 위치 v를 찾되, 물체 A를 거기에서부터 내려보내고 그리고 한 번의 진동 후에 위치 r에 도달하면, st가 rv의 사분의 일이 되도록 잡으면 그 가운데에 위치하게 되도록, 따라서 rs 그리고 tv의 길이가 같게 되도록 해라.

그리고 호 tA의 현이, 물체 A가 위치 A에서 반사된 직후의 속력을 나타낸다. 왜냐 하면 공기의 저항을 제거하고 나면, t가 바로 물체 A가 상승해 이르렀을 진정 그리고 정확한 위치이기 때문이다. 비슷한 방법으로 물체 B가 상승하는 위치 k를 교정할 수 있다. 진공 속에서 그 물체가 상승해 이르렀을 위치 l을 찾아야 한다. 이 방법으로, 우리는 모든 것들이 진공 속에서 일어난 것처럼 실험할 수 있다.

최종적으로 물체 A에다 (말하자면) 그 속력을 나타내는, 호 TA의 현을 곱해라. 그러면 위치 A에서 반사되기 직전의 그 운동을 구할 수 있다. 그 다음에 호 tA의 현을 곱하면, 위치 A에서 반사된 직후의 그 운동을 구할 수 있다. 그리고 물체 B에다 호 Bl의 현을 곱하면, 반사된 직후의 그 운동을 구할 수 있다. 그리고 비슷한 방법으로, 두 물체들을 다른 위치들에서 동시에 내려보냈을 때, 반사 이전, 그리고 이후의 둘의 운동들을 구할 수 있다. 그리고 최종적으로 그 운동들을 서로 간에 비교해 보면, 반사의 효과들을 구할 수 있다.

이 방법으로 실험하여서, (길이가) 10 피트인 진자들을, (질량이) 다른 물체들 그리고 같은 물체들을 사용하여서, 물체들이 매우 먼 거리들을, 이를테면 8 또는 12 또는 16 피트를, 움직여서 충돌하도록 하였다. 그랬더니 항상 3 인치 미만의 오차로써, 물체들이 서로 정면으로 충돌할 때, 반대 방향들로 생겨나는 물체들의 운동들의 변화들은 서로 같았으며, 그러니 따라서 작용 그리고 반작용은 항상 서로 같다.

예를 들어 물체 A가 9 단위의 운동으로, 정지해 있는 물체 B와 부딪쳐서, 7 단위의 운동을 잃어버리고, 반사 이후 2의 운동으로 나아간다고 하자. 그러면 물체 B는 7 단위의 운동으로 반등하게 된다. 만약 물체 A가 12 단위의 속력으로 그리고 물체 B가 6 단위의 속력으로 정면으로 충돌하여서, A가 2로 후퇴하면, B는 8로 후퇴하게 된다. 양쪽 모두 14 단위를 뺀 것이다. A의 운동에서 12 단위를 빼면, 0이 남는다. 거기에서 2 단위를 빼라. 그러면 반대 방향으로의 2 단위의 운동이 된다. 그리고 물체 B의 6 단위의 운동으로부터, 14 단위를 빼면, 반대 방향으로의 8 단위의 운동이 된다.

그러나 만약 물체들이 같은 방향으로 움직이고 있었고, A가 14 단위로 빠르게, B가 5 단위로 느리게, 그리고 반사된 이후 A는 5 단위로 진행한다고 하면, B는 14 단위로 진행해야 한다. 9 단위의 운동이 A에서 B로 전달된 것이다. 그리고 나머지 경우들도 이러하다.

물체들의 집합 그리고 충돌로부터, 같은 방향으로의 운동들의 합 그리고 다른 방향으로의 운동들의 차로 결정되는, 운동의 양은 (충돌 실험에서) 전혀 변화한 적이 없다. 측정에서 1 또는 2 인치의 오차가 있었지만, 그것은 세부 사항들을 충분히 정밀하게 구현하기가 어렵기 때문이라고 간주한다. 진자들을 동시에 하강시켜서, 물체들이 가장 아래 위치 AB에서 서로 충돌하도록 만들기, 그리고 충돌 이후 물체들이 상승한 위치들 s, k를 표시하기가 어렵다. 그리고 또한 진자들의 물체들 자신들도, 부분들의 밀도들이 달라서, 그리고 기타 원인들에 따른 불규칙한 구성 때문에, 오차들을 낳게 된다.

게다가 이 실험이 증명하려고 의도한 규칙에 대해서, 물체들이 절대적으로 단단하거나, 또는 최소한 완벽하게 탄력적이라고 미리 가정하고 있으며, 자연의 합성물에서 이런 종류는 발견될 수 없다며 반대하지 말기 바란다. 내가 덧붙이겠는데, 방금 설명한 실험들은 단단한 물체들은 물론 부드러운 물체들에서도 마찬가지로 성립하며, 단단함의 조건에 전혀 의존하지 않는다. 왜냐 하면 만약 이 규칙을 완벽하게 단단하지 않은 물체들에게 적용하면, 탄력적인 힘의 양에 따른 어떤 비율로 반사를 줄이는 것만이 필요하기 때문이다.

렌 그리고 호이겐스의 이론에서, 절대적으로 단단한 물체들은 서로 간에 충돌하던 속력으로 반등하게 된다. 완벽하게 탄력적이면 이것을 분명하게 확인할 수 있다. 불완전하게 탄력적인 물체들에서, 반등의 속력은 탄력의 힘과 더불어 반드시 감소시켜야 한다. 왜냐 하면 그 힘들이 (충돌에 의해서 물체의 일부분들이 부서지거나, 망치의 타격에 의해서 늘어지거나 하면 몰라도) 고정되어 있고 결정되어 있어서 (내가 생각하는 한) 물체들이 서로 간에, 그들이 충돌하던 상대적 속력에 대해서 주어진 비율이 되는 상대적 속력으로, 반등하도록 만들기 때문이다.

양털을 매우 단단히 뭉쳐 공을 만들어서, 나는 이것을 다음과 같이 실험해 보았다. 우선 진자로서 놓아 주고 그리고 반사를 측정하여서, 나는 탄력의 힘(탄성력)의 양을 구하였다. 그리고 이 힘으로부터 다른 경우들의 그 충돌들의 반사들을 계산하였으며, 실험들은 그 계산들과 대응하였다. 공들은 항상 서로 간에 상대 속력이, 충돌에서의 상대 속력과 약 5 대 9의 비율이 되어 반등하였다. 강철 공들은 거의 같은 속력으로, 코르크 공들은 약간 더 작은 속력으로 반등하였다. 유리 공들에서 그 비율은 약 15 대 16이었다. 그리고 이 방법으로, 충돌 그리고 반사와 관련된 운동 법칙 3이 이 이론으로 증명되었으며, 실험과 완벽하게 일치한다.

인력들에서 (운동 법칙 3이) 성립함은 다음과 같이 짤막하게 증명하겠다. 임의의 두 물체들 A, B가 서로 간에 당긴다고 하고, 임의의 장애물이 사이에 놓여 있어서, 그들의 만남이 방해받는다고 하자. 만약 어느 물체 A가 다른 물체 B를 향해서 당겨지는 정도가, 다른

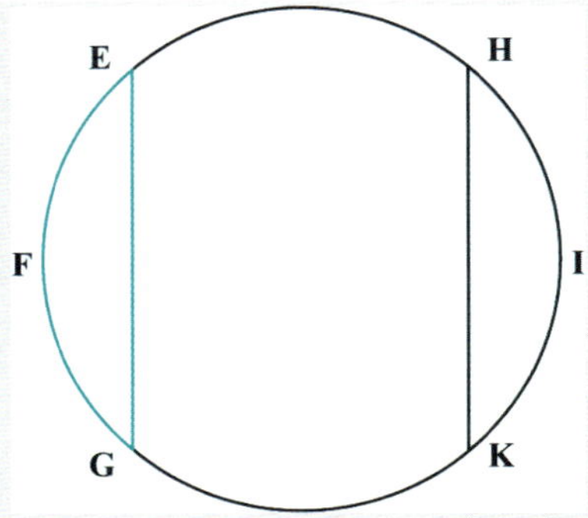

B가 첫 번째 A를 향해서 당겨지는 정도보다 더 크다면, 장애물은 물체 A의 압력에 의해서, 다른 물체 B의 압력에 의해서보다, 더 강하게 밀려질 것이며, 따라서 평형 상태가 유지되지 않을 것이다. 더 강한 압력이 압도하여서, 두 물체들 그리고 장애물의 체계가 B 방향으로 직선을 따라서 움직이게 될 것이며, 자유로운 공간 속에서 계속 가속이 되며 무한히 나아갈 것이다. 이것은 터무니없으며, 그리고 운동 법칙 1에 어긋난다. 운동 법칙 1에 따르면, 그 체계는 정지 상태 또는 직선을 따른 일정한 운동 상태를 유지해야 한다. 그러므로 그 물체들은 장애물을 동일하게 (같은 힘으로) 눌러야 하며, 그러니 따라서 서로 간에 동일하게 당겨진다.

나는 자석 그리고 쇠붙이를 가지고 이것을 실험하였다. 이들을 제각각, 정지해 있는 물 위에 나란히 떠서, 서로 접하고 있는 배들에 올려놓으면, 누구도 상대를 향해서 밀지 않으며, 양쪽 방향으로의 동일한 (크기의) 인력들에 의해서 그들은 서로 간의 노력들을 지탱하며, 마침내 평형 상태로 정지를 유지한다.

이와 마찬가지로, 지구 그리고 그 부분들 사이의 중력도 상호적이다. 임의의 평면 EG가 지구 FI를 두 부분들 EGF 그리고 EGI로 자른다고 하자. 그러면 이들이 서로 간에 향하는 무게들은 같게 된다. 왜냐 하면 만약 다른 평면 HK를 처음 평면 EG와 평행하도록 잡아서, 더 큰 부분 EGI를 잘라서, 두 부분들 EGKH 그리고 HKI를 만들되,

이들 중 HKI 부분은 처음에 잘린 부분 EFG와 (크기가) 같도록 하면, 가운데 부분 EGKH는 양쪽 어디로든 선호하여 쏠리지 않고, 양쪽 사이에서 평형을 이루어, 말하자면, 정지해 매달려 있을 것임이 명백하다.

가장 바깥의 부분 HKI는, 그 모든 무게로써, 가운데 부분을 향해 기댈 것이며, 다른 바깥의 EGF를 향하여 가운데 부분을 내리누를 것이다. 그러므로 부분들 HKI 그리고 EGKH의 합인 EGI가 세 번째 부분 EGF를 향해 가하는 힘은, 부분 HKI의 무게와 같다. 그러니까 세 번째 부분 EGF의 무게와 같다. 그러므로 두 부분들 EGI, EGF가 서로 간에 향하는 무게들은 동일하며, 내가 보이려던 것이다. 그리고 만약에 그 무게들이 같지 않다면, 전체 지구는 아무런 저항이 없는 에테르(ether) 속에 떠 있으니, 큰 무게에 굴복하여서, 무한히 멀리 날아가게 될 것이다.

물체들의 속력들이 그들의 내재된 힘들(관성력들)에 역으로 비례하면, 충돌 그리고 반사에서 힘이 같아지는 것처럼, 움직이는 역학적 도구들에서 그 속력들이, 그 힘들이 결정되는 방향을 따라 측정하여서, 힘들에 역으로 비례하면, 그들은 서로 반대되는 활동으로 동일한(같은 크기의) 영향력을 행사하며, 서로 간에 지탱하게 된다. 양팔저울의 움직이는 팔들에서 그 무게들은, 진동하는 동안 팔들의 위로 그리고 아래로의 속력들에 역으로 비례하면, 힘이 같게 된다. 그러니까 그 무게들이, 만약 직선으로 상승하고 그리고 하강하면, 그들이 매달려 있는 지점들의, 양팔저울의 축으로부터의 거리들에 역으로 비례하면, 효력이 같다.

하지만 만약 비스듬한 평면이나 또는 다른 장애물이 도입되어서,

그들이 비스듬하게 상승 또는 하강하면, 그들이 수직선을 따라서 상승 그리고 하강하는 정도에 역으로 비례하여야, 그들이 효력이 같다. 이렇게 되는 이유는, 무게(중력)의 방향이 아래로이기 때문이다.

이와 마찬가지로, 도르래 또는 도르래들의 장치에서, 줄을 수직으로 당기는 손의 힘과, 그 무게를 수직으로 상승시키든 또는 비스듬히 상승시키든, 그 무게와의 비율이, (무게의) 수직 상승 속력 대 줄을 당기는 손의 속력의 비율과 같으면, 무게가 (손의 힘에 의해서) 지탱될 것이다. 시계 그리고 비슷한 기계들에서, 그들은 맞물린 톱니바퀴들로 제작되었으며, 반대되는 힘들이 톱니바퀴들의 운동을 증진하고 그리고 방해하는데, 만약 그 힘들이 가해지는 톱니바퀴의 부분들의 속력들에 역으로 비례하면, 그들은 서로 간에 지탱할 것이다.

나사가 물체를 누르는 힘 대 (나사의) 손잡이를 돌리는 힘의 비율은, 나사의 손잡이에서 손이 잡아 누르는 부분의 회전 속력 대 눌려지는 물체를 향한 나사의 전진 속력의 비율과 같다. 쪼개지고 있는 나무의 두 부분들을 누르는 쐐기의 힘들 대 쐐기에 가하는 망치의 힘의 비율은, 망치가 가하는 힘에 의해서 결정되는 방향으로의 쐐기의 전진 (속력) 대 쐐기에 의해서 밀려나는 나무의 부분들의 쐐기의 면들에 직각인 직선들을 따른 속력의 비율과 같다.

모든 기계들은 다 이런 원리이다. 그것들의 활용성 그리고 유용성은 전적으로 이것에 의해서 구성된다. 그러니까 속력을 줄이면 힘이 커지고, 그리고 역으로도 된다. 모든 종류의 기계 또는 기구에서, "주어진 무게를 주어진 힘으로 옮기시오." 또는 주어진 저항을 주어진 힘으로 극복하라는 문제를 이 방법으로 해결한다.

왜냐 하면 기계들을 만들 때, 작동하는 도구 그리고 저항의 속력들이 그 힘들에 역으로 비례하면, 도구는 저항을 지탱하게 되며, 만약 속력들이 더 크게 차이가 나면, 그것을 극복하게 되기 때문이다. 만약 속력들의 차이가 매우 크다면, 인접한 물체들이 서로 미끄러질 때 마찰에 의한 저항, 인접한 물체들을 분리할 때 그 응집력에 의한 저항, 그리고 들어올려지는 무게에 의한 저항, 이 모든 저항들을 극복하고, 남는 힘이 자신에 비례하는 운동의 가속을 생산할 것이다. 일부는 기계의 부분들에서, 일부는 저항하는 물체에서.

그러나 이 책에서 나의 목적은 역학을 다루는 것이 아니다. 이 예들을 제시함으로써, 나는 다만 운동 법칙 3이 넓은 영역에서 확실하게 성립함을 보이고 싶었을 뿐이다. 왜냐 하면 만약 도구의 작용을 그 힘 그리고 속력을 결합해서 계산하고, 저항의 반작용도 이와 마찬가지로, 마찰, 응집력, 무게 그리고 그 부분들의 가속에서 생겨나는 저항들의 속력들 그리고 힘들을 결합해서 계산하면, 작용 그리고 반작용은, 도구들의 모든 사용에서, 항상 서로 같을 것이다. 그리고 이 작용이 기계를 통해서 전파되고, 최종적으로 저항하는 모든 물체에게 가해지는데, 그 최종적 방향에 한해서라면 항상 반작용의 방향과 반대가 될 것이다.

제 1 장

차후의 것들을 증명하는 데 사용할, 시초의 그리고 궁극적 비율들의 방법

[렘마 1]

양들, 그리고 또한 양들의 비율들이, 임의의 유한한 시간 동안 같음을 향해서 계속 나아간다고 하자. 그리고 그 시간이 끝나기 전에, 주어진 임의의 차이보다, 이들이 서로 더 가까워진다고 하자. 그러면 이들은 궁극적으로 같아진다.

만약 부정하면, 이들은 궁극적으로 같지 않게 되는데, 이들의 궁극적 차이를 D라 하자. 그러므로 이들은 주어진 차이 D보다 더 가까워질 수 없다. 이것은 가정에 어긋난다.

[렘마 2]

임의의 도형 AacE가 있어서, 직선들 Aa, AE, 그리고 곡선 acE로 둘러싸여 있다고 하자. 여기에 임의의 개수의 평행사변형들 Ab, Bc, Cd, …를 내접시키되, 밑변들 AB, BC, CD, …가 길이가 같고, 옆변들 Bb, Cc, Dd, …가 모두 이 도형의 변 Aa와 평행하도록 만들어라. 그리고 평행사변형들 aKbl, bLcm, cMdn, …을 완성하여라. 그 다음에 이 평행사변형들의 폭을 감소시키고, 개수를 한없이 증가시켜라. 그러면 내접하는 도형 AKbLcMdD, 외접하는 도형 AalbmcndoE, 그리고 곡선 도형 AabcdE 사이의 궁극적 비율들은 같은 것들의 비율들이 된다.

내접하는 도형 그리고 외접하는 도형 사이의 넓이 차이는 평행사변형들 Kl, Lm, Mn, Do의 넓이들을 더한 것이며, 이것은 (모든 밑변들이

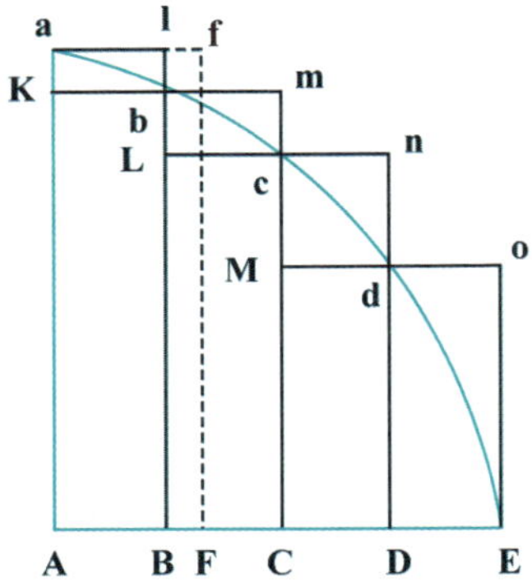

같으니) 밑변이 Kb이고 높이가 합 Aa인 직사각형, 그러니까 직사각형 ABla와 같다. 그런데 이 직사각형은, 폭 AB가 한없이 감소하니, 주어진 임의의 것보다도 더 작아진다. 그러므로 (렘마 1에 따라서) 내접하는 도형 그리고 외접하는 도형은, 그리고 따라서 그들 사이의 곡선 도형도 당연히, 궁극적으로 같아지게 된다. [증명 끝]

[렘마 3]

평행사변형들의 폭들 AB, BC, CD, …가 같지 않더라도, 이들이 모두 한없이 작아지면, (내접하는 도형, 외접하는 도형, 그리고 곡선 도형 사이의) 궁극적 비율들은 역시 같은 것들의 비율들이 된다.

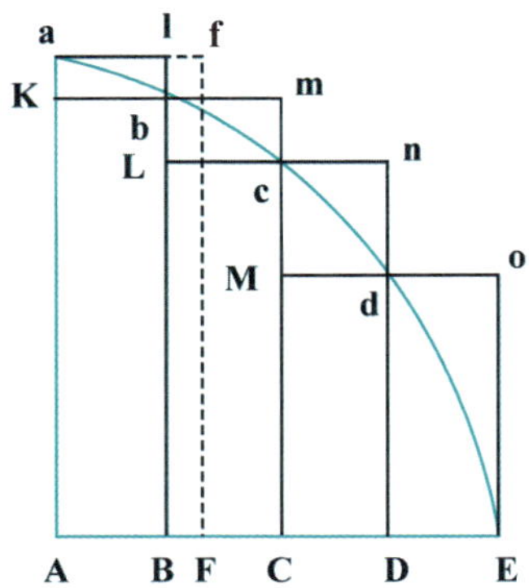

가장 큰 폭과 같도록 AF를 잡아라. 그리고 평행사변형 FAaf를 완성하여라. 그러면 이것은 내접하는 도형 그리고 외접하는 도형 사이의 차이보다 더 크다. 그런데 이것의 폭 AF가 한없이 작아지니, 이것은 주어진 임의의 직사각형보다 더 작아진다. [증명 끝]

딸린법칙 1 그러므로 이렇게 한없이 작아지는 평행사변형들의 궁극적 합은, 모든 부분에서 곡선 도형과 일치하게 된다.

딸린법칙 2 그리고 게다가, 한없이 작아지는 호들 ab, bc, cd, …의 현들로 둘러싸인 다각형도, 궁극적으로 그 곡선 도형과 일치하게 된다.

딸린법칙 3 그 동일한 호들의 접선들로 구성된 외접 다각형도 역시 마찬가지이다.

딸린법칙 4 그러므로 이러한 궁극적 도형들은 (둘레 acE와 관련하여서) 직선들이 아니며, 직선들의 극한들인 곡선이 된다.

[렘마 4]

두 도형들 AacE, PprT의 안에다, (위에서처럼) 제각각 일련의 평행사변형들을 내접시키는데, 그들의 개수들이 서로 같고, 그리고 그 폭이 한없이 작아질 때, 한 도형 속의 평행사변형들 대 다른 도형 속의 평행사변형들의 궁극적 비율들이, 하나 대 하나, 동일하다고 하자. 그러면 두 도형들 AacE, PprT는 서로 간에, 그 동일한 비율이 된다.

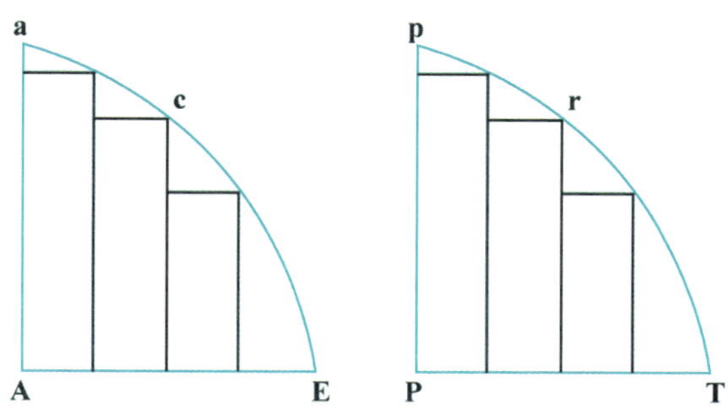

평행사변형들에서 하나 대 하나의 비율이 동일하니, 모두의 합 대 모두의 합의 비율도 (비례식의 합에 따라서) 그러하고, 그러니 따라서 도형 대 도형의 비율도 그러하다. 왜냐 하면 전자의 도형 대 전자의 합의

비율, 그리고 후자의 도형 대 후자의 합의 비율은, (렘마 3에 따라서) 같은 것들의 비율이기 (비율이 1 대 1이기) 때문이다. [증명 끝]

딸린법칙 1 임의의 종류의 두 양들이 있어서, 이들을 같은 개수의 부분들로 분할하고, 그리고 그 부분들의 개수를 증가시키고, 그리고 그 크기를 한없이 감소시키는데, 그들이 서로 간에, 첫째 대 첫째, 둘째 대 둘째, 이렇게 순번에 따라서 전자 대 후자가, 주어진 비율을 유지한다고 하자. 그러면 전체들은 서로 간에, 주어진 그 비율을 가지게 된다.

왜냐 하면 이 렘마의 그림들에서 서로 간의 비율이 부분들의 비율과 같도록 평행사변형들을 잡으면, 부분들의 합들은 항상 평행사변형들의 합들과 비율이 같게 된다. 그러므로 부분들 그리고 평행사변형들의 개수를 한없이 증가시키고 그들의 크기를 한없이 감소시키면, (부분들의 합들은 그 궁극적 비율이) 평행사변형 대 평행사변형의 궁극적 비율과 같을 것이다. 그러니까 (가정에 따라서) 부분 대 부분의 궁극적 비율과 같다.

[렘마 5]

닮은꼴 도형들의 모든 변들은, 곡선 그리고 직선 모두, 대응하는 변들과 비례한다. 그리고 넓이들의 비율은 변들의 비율의 제곱이다.

[렘마 6]

주어진 위치의 임의의 호 ACB에 대응하는 현 AB가 있고, 연속적인 곡률의 가운데의 어떤 점 A에서, 접하는 직선 AD가 양쪽으로 뻗어 있다고 하자. 그러면 점들 A, B가 서로 접근하여 만나게 되면, 내가 말하겠는데, 현 그리고 접선이 만드는 각 BAD는 한없이 작아져서 궁극적으로 사라지게 된다.

왜냐 하면 만약 이 각이 사라지지 않는다면, 호 ACB와 접선 AD가 어떤 직선각과 같은 크기의 각을 만들게 된다. 그러므로 점 A에서 곡률이 연속적일 수가 없다. 이것은 가정에 어긋난다.

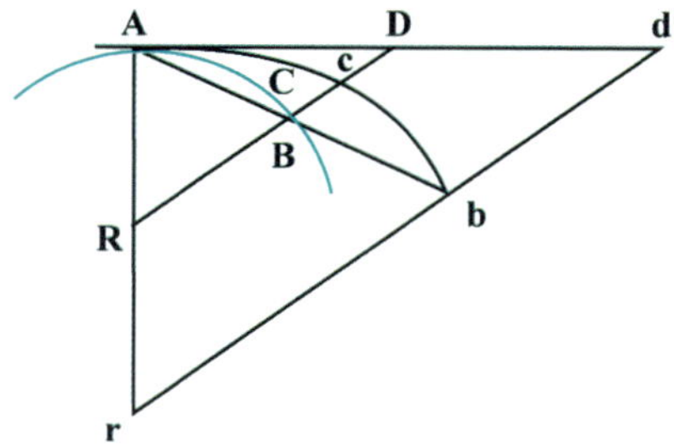

[렘마 7]

같은 가정들 하에, 내가 말하겠는데, 호, 현, 그리고 접선 서로 간의 궁극적 비율은 같은 것들의 비율이 된다.

점 B가 점 A를 향해 접근하는 동안, AB 그리고 AD를 길게 늘여서 멀리에 점들 b 그리고 d를 잡되, 직선 bd를 시컨트 BD와 평행하도록 그어라. 그리고 호 ACB와 항상 닮은꼴이 되도록 호 Acb를 그려라.

그러면 점들 A, B가 서로 접근하면, 위의 렘마에 따라서, 각 dAb는 사라지게 된다. 그러므로 항상 유한한 직선들인 Ab, Ad, 그리고 그 사이의 호 Acb가 서로 일치하게 되며, 그러므로 서로 같아진다. 그런데 이들은 직선들 AB, AD, 그리고 그 사이의 호 ACB와 항상 비례하니, (이들 셋은) 한없이 작아지며, 궁극적으로 같은 것들의 비율이 된다. [증명 끝]

딸린법칙 1 그러므로 만약 B를 지나고 접선에 평행하도록 BF를 긋고, A를 지나는 임의의 직선 AF를 자르는 점을 F라 하면, 이 BF는 사라지는 (한없이 작아지는) 호 ACB와 궁극적으로 같은 것들의 비율을 가진다. 왜냐 하면 평행사변형 AFBD를 완성하면, BF는 항상 AD와 같은 것들의 비율을 가지기 때문이다.

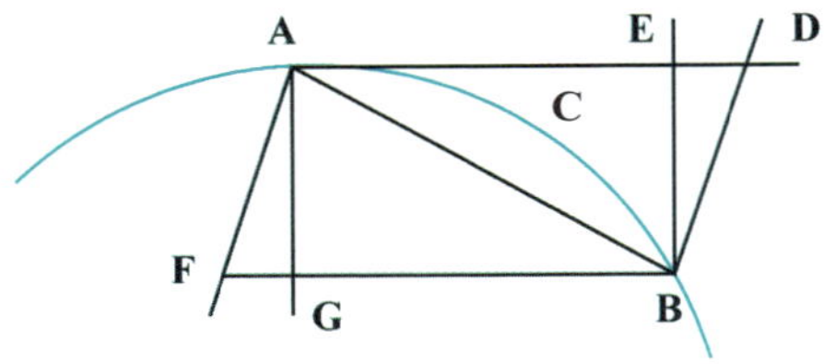

딸린법칙 2 B 그리고 A를 지나는 여러 직선들 BE, BD, AF, AG를 그어서, 이들이 접선 AD 그리고 그에 평행한 BF를 자르도록 해라. 그러면 모든 가로 좌표들 AD, AE, BF, BG, 현 그리고 호 AB는 서로 간에 궁극적 비율이 같은 것들의 비율이 된다.

딸린법칙 3 그러므로 이 모든 선들은, 궁극적 비율들에 관한 모든 추론들에서, 서로 간에 바꾸어서 사용해도 된다.

[렘마 8]

주어진 직선들 AR, BR이 호 ACB, 현 AB 그리고 접선 AD와 더불어, 세 삼각형들 RAB, RACB, RAD를 구성하고, 그 다음에 점들 A, B가 서로를 향해 접근한다고 하자. 그러면 사라지는 (한없이 작아지는) 삼각형들의 궁극적 형태는 서로 닮은꼴이며, 이들의 궁극적 비율은 같은 것들의 비율이 된다.

점 B가 점 A로 접근하는 동안, AB, AD, AR은 항상 먼 점들 b, d 그리고 r로 연장되어 있고, RD는 rbd와 평행하도록 유지되고, 그리고 호 Acb는 항상 호 ACB와 닮은꼴이라고 이해하자. 그리고 점들 A, B가 서로 접근하면, 각 bAd는 사라지게 (한없이 작아지게) 되며, 그러므로 세 개의 유한한 삼각형들 rAb, rAcb, rAd는 서로 일치하게 되며, 따라서 이들은 서로 닮은꼴이며 넓이가 같다. 그런데 삼각형들 RAB, RACB, RAD는 항상 이들과 닮은꼴이며 비율이 같으니, 이들 셋도 궁극적으로 서로 닮은꼴이 되며 넓이가 같아지게 된다. [증명 끝]

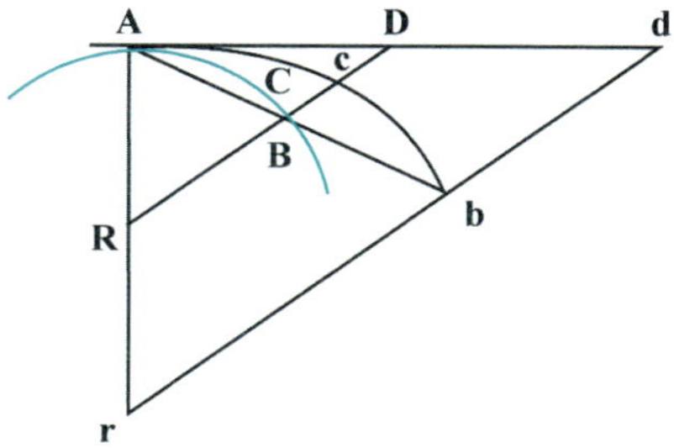

딸린법칙 그러므로 궁극적 비율들에 관한 모든 추론들에서, 이 삼각형들은 서로 간에 바꾸어서 사용해도 된다.

[렘마 9]

직선 AE 그리고 곡선 ABC가, 주어진 위치에서, 주어진 각 A로 서로 교차한다고 하자. 그리고 그 직선에 대해서, 주어진 다른 어떤 각으로 BD, CE를 가로 좌표들로 붙이고, 곡선과 만나는 점들을 B, C라 하고, 그 다음에 점들 B, C가 동시에 점 A를 향해서 접근한다고 하자. 그러면 삼각형들 ABD, ACE의 넓이들은 서로 간에 궁극적으로 변들의 비율의 제곱과 같아진다.

점들 B, C가 점 A로 접근하는 동안, AD 는 항상 먼 점들 d 그리고 e로 길게 늘이고, Ad, Ae가 AD, AE에 비례한다고 이해하자. 그리고 가로 좌표들 db, ec를 붙이되, 가로 좌표들 DB, EC와 평행하도록 하고, AB, AC를 연장한 것과 점들 b 그리고 c에서 만난다고 하자. 곡선 ABC와 닮은꼴이 되도록 곡선 Abc를 그렸다고 이해하고, 직선 Ag는 점 A에서 이 두 곡선들에 접한다고 하자. 그리고 가로 좌표들 DB, EC, db, ec와 교차하는 점들을 F, G, f, g라 하자.

그 다음에 길이 Ae가 같도록 유지되면서, 점들 B, C가 더불어 점 A로 접근한다고 하자. 그러면 각 cAg는 한없이 작아지고, 곡선 도형들 Abd,

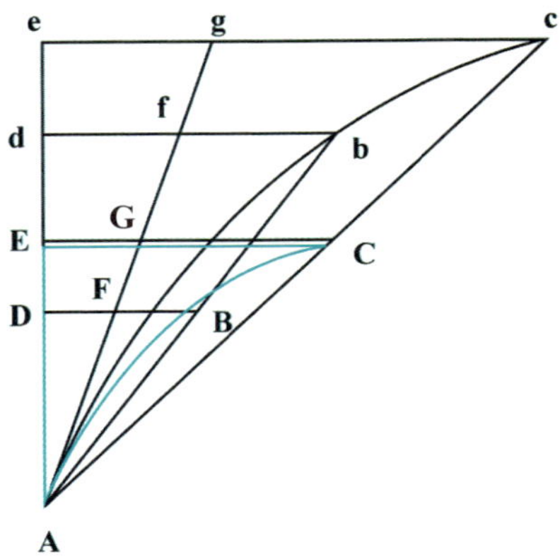

Ace의 넓이들은 직선 도형들 Afd, Age의 넓이들과 각각 일치하게 된다. 그러므로 (렘마 5에 따라서) 이들의 넓이 비율은 대응하는 변들 Ad, Ae의 비율의 제곱이 된다. 그런데 ABD, ACE의 넓이들은 항상 이 넓이들과 비례한다. 그리고 변들 AD, AE는 이 변들에 비례한다. 그러므로 ABD, ACE의 넓이들의 비율은 궁극적으로 변들 AD, AE의 비율의 제곱과 같아진다. [증명 끝]

[렘마 10]

어떤 물체에다 임의의 유한한 힘을 가한다고 하자. 그러면 그 힘이 일정해서 변화하지지 않든, 또는 그 힘이 연속적으로 증가하든, 또는 연속적으로 감소하든 간에, 운동을 처음 시작하는 순간 그 물체가 움직인 거리들 사이의 비율은 시간들의 비율의 제곱과 같다.

시간들을 선들 AD, AE로 나타내고, 생성된 속도들을 가로 좌표들 DB, EC로 나타내자. 그러면 이 속도들로 움직인 거리들은, 가로 좌표들이 그리는 도형들 ABD, ACE의 넓이들이 된다. 그러므로 운동을 처음 시작하는 순간 (렘마 9에 따라서) 시간들 AD, AE의 비율의 제곱과 같다. [증명 끝]

딸린법칙 1 그리고 이것으로부터 다음을 쉽게 추론할 수 있다. 닮은꼴 도형들의 닮은꼴인 부분들을 비례하는 시간들에 지나는 물체들에게,

임의의 같은 (크기의) 힘들을 닮은꼴로 가하였을 때 생기는 오차들은, 닮은꼴 도형들에서 이 물체들이 이러한 힘들이 없었을 때 같은 비례하는 시간들에 도달하였을 지점들과의 거리들로 측정하여서, 그들이 생성된 시간들의 제곱들에 매우 가까이 비례한다.

딸린법칙 2 그렇지만 닮은꼴 도형들의 닮은꼴인 부분들을 지나는 물체들에게 비례하는 힘들을 가하면, 이 때 생기는 오차들은, 시간들의 제곱들 그리고 힘들을 결합한(곱한) 것에 비례한다.

딸린법칙 3 다른 힘들이 가해졌을 때 물체들이 그리는 임의의 거리들도 이와 같이 이해할 수 있다. 이 거리들도, 운동을 막 시작하는 순간, 시간들의 제곱들 그리고 힘들을 결합한 것에 비례한다.

딸린법칙 4 그러므로 운동을 막 시작하는 순간, 힘들은 (물체들이) 그리는 거리들에 바로 비례하고, 시간들의 제곱들에 역으로 비례한다.

딸린법칙 5 그리고 시간들의 제곱들은 그리는 거리들에 바로 비례하고, 힘들에 역으로 비례한다.

설명

다른 종류들의, 확정되지 않은 양들을 서로 간에 비교할 때, 그들 중 어느 하나가 다른 임의의 하나에 대해서 바로 비례한다 또는 역으로 비례한다는 말의 의미는, 전자가 후자와 같은 비율로, 또는 그 역수와 같은 비율로 증가하고 또는 감소함을 말한다. 그리고 그들 중의 하나가 둘 또는 다수와 바로 또는 역으로 비례한다는 말은, 다른 어떤 것들의 또는 다른 어떤 것들의 역수들의 비율들을 결합한 비율에 따라서, 첫째가 증가 또는 감소한다는 의미이다.

예를 들어 A가 B에 바로 그리고 C에 바로 그리고 D에 역으로 비례한다고 말하면, 그 의미는 A가 $B \times C \times \frac{1}{D}$ 과 같은 비율로 증가 또는 감소한다는 의미이다. 그러니까 A 그리고 $\frac{BC}{D}$ 가 서로 간에 주어진 비율을 가진다.

[렘마 11]

접하는 점에서 유한한 곡률을 가지는 모든 곡선들에서, 접하는 각의 사라지는 대변은 궁극적으로, 각을 구성하는 호의 현의 제곱에 비례한다.

경우 1. 호를 AB라 하고, 그 접선을 AD, 접하는 각의 대변으로 접선에 수직이 되는 것을 BD, (접하는 각을 만드는 호 AB의) 현을 AB라 하자. 이 현 AB 그리고 접선 AD에 각각 수직이 되도록 BG, AG를 세우고, 만나는 점을 G라 하자. 그 다음에 점들 D, B, G가 점들 d, b, g로 접근하도록 하자. 그리고 점들 D, B가 A로 접근할 때, 직선들 BG, AG의 교점의 궁극적 위치를 I라 하자.

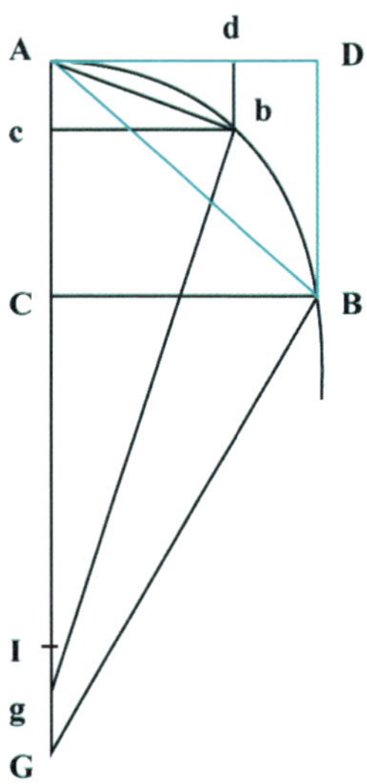

그러면 주어진 어떠한 거리보다도, GI의 거리가 더 작아지도록 만들 수 있음이 명백하다. 그런데 (점들 ABG, Abg를 지나는 원들의 성질에 따라서) AB^2 은 AG×BD와 같고, 그리고 Ab^2 은 Ag×bd와 같다. 그러므로 AB^2 대 Ab^2 의 비율은, AG 대 Ag의 비율 그리고 BD 대 bd의 비율을 결합한 것이다.

그런데 GI는 주어진 어떠한 길이보다도 더 작다고 가정할 수 있으니, AG 대 Ag의 비율은, 같은 것들의 비율과의 차이가, 주어진 임의의 차이보다 더 작다고 할 수 있다. 그러므로 AB^2 대 Ab^2 의 비율은, BD 대 bd의 비율과의 차이가, 주어진 임의의 값보다도 더 작아진다. 그러므로 렘마 1에 따라서, AB^2 대 Ab^2 의 궁극적 비율은, BD 대 bd의 비율과 같다. [증명 끝]

경우 2. 이제 BD가 주어진 임의의 각으로 AD에 대해서 기울어져 있다고 하자. 그러면 BD 대 bd의 궁극적 비율은 항상 이전과 같게 되며, 그러니 따라서 AB^2 대 Ab^2 비율과 같다. [증명 끝]

경우 3. 그리고 각 D가 주어지지 않았더라도, 직선 BD가 주어진 어떤 점으로 접근한다거나, 또는 다른 어떤 규칙에 의해서 구성된다고 하자. 그리고 각들 D, d가 공통인 규칙에 의해 구성되어서, 같아지도록 계속 접근하여서, 주어진 임의의 차이보다도 더 가까워진다고 하자. 그러면 렘마 1에 따라서, 궁극적으로 서로 같아지며, 선들 BD, bd 서로 간의 비율은 이전과 같게 된다. [증명 끝]

딸린법칙 1 그런데 접선들 AD, Ad, 호들 AB, Ab 그리고 이들의 사인(sine)들 BC, bc가 궁극적으로 현들 AB, Ab와 같아지니, 이들의 제곱들도 궁극적으로 현들 BD, bd와 같은 비율이 된다.

딸린법칙 2 이들의 제곱들은 또한, 궁극적으로 현들의 버스트사인(versed sine)들과 같은 비율이 된다. (버스트사인은 호를 이등분하고 주어진 점으로 수렴한다.) 왜냐 하면 버스트사인들은 현들 BD, bd에 비례하기 때문이다.

딸린법칙 3 그러므로 어떤 물체가 주어진 속력으로 호를 그리면, 버스트사인은 시간의 비율의 제곱이다.

딸린법칙 4 직선삼각형들 ADB, Adb는 궁극적으로 변들 AD, Ad의 비율의 세제곱이 되고, 변들 DB, db의 비율의 1.5제곱이 된다. 이들은 변들 AD 그리고 DB, Ad 그리고 db 사이 비율들의 결합이기 때문이다. 그러므로 삼각형들 ABC, Abc는 궁극적으로 변들 BC, bc의 비율의 세제곱이 된다. 비율의 1.5제곱이라는 말은, 세제곱의 절반을 뜻한다. 그것은 단순한 것에다 제곱근을 결합한(곱한) 것이다.

딸린법칙 5 그리고 DB, db는 궁극적으로 서로 평행하며 AD, Ad의 제곱의 비율이 되니, 곡선 도형들 ADB, Adb는 궁극적으로 (포물선의 성질에 따라서) 직선삼각형들 ADB, Adb의 넓이의 2/3가 되며, 활꼴들 AB, ab의 넓이는 그 직선삼각형들 넓이의 1/3이 된다. 그러므로 이들의 넓이들 그리고 활꼴들도 접선들 AD, Ad의, 현들 그리고 호들 AB, Ab의, 세제곱의 비율이 된다.

설명

그런데 이 모두에서, 우리는 접하는 각이, 원이 그 접선과 더불어 내포하여 만드는 각과 비교하여서, 한없이 더 크지도 않고 한없이 더 작지도 않다고 가정하고 있다. 그러니까 점 A에서의 곡률이 한없이 작지도 않고 한없이 크지도 않다. 또는 거리 AI가 유한한 크기가 된다.

만약 DB를 AD^3에 비례하도록 잡을 수 있으면, 이 경우 점 A를 지나고 접선 AD 그리고 곡선 AB 사이에 놓이도록 원을 그릴 수 없다. 그러므로 접하는 각이 원의 접하는 각에 비해서 한없이 더 작다. 마찬가지로, 만약 DB를 차례차례 AD^4, AD^5, AD^6, AD^7, …에 비례하도록 잡으면, 일련의 접하는 각들이 점점 한없이 작아지며, 각각의 후자는 그 전자보다 한없이 더 작다.

그리고 만약 DB를 차례차례 AD^2, $AD^{\frac{3}{2}}$, $AD^{\frac{4}{3}}$, $AD^{\frac{5}{4}}$, $AD^{\frac{6}{5}}$, $AD^{\frac{7}{6}}$, …에 비례하도록 잡으면, 우리는 또 다른 일련의 접하는 각들을 무수히 많이 얻게 되는데, 맨 처음의 것은 원의 접하는 각과 같은 종류이며, 두 번째 것은 한없이 더 크고, 그리고 각각의 후자는 그 전자보다 한없이 더 크다. 게다가 이 각들의 임의의 둘 사이에서, 양쪽으로 무한히 일련의 중간의 (사이에 놓이는) 각들을 삽입시켜서, 그들 각각이 전자보다 무한히 더 크도록 또는 더 작도록 만들 수 있다. 예를 들어 AD^2 그리고 AD^3의 양 끝들 사이에, 일련의 $AD^{\frac{13}{6}}$, $AD^{\frac{11}{5}}$, $AD^{\frac{9}{4}}$, $AD^{\frac{7}{3}}$, $AD^{\frac{5}{2}}$, $AD^{\frac{8}{3}}$, $AD^{\frac{11}{4}}$, $AD^{\frac{14}{5}}$, $AD^{\frac{17}{6}}$, …을 삽입시켜라. 그리고 이 일련에서 임의의 두 각들을 잡았을 때, 그 사이에 새로운 일련의 중간의 각들을 삽입시킬 수 있다. 자연은 한계를 알지 못한다. (Neque novit natura limitem.)

나는 이것들을 곡선들로 둘러싸인 도형의 넓이에 대해서 증명하였지만, 곡면들로 둘러싸인 입체의 부피에 대해서도 쉽게 적용할 수 있다. 나는 위에서 이러한 렘마들을 정립해 놓았으니, 고대 기하학자들이 사용하던 '모순을 이끌어 내는 방법'의 장황하고 성가신 과정을 피할 수 있다.

쪼갤 수 없는 것들(무한소)의 방법을 사용하면, 증명들을 더욱 간결하게 표현할 수 있다. 하지만 쪼갤 수 없는 것들의 가정은 상당히 까다로우며, 그래서 그 방법은 덜 기하학적이라고 간주된다. 나는 차후의 것들의 증명들에서, 사라지는 (한없이 작아지는) 양들 그리고 처음 생겨나는 (한없이 작은) 양들의 궁극적 합들 그리고 비율들을 선호한다. 그러니까 합들 그리고 비율들의 극한들로써 추론한다. 그래서 이러한 극한들의 증명들을 여기에서 간략하게 소개한 것이다. 이것들로부터, 쪼갤 수 없는 것들의 (무한소의) 방법과 마찬가지 결론들을 얻을 수 있다. 그리고 우리는 이미 증명된 원리들을 사용하니 더욱 안전하다.

그러니 차후 내용들에서, 내가 원소(입자)들로 구성된 양들을 고려하거나, 또는 곡선들의 원소들을 직선들인 것처럼 사용할 때 항상, 쪼갤 수 없는 것들이 아니라, 쪼갤 수 있는 사라지는 양들, 결정된 부분들의 합들 그리고 비율들이 아니라, 합들 그리고 비율들의 극한들을 사용함을 이해하기 바란다. 그리고 그러한 증명들의 유효함은, 항상 앞의 렘마들의 방법들에 의존한다.

사라지는 양들의 궁극적 비율은 존재할 수 없다는 반론이 있다. 왜냐 하면 양들이 사라지기 이전에는 궁극적이 아니며, 사라지고 나면, 아무것도 없으니까. 그러나 같은 논리에 따라서, 물체가 어떤 위치에 이르러서 운동이 끝나면, 궁극적 속력을 획득할 수 없다고 마찬가지로 주장할 수 있다. 왜냐 하면 이 위치에 이르기 이전에는, 궁극적 속력이 아니고, 이르고 나면, (속력이) 없기 때문이다.

그런데 응답은 쉽다. 궁극적 속력이란 물체가 움직이는 속력으로서, 궁극적 위치에 도달하여 운동이 멈추는 이전도 아니고, 이후도 아니며, 도달하는 바로 그 순간이다. 그러니까 물체가 궁극적 위치에 도달하는 바로 그 속력, 운동을 멈출 때의 그 속력이다.

그리고 마찬가지로 사라지는 (한없이 작아지는) 양들의 궁극적 비율이란, 양들의 비율로서, 사라지기 이전도, 사라진 이후도 아니고, 그들이 사라질 때의 바로 그 비율이라고 이해하기 바란다. 마찬가지로 생성되는 양들의 처음 비율이란, 그들이 막 생성되는 순간의 비율이다. 그리고 처음 그리고 마지막의 합이란 그들이 시작하는 순간 그리고 종료되는 순간의 (증가하든 또는 감소하든) 합이다.

운동의 끝에서 속력이 다다를 수 있지만, 그것을 초월할 수 없는 한계가 있다. 이것이 궁극적 속력이다. 그리고 모든 양들 그리고 비율들의 시작에서의 그리고 종료에서의 극한들이 있다. 이러한 극한은 고정되고 결정이 되니, 순수한 기하학으로 구할 수 있는 문제이다. 모든 기하학들은 다른 어떤 기하학적인 것들을 구하고 그리고 증명하는 데에 적법하게 사용될 수 있다.

만약 사라지는 양들의 궁극적 비율들이 주어지면, 궁극적 양들도 역시 주어지는 게 아니냐, 그렇다면 모든 양은 쪼갤 수 없는 것들로 구성되며, 이것은 유클리드가 [기하학 원론] 10권에서 증명한 것에 어긋난다고 주장할 수도 있다. 그러나 이 반론은 거짓된 가정에 바탕을 두고 있다.

양들이 사라지면서 가지는 그 궁극적 비율들은, 사실 궁극적 양들의 비율들이 아니라, 감소하는 양들이 한계가 없이 접근하는 극한들이다. 주어진 임의의 차이보다도 그들은 더 가까이 근접할 수 있지만, 그러나 양들이 무한히 감소할 때까지, 그것을 넘어서거나 또는 도달하지 않는다.

이것은 한없이 커지는 양들에서 더 명확하게 이해할 수 있다. 만약 주어진 차이를 가지는 두 양들이 한없이 증가하면, 이들 사이의 궁극적 비율이 주어지게 된다. 그러니까 같은 것들의 비율이 (비율이 1 대 1이) 된다. 그렇지만 이 비율을 가지는 궁극적 또는 최대의 양들은 주어지지 않는다. 그러므로 차후 내용들에서, 더 쉽게 이해할 수 있도록,

최소한으로 작은 또는 사라지는 또는 궁극적 양들이라고 내가 말을 하면, 여러분들은 그 크기가 고정된 양들이라고 이해하지 말고, 한계가 없이 감소하는 양들이라고 항상 생각하기 바란다.

제 2 장
구심력들을 구함

법칙 1, 정리 1

힘들의 중심이 고정되어 있고, (그 힘을 받으며 움직이는) 물체가 회전하면, 중심으로 그은 반지름들은 시간들에 비례하여 넓이들을 그리며, 움직이지 않는 (고정된) 평면에 놓여 있다.

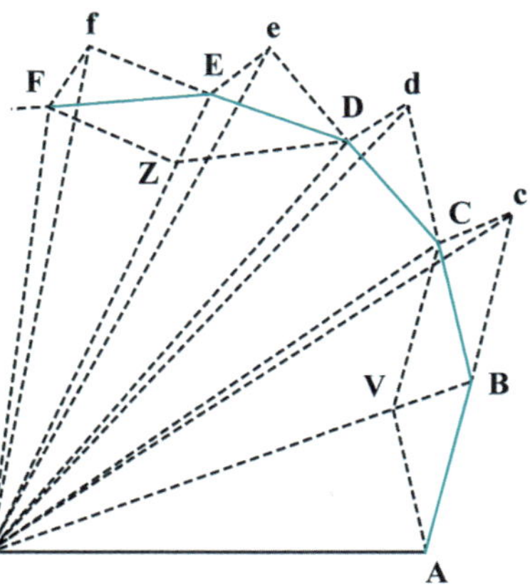

시간을 같은 (길이인) 부분들로 분할하여라. 그리고 시간의 첫째 부분에서 그 물체가 내재된 힘에 의해서 직선 AB를 그린다고 하자. 시간의 둘째 부분에서, 만약 아무런 방해도 받지 않으면, 그 물체는 (운동 법칙 1에 따라서) 직선을 따라서 c로 가게 되며, AB와 (길이가) 같은 직선 Bc를 그린다. 그러니 중심을 향하여 반지름들 AS, BS, cS를 그었다면, 같은 넓이들 ASB, BSc를 그렸을 것이다.

그런데 그 물체가 B에 이르렀을 때, 구심력이 한 번의 강한 충격으로 작용하여서, 그 물체가 직선 Bc로부터 벗어나서, 직선 BC를 따라서 전진한다고 하자. BS와 평행하도록 직선 cC를 긋고, BC와 만나는 점을 C라고 하자. 그리고 시간의 둘째 부분이 완결된 후에, 그 물체는 (운동 법칙들에 딸린 법칙 1에 따라서) C에 있게 되며, 삼각형 ASB와 같은 평면에 있다. SC를 연결하여라. 그러면 SB, Cc가 평행하니까, 삼각형 SBC는 삼각형 SBc와 넓이가 같게 된다. 그러므로 삼각형 SAB와도 역시 넓이가 같게 된다.

비슷한 논거로, 만약 구심력들이 C, D, E, …에서 차례차례 작용하여서, 시간의 각각의 입자들에서 그 물체가 각각의 직선들 CD, DE, EF, …를 그린다면, 이들은 모두 같은 평면에 놓이게 되며, 그리고 삼각형 SCD는 삼각형 SBC와, 그리고 SDE는 SCD와, 그리고 SEF는 SDE와 넓이가 같게 된다.

그러므로 같은 (길이의) 시간들 동안, 움직이지 않는 (고정된) 평면에서 같은 넓이들을 그린다. 그리고 비례식의 덧셈에 따라서, 넓이들의 임의의 합들 SADS, SAFS 서로 간의 비율은, 그리는 데 걸린 시간들에 비례한다.

이제 삼각형들의 개수를 한없이 증가시키고, 폭들을 한없이 감소시켜라. 그러면 그들의 궁극적 둘레 ADF는 (렘마 3, 딸린 법칙 4에 따라서) 곡선이 될 것이다. 그러므로 구심력은 끊임없이 작용하며, 물체는 구심력에 의해 계속 끌려 접선으로부터 벗어날 것이다. 그렇지만 그린 임의의 넓이들 SADS, SAFS는 항상 그리는 시간들에 비례하니, 이 경우도 그 동일한 시간들에 비례하게 된다. [증명 끝]

딸린법칙 1 저항이 없는 공간들에서 고정된 중심을 향해 당겨지는 물체의 속력은, 중심에서 궤도의 접선으로 내리그은 수직선의 길이에 역으로 비례한다. 왜냐 하면 그 위치들 A, B, C, D, E에서의 속력들은 넓이가 같은 삼각형들의 밑변들 AB, BC, CD, DE, EF의 길이들에 비례하며, 이 밑변들의 길이들은 그들에게 내리그은 수직선들에 역으로 비례하기 때문이다.

딸린법칙 2 저항이 없는 공간들에서 같은 물체가 같은 (길이의) 시간들 동안 호들 AB, BC를 차례차례 그린다고 하자. 현들 AB, BC를 변들로 하여 평행사변형 ABCV를 완성하여라. 그러면 대각선 BV는, 그 호들이 한없이 작아질 때 궁극적인 위치에서, 양쪽으로 길게 늘이면, 힘의 중심을 지나게 된다.

딸린법칙 3 저항이 없는 공간들에서 같은 시간들 동안 그린 호들 AB, BC, 그리고 DE, EF의 현들로 평행사변형들 ABCV, DEFZ를 완성하여라. 그러면 B 그리고 E에서의 힘들의 서로 간의 비율은, 이 호들이 한없이 감소할 때, 대각선들 BV, EZ의 궁극적 비율과 같다.

왜냐 하면 물체의 운동들 BC 그리고 EF는 (운동 법칙들에 딸린 법칙 1에 따라서) 운동들 Bc, BV 그리고 Ef, EZ를 결합한 것이다. 그런데 BV 그리고 EZ는 Cc 그리고 Ff와 각각 같고, 이 법칙의 증명에서, B 그리고 E에서의 구심력의 충격으로 생성된 것들이다. 그러므로 이러한 충격들에 비례한다.

딸린법칙 4 저항이 없는 공간들에서 임의의 물체들이 직선 운동들로부터 당겨져서 곡선 궤도들로 굽어지도록 만드는 힘들은, 서로 간의 비율이, 같은 시간들 동안 그리는 호들의 버스트사인들에 비례하며, 호들이 한없이 감소할 때, 버스트사인들은 힘들의 중심으로 수렴하며, 현들을 이등분한다. 왜냐 하면 이 버스트사인들은 딸린 법칙 3에서 다룬 대각선들의 절반들이기 때문이다.

딸린법칙 5 그러므로 이러한 힘들 대 중력의 힘과의 비율은, 같은 시간들 동안 그리는, 이러한 버스트사인들 대, 투사체가 그리는 포물선의 호의 지평선에 수직인 버스트사인과의 비율과 같다.

딸린법칙 6 물체들이 그 속에서 움직이는 평면과, 그 평면에 놓여 있는 힘들의 중심이 더불어, 정지해 있지 않고 직선을 따라서 일정하게 움직이더라도, 운동 법칙들에 딸린 법칙 5에 따라서, 이 모든 것들을 마찬가지로 얻을 수 있다.

법칙 2, 정리 2

평면에서 임의의 곡선을 그리며 움직이고 있는 모든 물체는, 정지해 있거나 또는 직선을 따라서 일정하게 운동하는 점에 대해서, 그 점으로 그은 반지름이 그 점의 둘레에서 시간들에 비례하는 넓이들을 그린다면, 그 동일한 점을 향하는 구심력을 받고 있다.

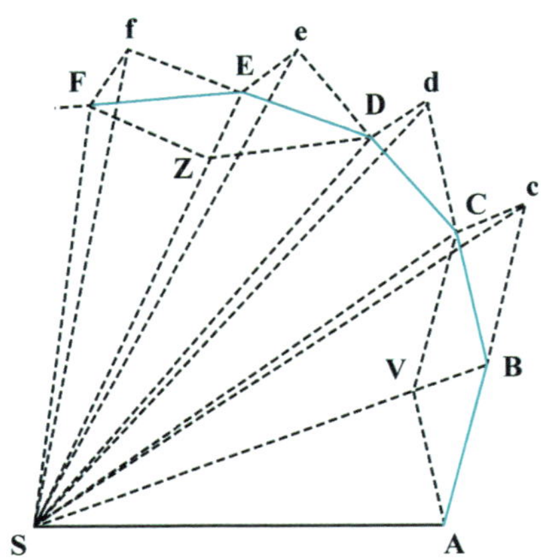

경우 1. 곡선을 따라서 움직이는 모든 물체는, (운동 법칙 1에 따르면) 그 물체에 작용하는 어떤 힘에 의해서 직선 운동으로부터 끌려나는

(굽어지는) 것이다. 그리고 그 힘에 의해서 물체가 직선의 경로로부터 끌려나서, 고정된 점 S의 둘레에서, 같은 시간들 동안 같은 넓이의 아주 작은 삼각형들 SAB, SBC, SCD, …를 그린다면, (운동 법칙 2와 [기하학 원론] 1권 법칙 40에 따라서) B의 위치에서 힘은 cC에 평행한 직선을 따라서, 그러니까 직선 BS를 따라서 작용하며, C의 위치에서 dD에 평행한 직선을 따라서, 그러니까 직선 CS를 따라서 작용하며, …. 그러므로 고정된 그 점을 향한 직선들을 따라서 항상 작용한다.

경우 2. 물체가 곡선 도형을 그리는 표면이 정지해 있든, 또는 그 물체와, 그리는 도형과, 그 점 S와 더불어 직선을 따라서 일정하게 움직이든, 운동 법칙들에 딸린 법칙 5에 따라서, 매한가지이다. [증명 끝]

딸린법칙 1 저항이 없는 공간들 또는 매질들 속에서, 만약 넓이들이 시간들에 비례하지 않으면, 힘들은 반지름들의 수렴점으로 향하지 않는다. 만약 넓이들을 그리는 것이 가속되면, 힘들은 앞쪽을 향해서, 그러니까 운동의 방향을 향해서 기울게 된다. 만약 (넓이들을 그리는 것이) 감속되면, (힘들은) 뒤로 기울게 된다.

딸린법칙 2 심지어 저항이 있는 매질들 속에서도, 만약 넓이들을 그리는 것이 가속되면, 힘들의 방향들은 반지름들의 수렴점으로부터 벗어나, 운동의 방향을 향해서 기울게 된다.

설명 어떤 물체에게 가해지는 구심력이 다수의 힘들의 결합일 수 있다. 이런 경우 이 법칙의 의미는, 모든 것들의 결합으로 구성된 힘이 점 S를 향한다는 것이다. 게다가 만약 어떤 힘이, (그 물체가 궤적을) 그리고 있는 표면과 수직이 되는 직선을 따라서 계속해서 작용한다면, 이것은 그 물체가 그 운동의 평면으로부터 벗어나도록 만들겠지만, 그러나 그리는 도형의 넓이는 증가하지도 또는 감소하지도 않는다. 그러므로 힘들의 결합에서 무시해도 된다.

법칙 3, 정리 3

모든 물체는, 임의의 운동을 하는 다른 어떤 물체의 중심으로 그은 반지름이, 그 중심의 둘레에서 시간들에 비례하여 넓이들을 그린다면, 다른 물체를 향하는 구심력과, 다른 물체에게 가해지는 모든 가속의 힘을 결합한 힘을 받고 있다.

첫째 물체를 L이라, 그리고 다른 어떤 물체를 T라 하자. 그러면 만약 다른 어떤 물체 T에게 가해지는 힘과 크기가 같고 방향이 반대인 새로운 힘을, 각각의 물체에게 평행한 직선들을 따라서 가하면, 이전과 마찬가지로 (운동 법칙들에 딸린 법칙 6에 따라서) 처음 물체 L은 다른 물체 T의 둘레에서 같은 넓이들을 그림을 계속할 것이다.

그런데 다른 물체에게 가해지던 그 (기존의) 힘은 이제 그와 크기가 같고 방향이 반대인 (새로운) 힘에 의해서 파괴될 것이다. 그러므로 다른 물체 T는 이제 가만히 내버려 둔 셈이며, (운동 법칙 1에 따라서) 정지해 있거나, 또는 직선을 따라서 일정하게 움직일 것이다.

그리고 처음 물체 L은 힘들의 차이가 가해져서, 그러니까 남은 힘이 가해져서, 다른 물체 T의 둘레에서 시간들에 비례하여 넓이들을 그린다. 그러므로 (정리 2에 따라서) 힘들의 차이는, 다른 물체 T를 중심으로 하여 향하게 된다. [증명 끝]

딸린법칙 1 그러므로 만약 한 물체 L이, 다른 물체 T에게 그은 반지름이 시간들에 비례하여 넓이들을 그린다면, 처음 물체 L에게 가해지는 전체 힘으로부터 (그 힘이 단순하든, 또는 여러 개의 힘들을 운동 법칙들에 딸린 법칙 2에 따라서 결합한 것이든) 다른 물체에게 가해지는 전체 가속의 힘을 (동일한 운동 법칙들에 딸린 법칙 2에 따라서) 빼면, 처음 물체에게 가해지는 나머지 전체의 힘은, 다른 물체 T를 중심으로 하여 향하게 된다.

딸린법칙 2 그리고 만약 그 넓이들이 시간들에 매우 근사하게 (quamproxime) 비례하면, 나머지 힘은 다른 물체 T를 매우 근사하게 향하게 된다.

딸린법칙 3 그리고 역으로, 나머지 힘이 다른 물체 T를 매우 근사하게 향하면, 그 넓이들은 시간들에 매우 근사하게 비례한다.

딸린법칙 4 물체 L로부터 다른 어떤 물체 T로 반지름을 그었는데, (그 반지름이) 그리는 넓이가, 시간들과 비교하여 매우 많이 다르며, 그리고 다른 물체 T는 정지해 있거나, 또는 직선을 따라서 일정하고 움직인다고 하자. 그러면 다른 물체 T를 향하는 구심력의 작용은 영이거나, 또는 다른 매우 강력한 힘들의 작용들과 섞이고 그리고 합성되어 있다. 그리고 만약 다수의 힘들이 있다면, 모두의 합성인 전체 힘은, 다른 어떤 중심을 (고정되었든 또는 움직이든) 향한다. 다른 물체가 임의의 운동으로 움직이더라도, 만약 다른 물체 T에게 가해지는 전체 힘을 빼고 남는 것을 구심력으로 잡으면, 이와 같이 성립한다.

설명

넓이들을 일정하게 그리는 것이, 그 힘이 향하는 중심을 나타내는 준거가 되며, 그 힘에 의해서 물체는 가장 크게 영향을 받고, 그 힘에 의해서 직선 운동으로부터 당겨져서 그 궤도를 유지하게 되니, 차후의 내용들에서 우리는 넓이들을 일정하게 그리는 것을 자유로운 공간들 속에서 행해지는 모든 궤도 운동에 대한 중심의 기준으로 사용해야 하지 않겠는가?

법칙 4, 정리 4

물체들이 일정한 운동으로 다른 원들을 그리면, 구심력들은 바로 그 원들의 중심들을 향하며, 그들 서로 간의 비율은, 그들이 동시에 그리는 호들의 제곱들을 원들의 반지름들로 나눈 것과 같다.

법칙 2, 그리고 법칙 1, 딸린 법칙 2에 따라서, 이 힘들은 원들의 중심들을 향한다. 그리고 이들 서로 간의 비율은, 법칙 1, 딸린 법칙 4에 따라서, 한없이 작은 같은 시간들 동안 그리는 호들의 버스트사인들의 비율과 같다. 그러니까 렘마 7에 따라서, 그와 같은 호들의 제곱들을 원들의 지름들로 나눈 것에 비례한다. 그런데 이 호들은 임의의 같은 시간에 그린 호들에 비례하고, 그 지름들은 그들의 반지름들에 비례하니, 그 힘들은 동시에 그리는 임의의 호들의 제곱들을 원들의 반지름들로 나눈 것에 비례한다. [증명 끝]

딸린법칙 1 이러한 호들은 물체들의 속력들에 비례하니, 구심력들의 비율은, 속력들의 비율의 제곱을 바로, 그리고 반지름들의 단순한 비율을 역으로 결합한 것이다.

딸린법칙 2 그리고 주기 시간들의 비율은 반지름들의 비율을 바로, 그리고 속력들의 비율을 역으로 결합한 것이니, 구심력들의 비율은 반지름들의 비율을 바로, 그리고 주기 시간들의 비율의 제곱을 역으로 결합한 것이다.

(번역자 주) 이 표현에는 약간의 혼선이 있음이 명백하다. 참고로 제 1판에는 다음과 같이 되어 있다. "그리고 주기 시간들의 제곱들을 반지름들로 나눈 것에 역으로, 그 힘들 서로 간의 비율이 같다. 그러니까 (기하학자들의 용어를 사용하여서) 이 힘들의 비율은, 속력들의 비율의 제곱을 바로, 그리고 반지름들의 단순한 비율을 역으로 결합한 것이다. 그리고 또한 반지름들의 단순한 비율을 바로, 그리고 주기 시간들의 비율의 제곱을 역으로 결합한 것이다."

딸린법칙 3 그러므로 만약 주기 시간들이 같으면, 그러니 속력들이 반지름들에 비례하면, 구심력들도 역시 반지름들에 비례하게 된다. 그리고 역도 성립한다.

딸린법칙 4 만약 주기 시간들 그리고 속력들이 둘 다 반지름들의 제곱근들에 비례하면, 구심력들은 서로 간에 (크기가) 같다. 그리고 역도 성립한다.

딸린법칙 5 만약 주기 시간들이 반지름들에 비례하면, 그러니 속력들이 같으며, 구심력들은 반지름들에 역으로 비례한다. 그리고 역도 성립한다.

딸린법칙 6 만약 주기 시간들이 반지름들의 1.5제곱에 비례하면, 그러니 속력들이 반지름들의 제곱근에 역으로 비례하면, 구심력들은 반지름들의 제곱에 역으로 비례한다. 그리고 역도 성립한다.

딸린법칙 7 그리고 일반적으로, 만약 주기의 시간이 반지름 R의 임의의 거듭제곱 R^{n} 이면, 그러니 속력이 R^{n-1} 에 역으로 비례하면, 구심력은 반지름의 거듭제곱 R^{2n-1} 에 역으로 비례한다. 그리고 역도 성립한다.

딸린법칙 8 물체들이 임의의 닮은꼴 도형들의 닮은꼴 부분들을 그리고, 중심들이 그러한 도형들의 속에 닮은꼴 위치들에 놓여 있으면, 앞에서의 증명들을 이러한 경우들에 적용하여서, 시간들, 속력들, 그리고 힘들에 관련하여 모두 (앞에서와) 같은 비율들이 성립하게 된다. 그리고 적용을 하는 데에 있어서, 일정한 운동을 넓이들의 일정한 그림으로 대치하고, 반지름들 대신에 중심들로부터 물체들까지의 거리들을 사용한다.

딸린법칙 9 동일한 증명들로부터, 다음이 역시 나오게 된다. 주어진 구심력으로 물체가 원에서 일정하게 회전하면서 임의의 시간에 그리는 호는, 원의 지름 그리고 동일한 시간 동안 주어진 동일한 힘에 의해서 물체가 하강하는 거리 사이의 비례 중항(기하 평균)이다.

설명 딸린 법칙 6의 경우가 천공의 물체들에서 성립한다. (우리들의 동료들인 렌, 후크, 핼리도 역시 제각각 발견하였다.) 따라서 차후의 내용들에서, 중심들로부터 거리들의 제곱의 비율로 감소하는 구심력과 관련한 것들을, 나는 더욱 상세하게 설명하기로 결심하였다.

게다가 앞의 법칙 그리고 딸린 법칙들 덕분에, 그 구심력 대 알려져 있는 임의의 힘과의, 예를 들어 중력과의 비율을 구할 수 있을 것이다. 왜냐 하면 만약 그 물체가 그의 중력의 힘에 따라서 지구를 중심으로 하는 원을 (그리며) 회전하고 있으면, 이 중력이 바로 그 구심력이기 때문이다. 게다가 이 딸린 법칙 9에 따라서, 무게의 낙하로부터 한 번 회전의 시간, 그리고 주어진 임의의 시간 동안 그리는 호를 구할 수 있다. 그리고 이런 종류의 법칙들로써, 하위헌스는 그의 탁월한 저서 [De horologio oscillatorio]에서, 중력의 힘을 회전의 구심력의 힘과 비교해 놓았다.

앞의 것은 다음의 방법으로 증명할 수도 있다. 임의의 원에다 임의의 개수의 변들을 가진 다각형을 내접시켜라. 그리고 다각형의 변을 따라서 주어진 속력으로 움직이는 물체가, 그 각각의 각들에서 원으로부터 반사된다고 하자. 각각의 반사가 원을 가격하는 힘은, 그 속력에 비례할 것이다. 그러므로 주어진 시간 동안 그 힘들의 합은, 속력 그리고 반사들의 횟수를 결합한(곱한) 것에 비례할 것이다. 그러니까 (만약 다각형의 종류가 주어졌다면) 주어진 시간 동안 그리는 길이, 그리고 그 동일한 길이의, 언급한 원의 반지름에 대한 비율에 따라서 증가 또는 감소하는 비율. 바꿔 말하면, 그 길이의 제곱을 반지름으로 나눈 것에 비례한다.

그러니 만약 다각형이 한없이 작은 변들을 가져서, 원과 일치하면, 주어진 시간 동안 그린 호의 제곱을 반지름으로 나눈 것에 비례한다. 이것은 원심력이며, 물체는 이 힘으로 원을 가격한다. 그러므로 이에 반대되고 (크기가) 같은 힘으로, 원은 그 물체를 계속해서 중심을 향하여 배척한다.

법칙 5, 문제 1

어떤 공통인 중심을 향하는 힘들을 받아서, 물체가 주어진 도형을 그리며, 임의의 위치에서 그 어떠한 속력이 주어졌다. 그 중심을 구하시오.

그린 도형의 세 점들 P, Q, R에서, 그 도형에 접하는 세 직선들 PT, TQV, VR을 긋고, T 그리고 V에서 만난다고 하자. 접선들에 대해서

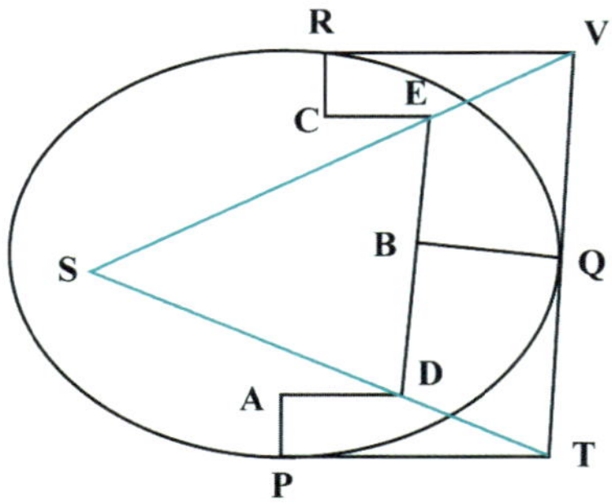

수직이 되도록 PA, QB, RC를 세우되, 이들의 길이가 이들을 세운 그 점들 P, Q, R에서의 물체의 속력들에 역으로 비례하도록 해라. 그러니까 PA 대 QB의 비율은, Q에서의 속력 대 P에서의 속력의 비율과 같고, 그리고 QB 대 RC의 비율은, R에서의 속력 대 Q에서의 속력의 비율과 같다. 수직선들의 끝점들 A, B, C에서, (수직선들에) 직각이 되도록 AD, DBE, EC를 긋고, D 그리고 E에서 만난다고 하자. 그러면 TD, VE를 늘이면 만나는 점이 바로 원하는 중심 S이다.

왜냐 하면 중심 S로부터 접선들 PT, QT로 내리그은 수직선들은 (법칙 1, 딸린 법칙 1에 따라서) 점들 P 그리고 Q에서의 물체의 속력들에 역으로 비례한다. 그러므로 작도에 따라서 수직선들 AP, BQ에 바로 비례한다. 그러니까 점 D로부터 내리그은 수직선들에 비례한다. 그러므로 점들 S, D, T는 한 직선에 놓여 있음을 쉽게 알 수 있다. 그리고 비슷한 추론으로 점들 S, E, V도 역시 한 직선에 놓여 있다. 그러므로 중심 S는 직선들 TD, VE가 만나는 점에 놓여 있다. [증명 끝]

법칙 6, 정리 5

저항이 없는 공간에서 고정된 중심의 둘레의 임의의 궤도를 물체가 회전하면서, 최소의 시간 동안 막 생겨나는 호를 그린다고 하자. 그리고 호의 버스트사인을 긋되, 그 현을 이등분하고, 그리고 길게 늘이면 힘들의 중심을 지난다고 이해하자. 그러면 호의 중심에서의 구심력은, 버스트사인에 바로 그리고 시간의 겹에(제곱에) 역으로 비례한다.

왜냐 하면 주어진 시간에 버스트사인은 (법칙 1, 딸린 법칙 4에 따라서) 힘에 비례한다. 그리고 시간을 임의의 비율로 증가시키면, 호는 같은 비율로 증가하니까, 버스트사인은 (렘마 11, 딸린 법칙 2, 3에 따라서) 그 제곱의 비율로 증가한다. 그러므로 힘에 비례하고 그리고 시간의 제곱에 비례한다. 양변을 시간의 제곱으로 나누어라. 그러면 힘은 버스트사인에 바로 비례하고 그리고 시간의 제곱에 역으로 비례한다. [증명 끝]

이것은 또한 렘마 10, 딸린 법칙 4를 써서 쉽게 증명할 수 있다.

딸린법칙 1 물체 P가 중심 S의 둘레에서 회전하면서 곡선 APQ를 그린다고 하자. 직선 ZPR이 임의의 점 P에서 이 곡선에 접한다고 하자. 그리고 곡선의 다른 임의의 점 Q에서, 거리 SP에 평행하도록 QR을 접선으로 그어라.

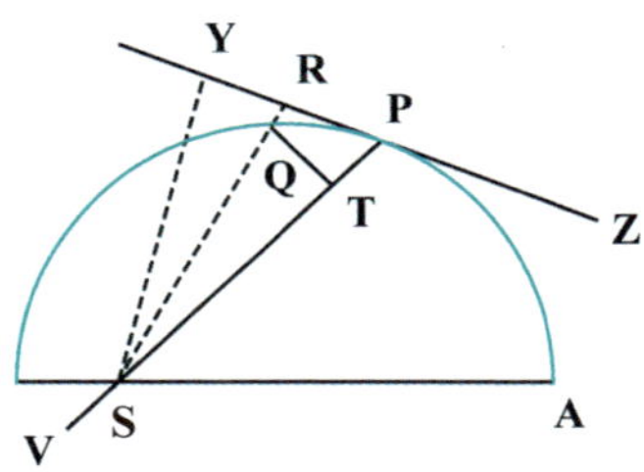

그리고 그 거리 SP에 수직이 되도록 QT를 내리 그어라. 그러면 구심력은 입체 $\frac{SP^2 \times QT^2}{QR}$ 에 역으로 비례한다. 점들 P 그리고 Q가 (한없이 가까워져서) 합쳐지는 그 순간의 궁극적 입체의 양을 항상 구하면 그렇다는 말이다.

왜냐 하면 QR은, 호 QP의 두 배이고 P를 중점으로 하는 호의 버스트사인과 같다. 그리고 삼각형 SQP의 두 배, 그러니까 SP×QT는, 두 배인 호를 그리는 데 걸린 시간에 비례한다. 그러므로 시간을 나타낸다고 할 수 있다.

딸린법칙 2 마찬가지 이유로, 힘의 중심으로부터 궤도의 접선 PR에 수직이 되도록 SY를 그으면, 구심력은 입체 $\frac{SY^2 \times QP^2}{QR}$ 에 역으로 비례한다. 왜냐 하면 직사각형들 SY×QP 그리고 SP×QT는 넓이가 같기 때문이다.

딸린법칙 3 그 궤도가 원이거나, 또는 동심적으로 원에 접하거나, 또는 동심적으로 원을 자른다고, 그러니까 원과 접하는 각 또는 자르는 각이 가능한 한 가장 작으며, 같은 곡률 그리고 같은 곡률 반지름을 점 P에서 가진다고 하자. 그리고 만약 PV가 이 원의 현으로서, 물체로부터 힘들의 중심을 지난다면, 구심력은 입체 SY^2×PV에 역으로 비례한다. 왜냐 하면 PV는 $\frac{QP^2}{QR}$ 이기 때문이다.

딸린법칙 4 같은 가정들 하에, 구심력은 속력의 제곱에 바로 비례하고, 그 현에 역으로 비례한다. 왜냐 하면 법칙 1, 딸린 법칙 1에 따라서, 속력은 수직선 SY에 역으로 비례하기 때문이다.

딸린법칙 5 그러므로 만약 임의의 곡선 도형 APQ가 주어지고, 그리고 그 안에 어떤 점 S가 또한 주어져서, 구심력이 계속 그것을 향한다고 하고, 임의의 물체 P가 직선 경로로부터 계속해서 당겨져 벗어나, 그 도형의 둘레에 유지되면서, 회전하면서 그것을 그린다고 하면, 구심력의 법칙을 구할 수 있다. 그러니까 이 힘에 역으로 비례하는 입체 $\frac{SP^2 \times QT^2}{QR}$ 또는 입체 SY^2×PV를 계산해야 한다. 이러한 예들을 다음 문제들에서 제시할 것이다.

법칙 7, 문제 2

원의 둘레에서 물체가 회전한다. 주어진 임의의 점을 향한 구심력의 법칙을 구하시오.

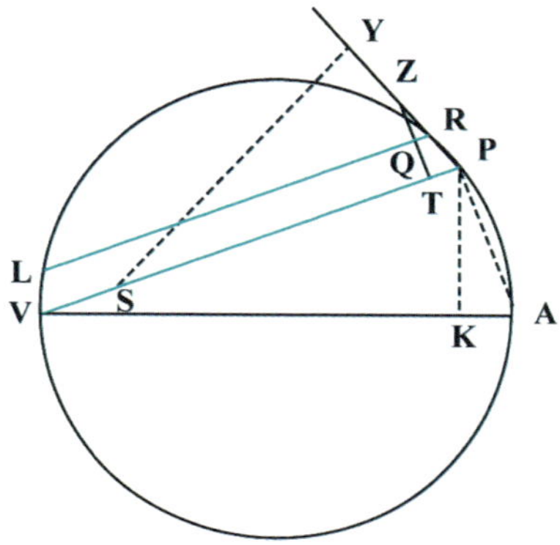

원의 둘레를 VQPA라 하고, 주어진 점으로서, 힘이 향하는 중심을 S라 하고, 물체는 원둘레의 P에 있다가, 가장 가까운 위치인 Q로 움직인다고 하자. 그리고 이전 위치에서의 원의 접선을 PRZ라 하자.

점 S를 지나도록 현 PV를 그어라. 그리고 원의 지름 VA를 긋고, AP를 연결하여라. 그리고 SP에 수직이 되도록 QT를 내리긋고, 길게 늘여서, 접선 PR과 만나는 점을 Z라 하자. 그리고 마지막으로, 구멍 Q를 지나도록 LR을 긋되, SP에 대해서 평행하고, 그리고 원과 만나는 점을 L이라 하고, 접선 PZ와 만나는 점을 R이라 하자.

그리고 닮은꼴 삼각형들 ZQR, ZTP, VPA로부터, RP^2은, 그러니까 QR×RL은, QT^2과의 비율이, AV^2 대 PV^2의 비율과 같다. 그러므로

$$\frac{QR \times RL \times PV^2}{AV^2} = QT^2$$

이 등식의 양변에다 $\frac{SP^2}{QR}$을 곱해라. 그리고 점들 P, Q가 (한없이 가까워져서) 합쳐지고, RL 대신에 PV라 쓰자. 그러면

$$\frac{SP^2 \times PV^3}{AV^2} = \frac{SP^2 \times QT^2}{QR}$$

그러므로 (법칙 6, 딸린 법칙 1, 5에 따라서) 구심력은 $\frac{SP^2 \times PV^3}{AV^2}$ 에

역으로 비례한다. 그러니까 (AV^2 은 주어진 값이니) 구심력은 거리 또는 높이 SP의 제곱 그리고 현 PV의 세제곱의 결합에 역으로 비례한다. [증명 끝]

[다른 증명 방법]

접선 PR을 길게 늘인 것에 수직이 되도록 SY를 내리그어라. 그러면 닮은꼴 삼각형들 SYP, VPA 때문에, AV 대 PV의 비율은, SP 대 SY의 비율과 같다.

그러므로 $$\frac{SP \times PV}{AV} = SY,$$

그리고 $$\frac{SP^2 \times PV^3}{AV^2} = SY^2 \times PV$$ 이다.

그러므로 (법칙 6, 딸린 법칙 3, 5에 따라서) 구심력은 $\frac{SP^2 \times PV^3}{AV^2}$ 에 역으로 비례한다. 그러니까, AV는 주어졌으니, $SP^2 \times PV^3$ 에 역으로 비례한다. [증명 끝]

딸린법칙 1 그러므로 만약 구심력이 항상 향하는, 주어진 점 S가 이 원의 둘레에 놓여 있으면, 이를테면 V에 놓여 있으면, 구심력은 고도 SP의 5제곱에 역으로 비례한다.

딸린법칙 2 물체 P가 힘들의 중심 S의 둘레에서 원 APTV를 따라 회전하게 하는 힘 대, 같은 물체 P가 같은 원을 따라서 같은 주기의 시간으로 회전하되, 다른 어떤 힘의 중심 R에 대해서 회전하도록 하는 힘과의 비율은, $RP^2 \times SP$ 대 직선 SG의 세제곱과의 비율과 같다. 여기서 SG는, 처음 힘의 중심 S로부터 궤도의 접선 PG로 그은 선으로서, 힘들의 두 번째

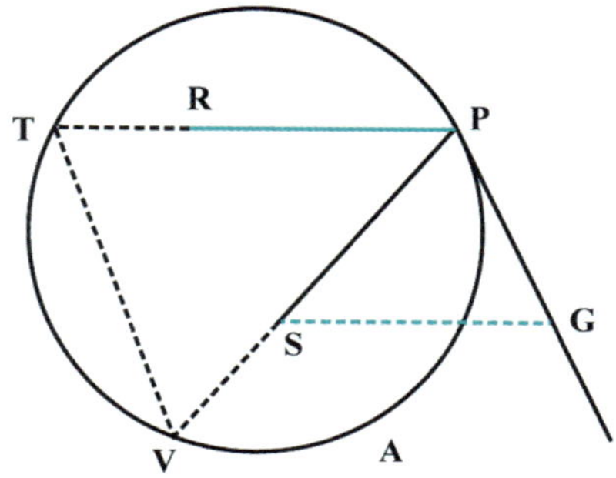

중심으로부터 물체의 거리와 평행하다.

왜냐 하면 이 법칙의 작도에 따라서, 전자의 힘 대 후자의 힘의 비율은, $RP^2 \times PT^3$ 대 $SP^2 \times PV^3$ 의 비율과 같다. 그러니까 $SP \times RP^2$ 대 $\frac{SP^3 \times PV^3}{PT^3}$ 과의 비율, 또는 (삼각형들 PSG, TPV가 닮은꼴이니) SG^3 과의 비율과 같다.

딸린법칙 3 물체 P가 힘들의 중심 S의 둘레에서 임의의 궤도를 따라 회전하도록 하는 힘 대, 같은 물체 P가 같은 궤도를 따라 같은 주기의 시간으로, (그러나) 힘들의 다른 임의의 중심 R에 대해서 회전하도록 하는 힘과의 비율은, $SP \times RP^2$, 이것은 처음 힘의 중심 S로부터 물체의 거리, 그리고 두 번째 힘의 중심 R로부터 거리의 제곱으로 둘러싸인 입체, 대 직선 SG의 세제곱의 비율과 같다. 여기서 SG는, 처음 힘의 중심 S로부터 궤도의 접선 PG로 그은 선으로서, 두 번째 힘의 중심으로부터 물체의 거리 RP와 평행하다. 왜냐 하면 이 궤도에서 임의의 점 P에서의 힘들은, 같은 곡률을 가진 원에서의 힘들과 같기 때문이다.

법칙 8, 문제 3

물체가 반원 PQA를 따라 움직인다고 하자. 이러한 효과를 낳는 구심력이 있는데, 구심력이 향하는 점 S가 매우 멀리 있어서, 그 점으로 그은 모든 직선들 PS, RS가 평행하다고 간주해도 될 때, 구심력의 힘의 법칙을 구하시오.

반원의 중심 C로부터 반지름 CA를 그어서, 그 평행선들과 직각으로 교차하는 점들을 M 그리고 N이라 하고, 그리고 CP를 연결하여라. 삼각형들 CPM, PZT, 그리고 RZQ가 닮은꼴이니, CP^2 대 PM^2 의 비율은 PR^2 대 QT^2 의 비율과 같다.

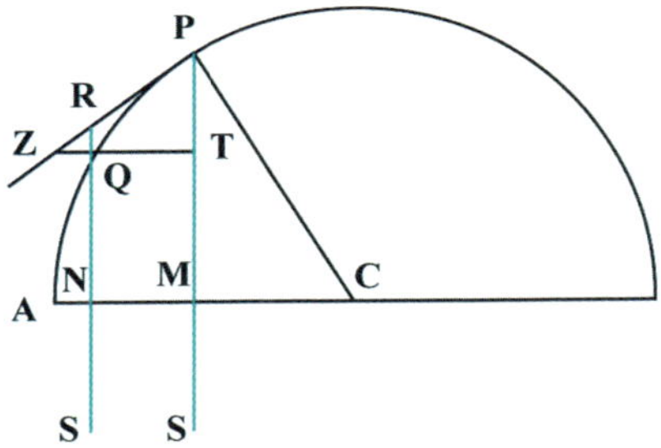

그리고 원의 성질에 따라서, PR^2 은 직사각형 QR×(RN+QN)과 같다. 또는, 점들 P 그리고 Q가 서로 합쳐지면, 직사각형 QR×2PM과 같다. 그러므로 CP^2 대 PM^2 의 비율은 QR×2PM 대 QT^2 의 비율과 같다.

그러므로 $$\frac{QT^2}{QR} = \frac{2PM^3}{CP^2}$$

그리고 $$\frac{QT^2 \times SP^2}{QR} = \frac{2PM^3 \times SP^2}{CP^2}$$

그러므로 (법칙 6, 딸린 법칙 1, 5에 따라서) 구심력은 $\frac{2PM^3 \times SP^2}{CP^2}$ 에

역으로 비례한다. 그러니까 (고정된 비율 $\frac{2SP^2}{CP^2}$ 을 무시하면) 구심력은 PM^3 에 역으로 비례한다. [증명 끝]

이것은 또한 앞의 법칙으로부터 쉽게 추론할 수 있다.

설명

그리고 그리 다르지 않은 추론으로, 매우 멀리 있는 힘들의 중심을 향하는 세로 좌표의 세제곱에 역으로 비례하는 구심력의 작용에 따라서, 물체가 타원, 또는 심지어 쌍곡선 또는 포물선을 따라서 움직임이 발견될 것이다.

법칙 9, 문제 4

물체가 나선 PQS를 따라서 회전하는데, (이 나선은) 그의 모든 반지름들 SP, SQ, …와 주어진 각으로 교차한다. 나선의 중심을 향하는 구심력의 법칙을 구하시오.

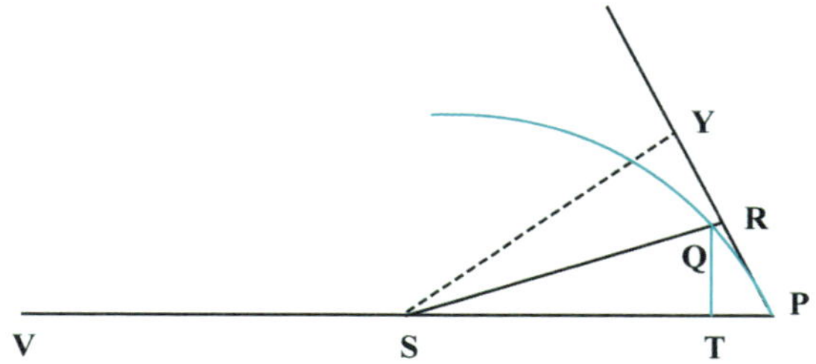

부정의 작은 각 PSQ가 주어졌다고 하자. 그러면 모든 각들이 주어졌으니, 도형 SPRQT의 종류가 결정된다. 그러므로 비율 $\frac{QT}{QR}$ 가 주어지며,

따라서 $\frac{QT^2}{QR}$ 은 QT에 비례하게 된다. 그러니까 (도형의 종류가 결정되었으니) SP에 비례하게 된다.

이제 각 PSQ가 임의로 어떻게 변화하면, 접하는 각 QPR을 대하는 직선 QR은 (렘마 11에 따라서) PR 또는 QT의 제곱의 비율로 변화한다. 그러므로 $\frac{QT^2}{QR}$ 은 이전과 마찬가지로 남아있다. 그러니까 SP에 비례한다. 그러므로 $\frac{QT^2 \times SP^2}{QR}$ 은 SP^3 에 비례하고, 그러므로 (법칙 6, 딸린 법칙 1, 5에 따라서) 구심력은 거리 SP의 세제곱에 역으로 비례한다. [증명 끝]

[다른 증명 방법]

접선에 수직이 되도록 내리그은 SY, 그리고 나선을 동심적으로 자르는 원의 현 PV는, 둘 다 고도 SP에 대해서 주어진 비율들이 된다. 그러므로 SP^3 은 $SY^2 \times PV$ 에 비례한다. 그러니까 (법칙 6, 딸린 법칙 3, 5에 따라서) 구심력에 역으로 비례한다. [증명 끝]

[렘마 12]

주어진 타원 또는 쌍곡선의 임의의 켤레 지름들로 만든 평행사변형들은 서로 넓이가 같다.

(아폴로니우스가 저술한) [원뿔곡선]으로부터, 이것은 명백하다.

법칙 10, 문제 5

물체가 타원을 따라 회전한다. 타원의 중심을 향하는 구심력의 법칙을 구하시오.

CA, CB는 타원의 축들의 절반이라고 하자. GP, DK는 다른 켤레 지름들이라 하고, PF, QT는 그 지름들에 수직이라고 하자. 그리고 Qv는 지름 GP에 대한 세로 좌표라고 하자. 그리고 평행사변형 QvPR을 완성하여라. 그러면 ([원뿔곡선]에 따라서) 직사각형 Pv×vG 대 Qv^2 의 비율은, PC^2 대 CD^2 의 비율과 같다. 그리고 (닮은꼴 삼각형들 QvT, PCF에 따라서) Qv^2 대 QT^2 의 비율은, PC^2 대 PF^2 의 비율과 같다. 그리고 비율들의 결합에 따라서, 직사각형 Pv×vG 대 QT^2 의 비율은, PC^2 대 CD^2 의 비율, PC^2 대 PF^2 의 비율을 결합한 것과 같다. 그러니까

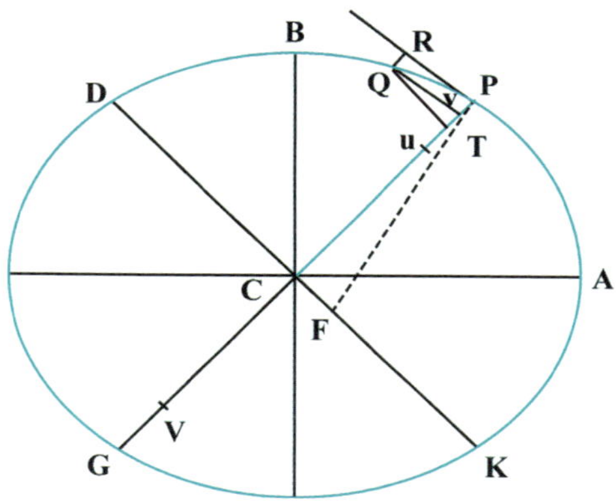

$$vG : \frac{QT^2}{Pv} = PC^2 : \frac{CD^2 \times PF^2}{PC^2}$$

Pv 대신에 QR이라 적고, 그리고 (렘마 12에 따라서) CD×PF 대신에 BC×CA라 적어라. 그리고 또한 (점들 P 그리고 Q가 합쳐질 때) vG 대신에 2PC라 적어라. 그리고 양 끝들을 서로, 가운데를 서로 곱하면,

$$\frac{QT^2 \times PC^2}{QR} = \frac{2BC^2 \times CA^2}{PC}$$

그러므로 (법칙 6, 딸린 법칙 5에 따라서) 구심력은 $\frac{2BC^2 \times CA^2}{PC}$ 에

역으로 비례한다. 그러니까 ($2BC^2 \times CA^2$은 주어진 값이니) $\frac{1}{PC}$ 에 역으로 비례한다. 그러니까 거리 PC에 바로 비례한다. [증명 끝]

[다른 증명 방법]

직선 PG에서 점 T의 반대쪽에 점 u를 잡되, Tu는 Tv와 길이가 같도록 해라. 그 다음에 uV를 잡되, 그것 대 vG의 비율이, DC^2 대 PC^2이 되도록 해라. 그리고 [원뿔곡선]에 따라서 Qv^2 대 Pv×vG의 비율은, DC^2 대 PC^2의 비율과 같으니, Qv^2은 Pv×uV와 같게 된다.

양변에다 직사각형 uP×Pv를 더해라. 그리고 호 PQ의 현으로 만든 정사각형은 직사각형 VP×Pv와 넓이가 같게 된다. 그러므로 점 P에서 이 원뿔곡선에 접하고 점 Q를 지나는 원은, 점 V를 또한 지나게 된다.

점들 P 그리고 Q가 합쳐지게 하자. 그러면 uV 대 vG의 비율은, 이것은 DC^2 대 PC^2의 비율과 같으며, PV 대 PG의 비율과, 또는 PV 대 2PC의 비율과 같아진다. 그러므로 PV는 $\frac{2DC^2}{PC}$ 과 같아진다.

그러므로 물체 P가 타원을 따라 회전할 때의 구심력은 (법칙 6, 딸린 법칙 3에 따라서) $\frac{2DC^2}{PC} \times PF^2$에 역으로 비례한다. 그러니까 ($2DC^2 \times PF^2$은 주어졌으니) PC에 바로 비례한다. [증명 끝]

딸린법칙 1 그러므로 그 힘은 타원의 중심으로부터 물체의 거리에 비례한다. 그리고 역으로, 만약 그 힘이 거리에 비례하면, 물체는 힘의 중심을 그 중심으로 가지는 타원을 따라 움직인다. 또는 타원이 변형되어 생긴 원을 따를 수도 있다.

딸린법칙 2 그리고 동일한 중심의 둘레에서의 모든 타원들을 따르는 회전들의 주기 시간들은 서로 같게 된다. 왜냐 하면 닮은꼴 타원들에서는 (법칙 4, 딸린 법칙 3, 8에 따라서) 그 시간들이 서로 같다. 그리고 공통인 장축을 가지는 타원들에서는, 그들 서로 간의 비율은, 타원들의 전체 넓이들에 바로 비례하고, 그리고 동일한 시간 동안 그리는 넓이들의 원소들에 역으로 비례한다. 그러니까 단축들에 바로 비례하고, 그리고 그들의 주축의 꼭짓점들에서의 속력들에 역으로 비례한다. 그러니까 그 단축들에 바로 비례하고, 공통인 축의 동일한 점에 적용된 세로 좌표들에 역으로 비례한다. 그러므로 (바로 그리고 역의 비율들이 같으니) 같은 것들의 비율이 된다.

설명 만약 타원의 중심이 한없이 멀어서 타원이 포물선이 되어 버리면, 물체는 이 포물선을 따라서 움직일 것이며, 그 힘은 이제 한없이 먼 중심을 향하고 있으니, 일정하게(같아지게) 된다. 이것이 갈릴레오의 (낙하) 법칙이다. 그리고 만약 원뿔의 절단선이 포물선에서 (원뿔을 자르는 평면의 기울기가 변화하여서) 쌍곡선으로 변화하면, 물체는 이제 구심력에서 원심력으로 바뀐 힘에 따라서 그 곡선을 따라 움직일 것이다.

그리고 원 또는 타원 속에 놓여 있던 것과 마찬가지로, 구심력이 가로 좌표에 놓여 있는 도형의 중심을 향한다고 하자. 이 힘들이 세로 좌표에서 주어진 임의의 비율에 따라 증가하고 감소하더라도, 또는 심지어 가로 좌표에 대해서 세로 좌표가 기울기의 각이 변화하더라도, (이 힘들은) 항상 중심으로부터 거리들에 비례해서 증가하고 또는 감소하게 된다. 만약 주기 시간들이 같도록 유지된다면 말이다.

그러니 일반적으로 모든 도형들에서, 세로 좌표들이 주어진 임의의 비율에 따라서 증가하고 또는 감소하더라도, 심지어 세로 좌표들의 기울기가 임의로 어떻게 바뀌든 간에, 가로 좌표에 놓여 있는 임의의 중심을 향한 힘들이 중심으로부터 거리들에 비례해서 증가하고 또는 감소하면, 주기의 시간은 그대로 유지된다.

제 3 장

이심의 원뿔곡선들을 따른 물체들의 운동

법칙 11, 문제 6

물체가 타원을 따라서 회전한다. 타원의 한 초점을 향하는 구심력의 법칙을 구하시오.

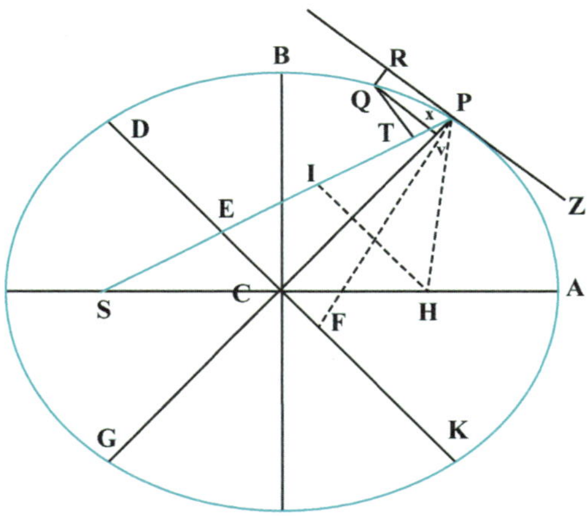

타원의 한 초점을 S라 하자. SP를 그어서 타원을 자르고, 그 다음에 지름 DK를 E에서 자르고, 그 다음에 세로 좌표 Qv를 x에서 자른다고 하자. 그리고 평행사변형 QxPR을 완성하여라.

그러면 EP는 장축의 절반인 AC와 (길이가) 같음이 명백하다. 왜냐 하면 타원의 다른 초점 H로부터 EC에 평행하도록 HI를 그으면, (CS, CH는 길이가 같으니) ES, EI는 길이가 같다. 그러니 EP는 PS, PI를 더한 것의 절반이며, 그러니까 (HI, PR은 서로 평행하고, 각들 IPR, HPZ는 크기가 같으니) PS, PH를 더한 것의 절반이다. 그런데 이들의 합은 전체 축 2AC와 같다.

SP에 수직이 되도록 QT를 내리그어라. 그리고 타원의 주 라투스 렉텀(latus rectum)을 (그러니까 $\frac{2BC^2}{AC}$) L이라고 부르자. 그러면

$$L \times QR : L \times Pv = QR : Pv$$

그러니까 $= PE : PC = AC : PC$

그리고 $L \times Pv : Gv \times Pv = L : Gv$

그리고 $Gv \times Pv : Qv^2 = PC^2 : CD^2$

그리고 점들 P, Q가 서로 합류하면, (렘마 7, 딸린 법칙 2에 따라서) Qv^2 대 Qx^2의 비율은 같은 것들의 비율이 된다. 그리고 Qx^2 또는 Qv^2은

$$Qv^2 : QT^2 = EP^2 : PF^2$$

그러니까 $= CA^2 : PF^2$

또는 (렘마 12에 따라서) $= CD^2 : CB^2$

이 모든 비율들을 결합하면,

$$\begin{aligned} L \times QR : QT^2 &= AC \times L \times PC^2 \times CD^2 : PC \times Gv \times CD^2 \times CB^2 \\ &= 2CB^2 \times PC^2 \times CD^2 : PC \times Gv \times CD^2 \times CB^2 \\ &= 2PC : Gv \end{aligned}$$

그런데 점들 Q 그리고 P가 서로 합류하면, 2PC 그리고 Gv는 같아진다. 그러므로 이것들에 비례하는 L×QR 그리고 QT^2은 같아진다. 이 등식에다 $\frac{SP^2}{QR}$을 곱해라. 그러면 $L \times SP^2$은 $\frac{SP^2 \times QT^2}{QR}$과 같아진다. 그러므로 (법칙 6, 딸린 법칙 1, 5에 따라서) 구심력은 $L \times SP^2$에 역으로

비례한다. 그러니까 거리 SP의 제곱에 역으로 비례한다. [증명 끝]

[다른 증명 방법]

타원의 중심을 향하는 힘에 의해서 물체 P가 그 타원을 따라 회전하면, 그것은 (법칙 10, 딸린 법칙 1에 따라서) 타원의 중심 C로부터 물체의 거리 CP에 비례한다. 타원의 접선 PR에 평행하도록 CE를 그어라. 같은 물체 P가 타원의 다른 어떤 점 S의 둘레에서 회전하도록 만드는 힘은, 만약 CE 그리고 PS의 교점을 E라 하면, (법칙 7, 딸린 법칙 3에 따라서) $\frac{\mathrm{PE}^3}{\mathrm{SP}^2}$ 에 비례해야 한다. 그러니 만약 점 S가 타원의 초점이라고 하면, 그러면 PE는 주어진 것이고, SP^2 에 역으로 비례한다. [증명 끝]

문제 5를 포물선 그리고 쌍곡선에 대해 적용하는 것은 짤막하게 다루었는데, 지금 이 문제도 그렇게 할 수 있다. 그렇지만 이 문제는 상당히 중요하고, 차후의 내용에서 사용되니까, 다른 경우들도 증명하여 확인하는 것을 망설이지 않는 바이다.

법칙 12, 문제 7

물체가 쌍곡선을 따라서 움직인다. 도형의 한 초점을 향하는 구심력의 법칙을 구하시오.

CA, CB는 쌍곡선의 축들의 절반이라 하자. PG, KD는 다른 켤레 지름들이라 하자. 지름 KD에 수직이 되도록 PF를 그어라. 그리고 Qv는 지름 GP에게 적용되는(붙여지는) 세로 좌표라고 하자. SP를 그어서, 지름 DK와 교차하는 점을 E라 하고, 그 다음에 붙여진 세로 좌표 Qv와 교차

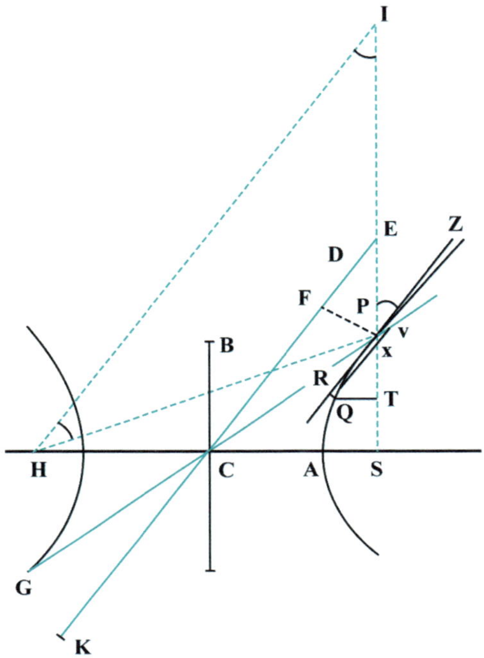

하는 점을 x라 하자. 그리고 평행사변형 QRPx를 완성하여라.

그러면 EP는 횡단축의 절반인 AC와 길이가 같음이 명백하다. 왜냐 하면 쌍곡선의 다른 초점인 H로부터 EC에 평행하도록 HI를 그으면, CS, CH는 길이가 같으니, ES, EI도 길이가 같다. 그러니 EP는 PS, PI의 차이의 절반이다. 그러니까 (HI, PR은 서로 평행하고, 각들 IPR, HPZ는 크기가 같으니까) PS, PH의 차이의 절반이다. 그런데 이 차이가 전체 축 2AC와 같기 때문이다.

SP에 수직이 되도록 QT를 내리그어라. 그리고 쌍곡선의 주 라투스 렉텀을 (또는 $\frac{2BC^2}{AC}$) L이라 부르자. 그러면

$$L\times QR : L\times Pv = QR : Pv = Px : Pv$$

그러니까 (닮은꼴 삼각형들 Pxv, PEC 때문에)

$$= PE : PC = AC : PC$$

게다가 $L\times Pv : Gv\times Pv = L : Gv$

그리고 (원뿔곡선의 성질에 따라서)

$$Gv \times Pv : Qv^2 = PC^2 : CD^2$$

그리고 점들 P, Q가 서로 합류하면, (렘마 7, 딸린 법칙 2에 따라서) Qv^2 대 Qx^2의 비율은, 같은 것들의 비율이 된다. 그리고

$$Qx^2 \text{ 또는 } Qv^2 : QT^2 = EP^2 : PF^2$$

그러니까 $= CA^2 : PF^2$

또는 (렘마 12에 따라서) $= CD^2 : CB^2$

그리고 이 모든 비례식들을 결합하면,

$$L \times QR : QT^2 = AC \times L \times PC^2 \times CD^2 : PC \times Gv \times CD^2 \times CB^2$$

$$= 2CB^2 \times PC^2 \times CD^2 : PC \times Gv \times CD^2 \times CB^2$$

또는 $= 2PC : Gv$

그런데 점들 P 그리고 Q가 서로 합류하면, 2PC 그리고 Gv는 같아진다. 그러므로 이들과 비율이 같은 L×QR 그리고 QT^2도 역시 같아진다. 이 등식에다 $\frac{SP^2}{QR}$을 곱해라. 그러면 $L \times SP^2$은 $\frac{SP^2 \times QT^2}{QR}$과 같아지게 된다. 그러므로 (법칙 6, 딸린 법칙 1, 5에 따라서) 구심력은 $L \times SP^2$에 역으로 비례한다. 그러니까 거리 SP의 제곱에 역으로 비례한다. [증명 끝]

[다른 증명 방법]

쌍곡선의 중심 C를 향하는 구심력을 구하여라. 이 힘은 거리 CP에 비례하게 된다. 그러면 이것으로부터 (법칙 7, 딸린 법칙 3에 따라서) 초점 S를 향하는 힘은 $\frac{PE^3}{SP^2}$에 비례하게 된다. 그런데 PE는 주어진 것이니, SP^2에 역으로 비례한다. [증명 끝]

만약 이 구심력이 원심력으로 바뀌면, 그 물체는 맞은편 쌍곡선을 따라 움직이게 됨을 마찬가지 방법으로 보일 수 있다.

[렘마 13]

포물선의 임의의 꼭짓점에 속하는 라투스 렉텀은, 도형의 초점에서 그 꼭짓점까지 거리의 네 배이다.

[원뿔곡선]으로부터 명백하다.

[렘마 14]

포물선의 초점으로부터 접선으로 내리그은 수직선은, 접점으로부터 초점까지의 거리 그리고 도형의 주 꼭짓점으로부터 초점까지 거리의 비례 중항이다.

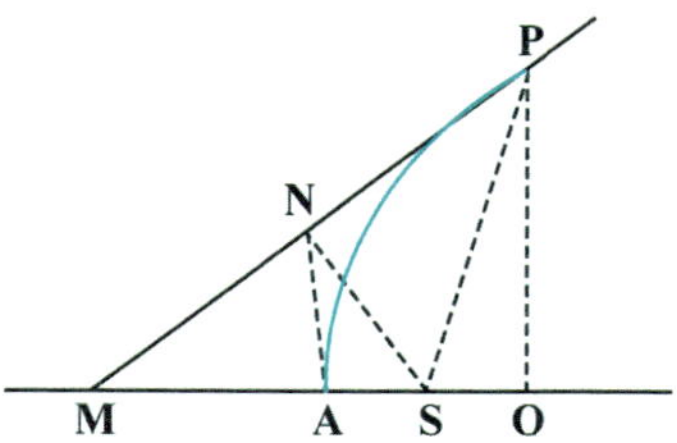

AP가 포물선이라 하고, S는 그 초점, A는 주 꼭짓점, P는 접하는 점이라 하자. 그리고 PO는 주 지름에 적용한(붙인) 세로 좌표라 하고, 접선 PM이 주 지름과 만나는 점을 M이라 하자. 그리고 초점에서 접선으로 그은 수직선을 SN이라 하자.

AN을 연결하여라. MS와 SP, MN과 NP, MA와 AO가 길이가 같으니, 직선들 AN과 OP는 서로 평행하다. 그러므로 삼각형 SAN은 각 A가 직각이며, 합동인 삼각형들 SNM, SNP와 닮은꼴이다. 그러므로 PS 대 SN의 비율은, SN 대 SA의 비율과 같다. [증명 끝]

딸린법칙 1 PS^2 대 SN^2의 비율은, PS 대 SA의 비율과 같다.

딸린법칙 2 SA는 주어진 값이니, SN^2은 PS에 비례한다.

딸린법칙 3 임의의 접선 PM에 대해서, 초점 S로부터 수직이 되도록 직선 SN을 그으면, 그 교점은, 포물선의 주 꼭짓점에 접하는 직선인 AN에 놓이게 된다.

법칙 13, 문제 8

물체가 포물선을 따라서 움직인다. 도형의 초점을 향하는 구심력의 법칙을 구하시오.

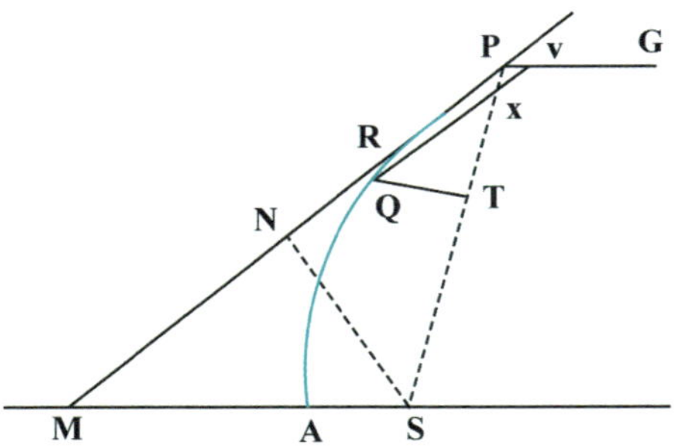

앞의 렘마처럼 작도하고, 물체 P가 포물선의 경계선을 따라서 움직인다고 하자. 물체가 바로 직후에 움직여 갈 위치 Q에서, SP에 평행하도록 QR을 긋고, (SP에) 수직이 되도록 QT를 그어라. 또한 접선에 평행하도록 Qv를 긋고, 그 다음에 지름 PG와 만나는 점을 v, 그 다음에 거리 SP와 만나는 점을 x라 하자.

이제 삼각형들 Pxv, SPM이 닮은꼴이고, 한 삼각형의 변들 SM, SP가 길이가 같으니, 다른 삼각형의 변들 Px와 Pv, 또는 QR과 Pv는 길이가 같다. 그런데 [원뿔곡선]에 따라서, 세로 좌표 Qv로 만든 정사각형의 넓이는, 라투스 렉텀 그리고 지름의 한 토막 Pv로 만든 직사각형의 넓이와 같다.

그러니까 (렘마 13에 따라서) 직사각형 4PS×Pv, 또는 4PS×QR과 넓이가 같다.

그리고 점들 P, Q가 서로 합류하면, Qv 대 Qx의 비율은 (렘마 7, 딸린 법칙 2에 따라서) 같은 것들의 비율이 된다. 그러므로 이 경우 Qx^2 이 직사각형 4PS×QR과 같아진다.

그런데 (닮은꼴 삼각형들 QxT, SPN 때문에) Qx^2 대 QT^2 의 비율은, PS^2 대 SN^2 의 비율과 같다. 그러니까 (렘마 14, 딸린 법칙 1에 따라서) PS 대 SA의 비율과 같다. 그러니까 4PS×QR 대 4SA×QR의 비율과 같다. 그러므로 ([기하학 원론] 5권 법칙 9에 따라서) QT^2 과 4SA×QR은 같다.

이 등식의 양변에다 $\frac{SP^2}{QR}$ 을 곱해라. 그러면 $\frac{SP^2 \times QT^2}{QR}$ 이 $SP^2 \times 4AS$ 와 같음이 나온다. 그러므로 (법칙 6, 딸린 법칙 1, 5에 따라서) 구심력은 $SP^2 \times 4SA$ 에 역으로 비례한다. 그런데 4SA는 주어졌으니, 거리 SP의 제곱에 역으로 비례한다. [증명 끝]

딸린법칙 1 마지막 세 법칙들로부터 다음이 나온다. 임의의 물체 P가 임의의 직선 PR을 따라서, 위치 P에서 임의의 속력으로 움직이고, 중심으로부터 그 위치의 거리의 제곱에 역으로 비례하는 구심력이 동시에 작용하면, 이 물체는 힘의 중심을 한 초점으로 가지는 원뿔곡선의 하나를 따라서 움직이게 된다. 그리고 역도 성립한다.

왜냐 하면 초점, 그리고 접점, 그리고 접선의 위치가 주어졌으니, 그 점에서 주어진 곡률을 가지는, 한 원뿔곡선을 그릴 수 있다. 곡률은 주어진 구심력, 그리고 물체의 속력에 의해서 주어지게 된다. 그리고 두 개의

(서로 다른) 궤도들이 서로 접하면서, 같은 구심력 그리고 같은 속력을 가질 수 없다.

딸린법칙 2 물체가 그 위치 P에서 (직선 PR을 따라) 움직이는 속력으로, 임의의 작은 시간 동안 직선 PR의 원소를 그리고, 같은 시간 동안 구심력은 이 물체를 거리 QR만큼 움직인다고 하자. 그러면 이 물체가 따라 움직이게 될 어떤 원뿔곡선의 주 라투스 렉텀은 양 $\frac{QT^2}{QR}$ 의 궁극적인 값과 같다. 그러니까 직선 PR의 원소, 그리고 QR이 한없이 작아질 때.

나는 이 딸린 법칙들에서, 원은 타원의 일종이라고 간주하였다. 그리고 물체가 힘의 중심을 향해서 똑바로 낙하하는 경우는 제외하였다.

법칙 14, 정리 6

다수의 물체들이 공통인 중심의 둘레를 회전하고 있고, 구심력은 중심으로부터 그 위치의 거리의 제곱에 역으로 비례한다고 하자. 그러면 그 궤도들의 주 라투스 렉텀들 사이의 비율은, 그 물체들로부터 중심으로 그은 반지름들이 같은 시간 동안 그리는 넓이들의 비율의 제곱과 같다.

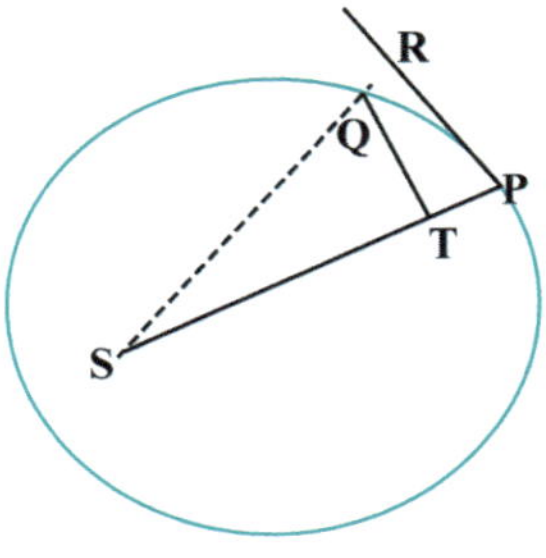

왜냐 하면 (법칙 13, 딸린 법칙 2에 따라서) 라투스 렉텀 L은 점들 P 그리고 Q가 서로 합류할 때 $\frac{QT^2}{QR}$ 의 궁극적 양과 같다. 그런데 주어진 시간에서 선의 원소 QR은, (그것을) 생성시키는 구심력에 비례한다. 그러니까 (가정에 따라서) SP^2 에 역으로 비례한다. 그러므로 $\frac{QT^2}{QR}$ 은 $QT^2 \times SP^2$ 에 비례한다.

그러니까 라투스 렉텀 L은 넓이 QT×SP의 제곱에 비례한다. [증명 끝]

딸린법칙 그러므로 타원의 전체 넓이는, 그리고 그에 비례하는, 축들로 만든 직사각형의 넓이는, 라투스 렉텀의 제곱근, 그리고 주기의 시간의 비율을 결합한 것에 비례한다. 왜냐 하면 전체 넓이는, 주어진 시간 동안에 그리는 넓이 QT×SP에다 주기의 시간을 곱한 것에 비례하기 때문이다.

법칙 15, 정리 7

같은 가정들 하에, 타원들의 주기 시간들은 그 장축들의 1.5제곱(승)에 비례한다.

왜냐 하면 단축은, 장축 그리고 라투스 렉텀 사이의 비례 중항(기하 평균)이다. 그러므로 축들로 만든 직사각형은, 라투스 렉텀의 제곱근의 비율 그리고 장축의 1.5제곱(승)의 비율을 결합한 것에 비례한다. 그런데 이 직사각형은 (법칙 14, 딸린 법칙에 따라서) 라투스 렉텀의 제곱근의 비율 그리고 주기의 시간의 비율을 결합한 것에 비례한다. 양변에서 라투스 렉텀의 제곱근을 제거하여라. 그러면 장축의 1.5제곱(승)은 주기의 시간에 비례하게 된다. [증명 끝]

딸린법칙 그러므로 타원들의 주기의 시간들은, 지름들이 타원들의 장축들과 같은 원들의 주기의 시간들과 같다.

법칙 16, 정리 8

같은 가정들 하에, 물체들로 직선들을 긋되, 같은 위치에서 궤도들에 접하도록 하고, 그리고 공통인 초점으로부터 접선들에 수직선들을 내리그어라. 그러면 물체들의 속력들은 수직선들의 비율에 역으로, 그리고 라투스 렉텀들의 제곱근들의 비율에 바로 비례한다.

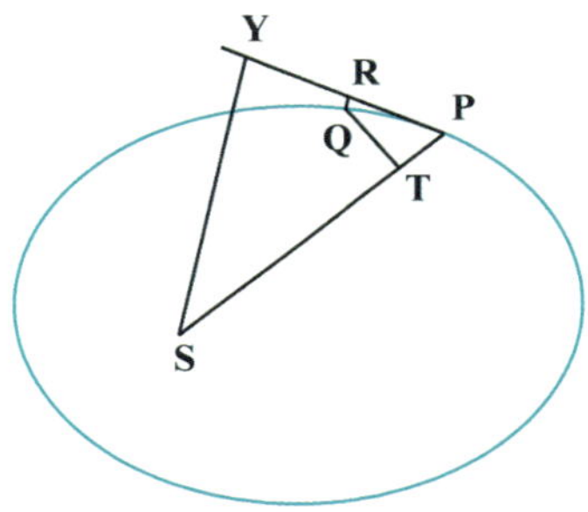

초점 S로부터 접선 PR에 수직이 되도록 SY를 내리그어라. 그러면 물체 P의 속력은 $\frac{SY^2}{L}$ 의 제곱근에 역으로 비례한다. 왜냐 하면 그 속력은, 주어진 시간의 원소 동안 그리는 한없이 작은 호 PQ에 비례하는데, 그러니까 (렘마 7에 따라서) 접선 PR에 비례한다. 그러니까, 비례식

$$PR : QT = SP : SY$$

가 성립하니, $\frac{SP \times QT}{SY}$ 에 비례한다. 그러니까 SY에 역으로 비례하고 그리고 SP×QT에 바로 비례한다. 그런데 SP×QT는 주어진 시간 동안 그리는 넓이이며, 그러므로 (법칙 14에 따라서) 라투스 렉텀의 제곱근에 비례한다. [증명 끝]

딸린법칙 1 주 라투스 렉텀들은 수직선들의 비율의 제곱, 그리고 속력들의 비율의 제곱을 결합한 것에 비례한다.

딸린법칙 2 공통인 초점으로부터 가장 먼 거리 그리고 가장 가까운 거리일 때, 물체들의 속력들은, 그들의 거리들의 비율을 역으로, 그리고 주 라투스 렉텀들의 제곱근들의 비율을 바로 결합한 것에 비례한다. 왜냐 하면

수직선들이 바로 그 거리들이기 때문이다.

딸린법칙 3 그러므로 원뿔곡선에서, 초점으로부터 가장 먼 거리 또는 가장 가까운 거리일 때, 그 속력 대 중심으로부터 같은 거리인 원에서의 속력과의 비율은, 주 라투스 렉텀 대 그 거리의 두 배와의 비율의 제곱근과 같다.

딸린법칙 4 타원들에서 회전하는 물체들의 속력들은, 공통인 초점으로부터 평균 거리들에서, 그와 같은 거리들인 원들에서 회전하는 물체들의 속력들과 같다. 그러니까 (법칙 4, 딸린 법칙 6에 따라서) 거리들의 비율의 제곱근에 역으로 비례한다.

왜냐 하면 이 때 수직선들은 단축들의 절반과 같으며, 그리고 이것들은 거리들 그리고 라투스 렉텀들 사이의 비례 중항들이다. 이 비율(단축들의 비율)의 역에다 라투스 렉텀의 비율의 제곱근을 바로 결합하면, 거리들의 비율의 제곱근의 역을 얻는다.

(번역자 주) 평균 거리란 장축의 절반 길이를 말하며, 초점으로부터 평균 거리에 놓여 있다는 말은, 단축과 타원이 만나는 지점을 가리킨다. 여기서 말하는 원의 반지름도 바로 이 길이이다.

딸린법칙 5 같은 도형에서, 또는 심지어 다른 도형들에서도, 주 라투스 렉텀들이 같으면, 물체의 속력은 초점으로부터 접선으로 그은 수직선에 역으로 비례한다.

딸린법칙 6 포물선에서 속력은 도형의 초점으로부터 물체의 거리의 제곱근에 역으로 비례한다. 타원에서는 이 비율보다 더 크게 변화하며, 쌍곡선에서는 이 비율보다 더 작게 변화한다.

왜냐 하면 (법칙 14, 딸린 법칙 2에 따라서) 포물선의 초점에서 접선으로 내리그은 수직선은, 거리의 제곱근에 비례하기 때문이다. 쌍곡선에서는 수직선의 변화가 더 작으며, 타원에서는 변화가 더 크다.

딸린법칙 7 포물선에서, 초점으로부터 임의의 거리에 있는 물체의 속력은, 중심으로부터 그와 같은 거리에서 원을 따라 회전하는 물체의 속력과의 비율이, 비율 2 대 1의 제곱근과 같다. 타원에서는 이 비율보다 더 작으며, 쌍곡선에서는 이 비율보다 더 크다.

왜냐 하면 이 법칙의 딸린 법칙 2에 따라서, 포물선의 꼭짓점에서의 속력이 이 비율이며, 이 법칙의 딸린 법칙 6, 그리고 법칙 4, 딸린 법칙 6에 따라서, 모든 거리들에서 동일한 비율이 성립한다. 그러므로 포물선의 모든 곳에서 그 속력은, 그 절반 거리의 원을 따라 회전하는 물체의 속력과 같다. 타원에서는 더 작으며, 쌍곡선에서는 더 크다.

딸린법칙 8 임의의 원뿔곡선을 따라서 회전하는 속력과, 원뿔곡선의 주 라투스 렉툼의 절반 거리인 원을 따라서 회전하는 속력과의 비율은, 그 거리와, 초점으로부터 원뿔곡선의 접선으로 그은 수직선의 길이와의 비율과 같다. 이것은 딸린 법칙 5로부터 명백하다.

딸린법칙 9 그런데 (법칙 4, 딸린 법칙 6에 따라서) 이 원을 따라서 회전하는 물체의 속력과, 다른 임의의 원을 따라서 회전하는 물체의 속력과의 비율은, 거리들의 비율의 제곱근에 역으로 비례한다. 그러므로 비례식들의 같음에 따라서, 원뿔곡선을 따라서 회전하는 물체의 속력과, 같은 거리인 원을 따라서 회전하는 물체의 속력과의 비율은, 그 공통인 거리와 주 라투스 렉텀 절반의 비례 중항과, 공통인 초점으로부터 접선으로 그은 수직선의 길이와의 비율과 같다.

법칙 17, 문제 9

구심력은 그 중심으로부터 거리의 제곱에 역으로 비례한다고 하고, 그리고 그 힘의 절대 크기가 알려졌다고 하자. 물체가 주어진 위치에서 주어진 속력으로 주어진 직선을 따라서 전진하는데, 이 물체가 그릴 곡선을 구하시오.

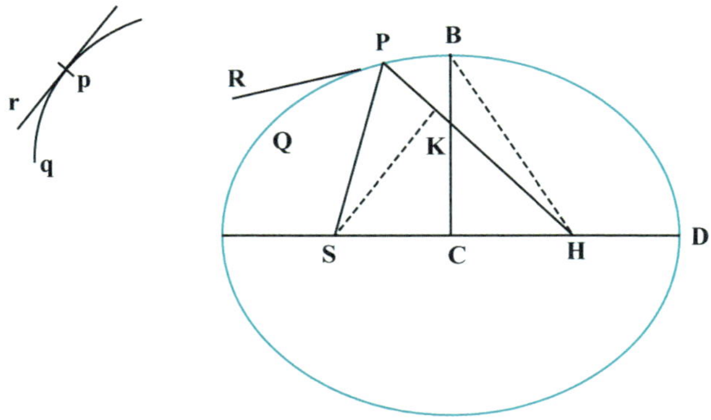

점 S를 향하는 구심력의 작용에 의해서 물체 p가 임의의 주어진 궤도 pq를 따라서 회전하며, 그리고 위치 p에서 물체의 속력을 안다고 하자. 위치 P에서 직선 PR을 따라서, 물체 P가 주어진 속력으로 전진하는데, 그런데 그 때, 구심력의 작용 때문에, 이 물체는 (직선으로부터) 벗어나 원뿔곡선 PQ를 따르게 된다. 그러므로 이 직선 PR은 점 P에서 (이 곡선에) 접하게 된다.

마찬가지로 점 p에서 곡선 pq에 접하는 어떤 직선 pr을 구하여라. 그리고 S로부터 그 접선들에 수직선들을 내리그어라. 그러면 원뿔곡선의 주 라투스 렉텀 대 궤도의 주 라투스 렉텀 사이의 비율은 (법칙 16, 딸린 법칙 1에 따라서) 수직선들의 비율의 제곱에다 속력들의 비율의 제곱을 결합한 것이니, 따라서 주어졌다. 원뿔곡선의 라투스 렉텀을 L이라 하자. 그리고 원뿔곡선의 초점 S도 역시 주어졌다.

각 RPH는 2직각에서 각 RPS에 대한 보충각이 (보각이) 되도록 잡아라. 그러면 직선 PH에 다른 한 초점 H가 놓이는데, 우리는 이 직선의 위치를 구하였다. PH에 수직이 되도록 SK를 그어라. 그리고 단축의 절반 BC를 세웠다고 하자. 그러면

$SP^2 - 2KP \times PH + PH^2 = SH^2$ ([기하학 원론] 2권 법칙 13에 따라서)

$$= 4CH^2$$
$$= 4BH^2 - 4BC^2$$
$$= (SP + PH)^2 - L \times (SP + PH)$$
$$= SP^2 + 2SP \times PH + PH^2 - L \times (SP + PH)$$

양변에다 $2KP \times PH - SP^2 - PH^2 + L \times (SP + PH)$를 더해라. 그러면

$$L \times (SP + PH) = 2SP \times PH + 2KP \times PH$$

그러니까 $(SP + PH) : PH = 2(SP + KP) : L$

그러므로 PH의 위치는 물론, 그 길이도 구하였다.

예를 들어, 만약 P에서 물체의 속력이(충분히 작아서), 라투스 렉텀 L이 2SP + 2KP보다 더 작으면, PH는 접선 PR을 기준으로 선 PS와 같은 방향에 놓인다. 그러므로 그 도형은 타원이 되며, 주어진 초점들 S, H로부터, 그리고 주축 SP + PH로부터 주어진다.

그러나 만약 위치 P에서 이 물체의 속력이 커서, 라투스 렉텀 L이 2SP + 2KP와 같아지면, PH의 길이는 무한대가 된다. 그러므로 그 도형은 포물선이 되며, 축 SH는 직선 PK에 평행하게 된다. 그러니 (그 포물선이) 주어진다.

그러나 만약 이 물체가 그 위치 P에서 더욱 큰 속력으로 전진하면, 길이 PH를 접선의 다른 편에서 잡아야 한다. 그러므로 접선이 초점들 사이를 지나며, 그 도형은 쌍곡선이 되는데, 주축의 길이는 선들 SP 그리고 PH의 차이와 같으며, 따라서 (그 쌍곡선이) 주어진다.

왜냐 하면 이 경우들에 이렇게 구한 원뿔곡선들을 따라서 물체가 회전하면, 법칙 11, 12, 13에서 증명한 것들에 따라서, 구심력은 힘의 중심 S로부터 거리의 제곱에 역으로 비례한다. 그러므로 물체가 주어진 위치 P에서, 주어진 속력으로, 주어진 직선의 위치 PR을 따라서 전진할 때, 물체가 그러한 (구심력의) 힘에 의해서 그리게 될 곡선 PQ를 올바르게

구하였다. [증명 끝]

딸린법칙 1 그러므로 모든 원뿔곡선에서, 주 꼭짓점 D, 라투스 렉텀 L, 초점 S가 주어졌으면, 이것들로부터 다른 초점 H를 구하기 위해서, DH 대 DS의 비율이, 라투스 렉텀 대 라투스 렉텀과 4DS 사이의 차이와의 비율과 같다고 놓으면 된다. 왜냐 하면 비례식

$$SP + PH : PH = 2SP + 2KP : L$$

이 성립하는데, 이 딸린 법칙의 경우는 다음과 같이 바뀌기 때문이다.

$$DS + DH : DH = 4DS : L$$

그리고 비례식의 뺄셈에 따라서,

$$DS : DH = 4DS - L : L$$

딸린법칙 2 그러므로 만약 주 꼭짓점 D에서의 물체의 속력이 주어지면, 궤도를 쉽게 구할 수 있다. 라투스 렉텀 대 거리 DS의 두 배와의 비율이, 이 주어진 속력 대 거리 DS에서 원을 따라 회전하는 물체의 속력과의 비율의 제곱이 되도록 (법칙 16, 딸린 법칙 3에 따라서) 놓아라. 그 다음에 DH 대 DS의 비율이, 라투스 렉텀 대 라투스 렉텀과 4DS 사이의 차이와의 비율과 같도록 잡아라.

딸린법칙 3 그러니 또한 물체가 임의의 원뿔곡선을 따라 움직이고 있었는데, 임의의 충격이 가해져서 그 궤도로부터 벗어났다고 하더라도, 그 물체가 그 이후에 자신의 경로로서 따르게 될 궤도를 구할 수 있다. 왜냐 하면 그 물체 고유의 운동에다 그 충격만이 생성할 운동을 합성하면, 우리는 주어진 충격의 위치에서 그 물체가 전진하게 될 운동을 구하였으며, (그 물체가) 따를 직선의 올바른 위치도 주어진다.

딸린법칙 4 그러니 만약 물체가 외부에서 가해지는 어떤 힘에 의해서 계속 방해를 받더라도, 그 경로를 매우 근사적으로 구할 수 있다. 그 힘이

초래하는 변이들을 어떤 점들에서 합산하고, 그리고 수열들의 비교로부터 그 중간 위치들에서의 연속되는 변이들을 추산할 수 있다.

설명

물체 P가, 주어진 임의의 점 R을 향하는 구심력에 의해서, 주어진 임의의 원뿔곡선의 둘레를 따라서 움직이고 있으며, 원뿔곡선의 중심은 C이다. 이 때 구심력의 법칙을 구하시오.

반지름 RP에 평행하도록 CG를 긋고, 궤도의 접선 PG와 만나는 점을 G라 하자. 그러면 그 힘은(법칙 10, 딸린 법칙 1, 그리고 설명, 그리고 법칙 7, 딸린 법칙 3에 따라서) $\frac{CG^3}{RP^2}$ 에 비례한다.

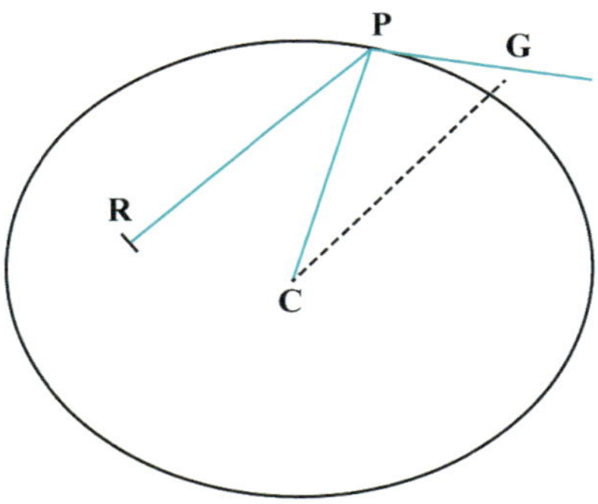

제 4 장

주어진 초점으로부터 타원, 포물선 그리고 쌍곡선 궤도들을 구함

[렘마 15]

임의의 타원 또는 쌍곡선의 두 초점들 S, H로부터, 임의의 제 삼의 점 V로 두 직선들 SV, HV를 그어 꺾여 있는데, 그 중 하나인 HV가 그 도형의 주축과, 그러니까 초점들이 놓여 있는 축과, 길이가 같다고 하자. 다른 SV에 대해서 수직선 TR을 긋되, T가 (SV를) 이등분하도록 해라. 그러면 TR은 어떤 위치에서 그 원뿔곡선에 접하게 된다. 그리고 역으로, 만약 (TR이 원뿔곡선에) 접하면, VH는 도형의 주축과 길이가 같게 된다.

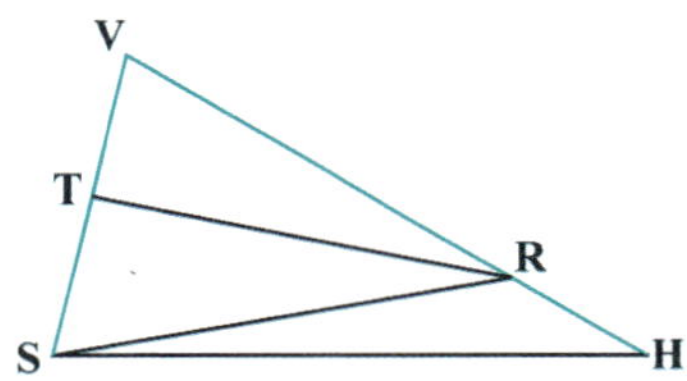

수직선 TR이 직선 HV와, 만약 필요하면 길게 늘여서, 만나는 점을 R이라 하자. 그리고 SR을 연결하여라. TS, TV는 길이가 같으니, SR, VR은 길이가 같으며, 그리고 각들 TRS, TRV는 크기가 같다. 그러므로 점 R은 원뿔곡선에 놓이게 되며, 그리고 수직선 TR은 그 원뿔곡선에 접한다. 그리고 역도 성립한다. [증명 끝]

법칙 18, 문제 10

한 초점 그리고 주축의 길이가 주어졌다. 주어진 점을 지나고, 그리고 위치가 주어진 직선에 접하는 타원 그리고 쌍곡선의 궤적들을 그리시오.

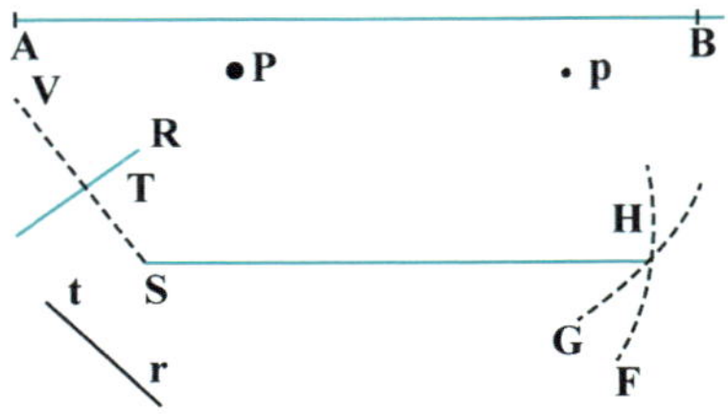

도형의 공통 초점을 S라 하자. 각각의 궤적의 주축의 길이를 AB라 하자. (주어진) 점 P로 원뿔곡선이 반드시 지나야 하고, 그리고 (주어진) 직선 TR에 반드시 접해야 한다.

P를 중심으로 하여, 만약 그 궤도가 타원이면, AB-SP를 반지름으로 하여, 만약 그것이 쌍곡선이면, AB+SP를 반지름으로 하여, 원 HG를 그려라. 접선 TR에게 수직선 ST를 내리그어라. 그리고 이것을 V까지 길게 늘이되, TV가 ST와 길이가 같도록 해라. V를 중심으로 그리고 구간 AB를 반지름으로 하여 원 FH를 그려라.

이 방법으로, 두 점들 P, p가 주어졌든, 또는 두 접선들 TR, tr이 주어졌든, 또는 점 P 그리고 접선 TR이 주어졌든, 두 원들을 그릴 수 있다. 그들의 교점을 H라 하자. 초점들 S, H, 그리고 주어진 주축의 길이를 가지고, 궤적을 그릴 수 있다. 다 되었다고 하겠다.(Dico factum)

왜냐 하면 이렇게 그린 궤적은 (타원의 경우 PH+SP가 축의 길이와 같고, 그리고 쌍곡선의 경우 PH-SP가 축의 길이와 같으니) 점 P를 지나며, 그리고 (위의 렘마에 따라서) 직선 TR에 접하기 때문이다. 그리고 같은 추론에 따라서, 또는 두 점들 P, p를 지나게 되고, 또는 두 직선들 TR, tr에 접하게 된다. [증명 끝]

법칙 19, 문제 11

주어진 초점의 둘레에서 포물선 궤적을 그리되, 주어진 점을 지나고, 위치가 주어진 직선에 접하도록 하시오.

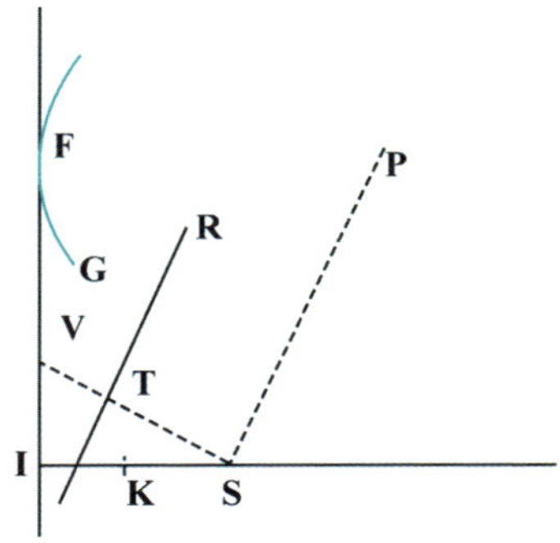

초점을 S라 하고, 점을 P라 하고, 그릴 궤적에 접하는 직선을 TR이라 하자. P를 중심으로, 구간 PS를 반지름으로 하여 원 FG를 그려라. 초점으로부터 접선으로 수직선 ST를 내리그어라. 그리고 V까지 길게 늘이되, TV는 ST와 길이가 같도록 해라. 마찬가지 방법으로, 다른 점 p가 주어지면, 다른 원 fg를 그릴 수 있다. 또는 만약 다른 접선 tr이 주어지면, 다른 점 v를 찾을 수 있다.

그 다음에 직선 IF를 긋되, 만약 두 점들 P, p가 주어졌다면, 두 원들 FG, fg에 접하도록, 또는 만약 두 접선들 TR, tr이 주어졌다면, 두 점들 V, v를 지나도록, 또는 만약 점 P 그리고 접선 TR이 주어졌다면, 원 FG에 접하고 점 V를 지나도록 이 직선을 그어라. FI에 수직이 되도록 SI를 내리긋고, 이것을 이등분하는 점을 K라 하자. 그리고 SK를 축으로, K를 주 꼭짓점으로 하여 포물선을 그려라. 다 되었다고 하겠다.

왜냐 하면 이 포물선은, SK와 IK가 길이가 같고, SP와 FP가 길이가 같으니, 점 P를 지난다. 그리고 ST와 TV는 길이가 같고, 각 STR은 직각이니, (렘마 14, 딸린 법칙 3에 따라서) 이 포물선은 직선 TR에 접한다. [증명 끝]

법칙 20, 문제 12

주어진 초점의 둘레에서 주어진 임의의 종류의 궤적을 그리되, 주어진 점들을 지나고 그리고 주어진 위치들의 직선들에 접하도록 하시오.

경우 1. 초점 S가 주어지고, 두 점들 B, C를 지나도록, 궤적 ABC를 그려야 한다고 하자.

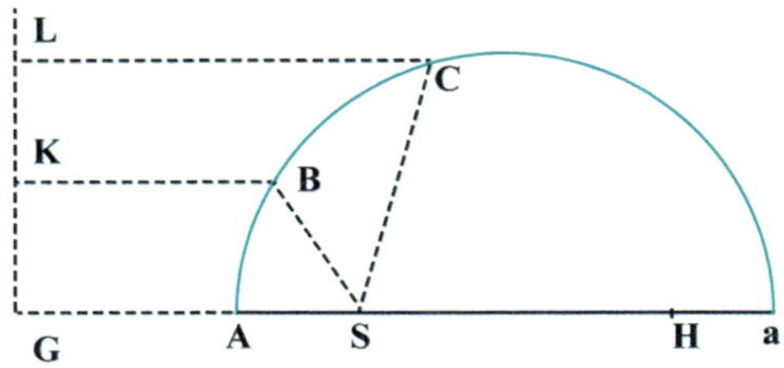

그 궤적이 구체적으로 주어졌으니, 주축 대 초점들 사이 거리의 비율이 주어졌다. KB 대 BS의 비율, 그리고 LC 대 CS의 비율이 이 비율이 되도록 잡아라. B, C를 중심들로, BK, CL을 반지름들로 하여 두 원들을 그려라. 이 원들과 K 그리고 L에서 접하는 직선 KL에게 수직이 되도록 SG를 그어라. (SG를 길게 늘이고) 이것을 A 그리고 a에서 자르되, GA 대 AS의 비율, 그리고 Ga 대 aS의 비율이, KB 대 BS의 비율과 같도록 해라. 그리고 Aa를 축으로, A, a를 꼭짓점들로 하여, 궤적을 그려라. 다 되었다고 하겠다.

이렇게 그린 도형의 다른 초점을 H라 하자. 비례식

$$GA : AS = Ga : aS$$

가 성립하니까, 우리는 비례식의 뺄셈에 따라서,

$$Ga - GA : aS - AS = GA : AS$$

그러니까

$$Aa : SH = GA : AS$$

를 얻는다. 그러므로 이 비율은, 그리려는 도형의 주축의 길이 대 초점들 사이 거리의 비율과 같다. 그러므로 그린 도형은, 그리려고 한 도형과 동일한 종류이다. 그리고 KB 대 BS의 비율이 LC 대 CS의 비율과 같으니, 이 도형은 점들 B, C를 지남이 [원뿔곡선]에 따라서 명백하다.

경우 2. 초점 S가 주어지고, 두 직선들 TR, tr과 어디선가 접하는 원뿔곡선을 그려야 한다고 하자.

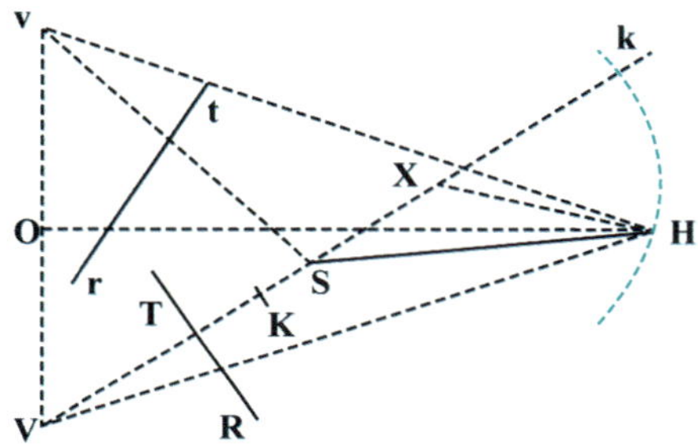

초점으로부터 이 접선들에 수직이 되도록 ST, St를 긋고, 이들을 V, v에 이르도록 길게 늘이되, TV, tv가 TS, tS와 길이가 같게 되도록 해라.

Vv를 이등분하는 점 O에서, 수직선 OH를 한없이 세워라. 직선 VS를 한없이 늘인 다음에, K 그리고 k에서 자르되, VK 대 KS의 비율, 그리고 Vk 대 kS의 비율이, 그리려고 하는 궤적의 주축 대 초점들 사이 거리의 비율과 같도록 해라.

지름 Kk의 위에서 원을 그리고, 직선 OH를 자르는 점을 H라 하자. S, H를 초점들로 하고, 주축의 길이가 VH와 같도록 해서, 궤적을 그려라. 다 되었다고 하겠다.

Kk의 이등분점 X를 잡고, HX, HS, HV, Hv를 연결하여라. VK 대 KS의 비율은 Vk 대 kS의 비율과 같으니, 덧셈에 따라서, VK + Vk 대 KS + kS의 비율과 같고, 뺄셈에 따라서, Vk − VK 대 kS - KS의 비율과 같다. 그러니까 2VX 대 2KX의 비율, 그리고 2KX 대 2SX의 비율과 같다. 그러므로 VX 대 HX의 비율, 그리고 HX 대 SX의 비율과 같으며, 삼각형들 VXH, HXS는 서로 닮은꼴이다.

그러므로 VH 대 SH의 비율은 VX 대 XH의 비율과 같다. 그러므로

VK 대 KS의 비율과 같다. 그러므로 그린 궤적의 주축 VH 대 초점들 사이 거리 SH의 비율은, 그리려고 하던 궤적의 주축 대 초점들 사이 거리의 비율과 같다. 그러므로 동일한 종류이다. 게다가 VH, vH는 주축과 길이가 같고, 그리고 VS, vS를 수직으로 이등분하는 직선들이 TR, tr이니, (렘마 15에 따라서) 이 직선들은 그린 궤적에 접함이 명백하다.

경우 3. 초점 S가 주어지고, 주어진 점 R에서 직선 TR에 접하는 궤적을 그려야 한다고 하자.

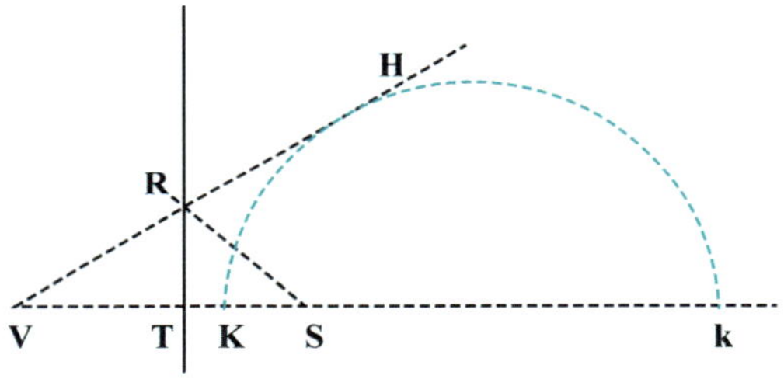

직선 TR에 수직이 되도록 ST를 내리그어라. 그리고 이것을 V에 이르도록 길게 늘이되, TV가 TS와 길이가 같게 되도록 해라. VR을 연결하여라. 그리고 VS를 한없이 늘인 다음에, K 그리고 k에서 자르되, VK 대 SK의 비율, 그리고 Vk 대 Sk의 비율이, 그리려고 하는 타원의 주축 대 초점들 사이 거리의 비율과 같도록 해라.

지름 Kk의 위에서 원을 그리고, 직선 VR을 연장한 것을 자르는 점을 H라 하자. 그리고 S, H를 초점들로 하고, 주축의 길이가 직선 VH와 같도록 해서, 궤적을 그려라. 다 되었다고 하겠다.

왜냐 하면 경우 2의 증명에 따라서 명백하게, VH 대 SH의 비율은 VK 대 SK의 비율과 같고, 따라서 그리려고 하는 궤적의 주축 대 초점들 사이 거리의 비율과 같다. 그러므로 그린 궤적은 그리려고 한 것과 동일한 종류이며, 직선 TR이 각 VRS를 이등분하니, 이 직선이 점 R에서 궤적에 접함은, [원뿔곡선]으로부터 명백하다.

경우 4. 주어진 초점 S의 둘레에서 궤적을 그리되, 직선 TR에 접하고, 주어진 접선의 바깥의 임의의 점 P를 지나고, 이것이 도형 apb와 닮은꼴이어야 한다. 여기서 apb는 주축이 ab이고, 초점들이 s, h로서 그린 도형이다.

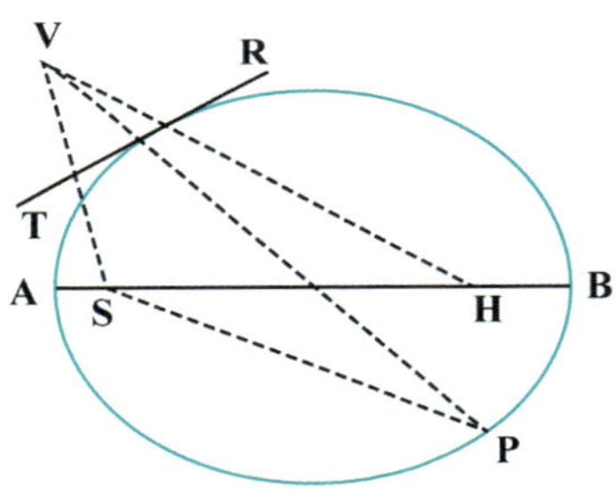

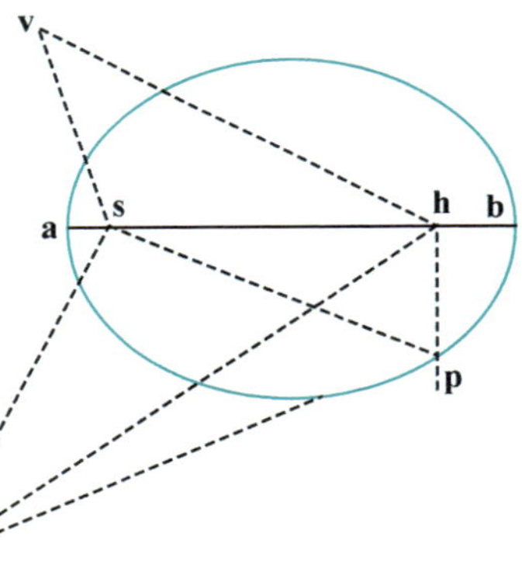

접선 TR에 수직이 되도록 ST를 내리그어라. 그리고 이것을 V에 이르도록 길게 늘이되, TV가 ST와 길이가 같게 되도록 해라. 이제 각들 VSP, SVP와 크기가 같도록 각들 hsq, shq를 만들어라. 반지름 대 ab의 비율이 SP 대 VS의 비율과 같도록 반지름을 잡고, q를 중심으로, 이 반지름으로 원을 그려라. 이 원이 곡선 apb를 자르는 점을 p라 하자. sp를 연결하여라.

SH를 긋되, 이것 대 sh의 비율이 SP 대 sp의 비율과 같도록 해라. 그리고 각 PSH는 각 psh와, 그리고 각 VSH는 각 psq와 각각 크기가 같도록 만들어라. 마지막으로 S, H를 초점들로 하고, 거리 VH와 같은 길이인 AB를 주축으로 해서, 원뿔곡선을 그려라. 다 되었다고 하겠다.

sv를 긋되, 이것 대 sp의 비율이 sh 대 sq의 비율과 같도록 하고, 각 vsp는 각 hsq와 크기가 같도록, 그리고 각 vsh는 각 psq와 크기가 같도록 해라.

삼각형들 svh, spq는 닮은꼴이며, 따라서 vh 대 pq의 비율은 sh 대 sq의 비율과 같다. 그러니까 (삼각형들 VSP, hsq가 닮은꼴이니) VS 대 SP의 비율 또는 ab 대 pq의 비율과 같다. 그러므로 vh 그리고 ab는 길이가 같다.

게다가 닮은꼴 삼각형들 VSH, vsh 때문에, VH 대 SH의 비율은 vh 대 sh의 비율과 같다. 그러니까 방금 그린 원뿔곡선의 축 대 초점들 사이 거리의 비율은, 축 ab 대 초점들 사이 거리 sh의 비율과 같다. 그러므로 방금 그린 도형은 도형 aph와 닮은꼴이다.

이제 이 도형은 점 P를 지난다. 왜냐 하면 삼각형 PSH와 삼각형 psh가 닮은꼴이기 때문이다. 그리고 VH는 이 도형의 축과 길이가 같고, 그리고 VS를 수직 이등분하는 직선이 TR이니, 이 도형은 바로 그 직선 TR에 접한다. [증명 끝]

[렘마 16]

주어진 세 점들로부터, 네 번째 점으로 세 개의 직선들을 그으시오. 네 번째 점은 주어지지 않았으며, 세 직선들의 (길이) 차이들이 주어지거나 또는 0이다.

경우 1. 주어진 세 점들을 A, B, C라 하고, 찾아야 하는 네 번째 점을 Z라 하자. 직선들 AZ, BZ의 길이 차이가 주어졌으니, 점 Z는 A 그리고 B를 초점들로 가지는 쌍곡선에 놓이게 되며, 주어진 차이가 주축의 길이이다. 주축을 MN이라 하자.

PM 대 MA의 비율이 MN 대 AB의 비율과 같도록 잡아라. AB에 수직이 되도록 PR을 세우고, PR에 수직이 되도록 ZR을 내리그어라. 그러면 이 쌍곡선의 성질에 따라서, ZR 대 AZ는 MN 대 AB와 같다.

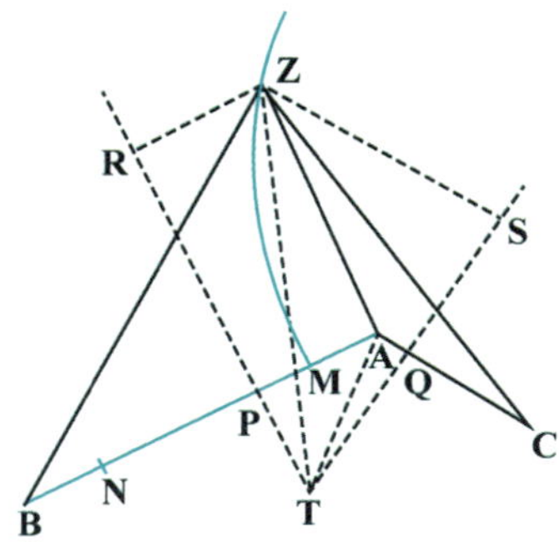

마찬가지 이유로 점 Z는 또 다른 쌍곡선에 놓이는데, 그 초점들이 A, C이고, 그리고 주축은 AZ와 CZ 사이의 차이이다. 그리고 AC에 수직이 되도록 QS를 그을 수 있고, 이 쌍곡선의 임의의 점 Z로부터 이것(QS)으로 법선 ZS를 내리그으면, ZS 대 AZ의 비율은, AZ와 CZ 사이의 차이 대 AC의 비율과 같게 된다.

그러므로 ZR 그리고 ZS 대 AZ의 비율들이 주어졌으며, 그러니 따라서 ZR 그리고 ZS 사이의 비율도 주어졌다. 그러므로 만약 직선들 RP, SQ가 T에서 교차하고, 그리고 TZ, TA를 그으면, 도형 TRZS의 종류가 주어지게 되며, 그리고 직선 TZ에서 구멍 Z가 어디에 놓여있는지, 그 위치가 주어진다.

직선 TA도 역시 주어지며, 그리고 각 ATZ도. AZ 그리고 TZ 대 ZS의 비율들이 주어졌으며, 따라서 그들 서로 간의 비율도 주어지게 된다. 그러므로 삼각형 ATZ가 주어지게 되며, 이것의 꼭짓점이 점 Z이다.

경우 2. 만약 세 직선들 중 두 직선이, 예를 들어 AZ 그리고 BZ가, 길이가 같으면, 직선 AB를 이등분하도록 직선 TZ를 그어라. 그 다음에 삼각형 ATZ를 위에서처럼 찾아라.

경우 3. 만약 셋이 모두 같으면, 점 Z는 점들 A, B, C를 지나는 원의 중심에 놓이게 된다. [증명 끝]

이 렘마는 문제에 가까운데, 아폴로니우스가 저술한 [Librum Tactionum]을 비에타(Vieta)가 편찬한 책에 풀이가 나온다.

법칙 21, 문제 13

주어진 초점의 둘레에서 궤적을 그리되, 주어진 점들을 지나고 그리고 위치가 주어진 직선들에 접하도록 하시오.

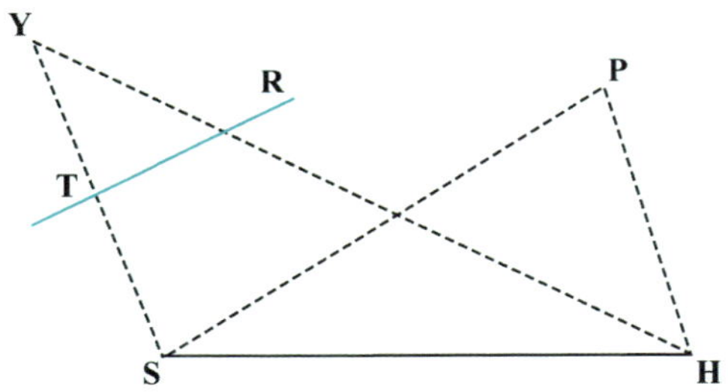

초점 S, 점 P, 접선 TR이 주어졌다고 하고, 다른 초점 H를 구해야 한다. 접선에 수직이 되도록 ST를 내리그어라. 그리고 이것을 Y에 이르도록 길게 늘이되, TY가 ST와 길이가 같게 되도록 해라. 그러면 YH는 주축과 길이가 같게 된다. SP, HP를 연결하여라. 그러면 SP는 HP 그리고 주축 사이의 차이와 같게 된다.

이런 방법으로, 만약 다수의 접선들 TR이 주어지거나, 또는 다수의 점들 P가 주어지면, 우리는 항상 같은 개수의 직선들 YH, 또는 PH를 얻을 수 있다. 이들은 언급된 점들 Y 또는 P로부터 초점 H로 그은 것이며, 축들과 길이가 같거나, 또는 축들과의 차이가 주어진 길이 SP이다. 그러므로 이들은 서로 같거나, 또는 주어진 차이들을 가진다. 그러므로 위의 렘마에 따라서, 다른 초점 H가 주어진다. 이렇게 구한 초점들과 더불어 축의 길이(YH이거나, 또는 궤적이 타원이면 PH+SP, 그러나 쌍곡선이면 PH-SP)를 가지고, 궤적을 구한다. [증명 끝]

설명

궤적이 쌍곡선인 경우, 나는 쌍곡선의 다른 곡선을 이 궤적의 이름에 포함시키지 않고 있다. 왜냐 하면 물체가 이 운동으로 전진할 때, 쌍곡선의 다른 곡선으로 이동할 수 없기 때문이다.

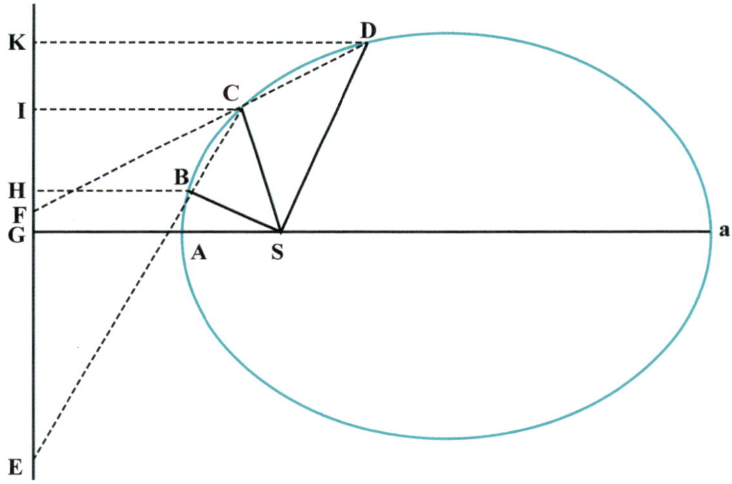

세 점들이 주어진 경우는 다음과 같이 더 쉽게 풀 수 있다. 점들 B, C, D가 주어졌다고 하자. BC, CD를 연결하고, E, F에 이르도록 늘이되, EB 대 EC의 비율은 SB 대 SC의 비율과 같도록, FC 대 FD의 비율은 SC 대 SD의 비율과 같도록 해라.

EF를 긋고 길게 늘인 다음, 여기에 법선들 SG, BH를 내리그어라. GS를 한없이 길게 늘이고, GA 대 AS 그리고 Ga 대 aS가 HB 대 BS와 같도록 잡아라. 그러면 A가 꼭짓점이 되고, Aa가 이 궤적의 주축이 된다.

이 궤적은, GA가 AS보다 더 크냐, 같으냐, 또는 작으냐에 따라서, 타원, 포물선 또는 쌍곡선이 된다. 첫 번째 경우 점 a는 직선 GF를 기준으로 점 A와 같은편에 놓이고, 두 번째 경우 (점 a는) 한없이 멀리 가게 되고, 세 번째 경우 (점 a는) 직선 GF를 기준으로 점 A와 반대편에 놓이게 된다.

왜냐 하면 GF에 수직이 되도록 CI, DK를 내리그으면, IC 대 HB는 EC 대 EB와 같다. 그러니까 SC 대 SB와 같다. 그러므로 IC 대 SC는 HB 대 SB와, 또는 GA 대 SA와 같다. 그리고 비슷한 추론으로, KD 대 SD도 이와 같은 비율임을 보일 수 있다. 그러므로 점들 B, C, D는 S를 초점으로 하여 (다음과 같이) 그린 원뿔곡선에 놓인다. 초점 S로부터 원뿔곡선의 각각의 점들로 그은 모든 직선들은, 동일한 그 점으로부터 직선 GF로 그은 수직선과의 비율이, 주어진 그 비율이 된다.

가장 저명한 기하학자 드라이르(De la Hire)는 그의 저서 [원뿔곡선] 8권 법칙 25에서 이 문제를 그리 다르지 않은 방법으로 풀어 놓았다.

제 5 장

초점이 주어지지 않았을 때 궤도를 구하는 방법

[렘마 17]

주어진 원뿔곡선의 임의의 점 P로부터, 원뿔곡선에 내접하는 임의의 사각형 ABDC의, 네 개의 한없이 길게 늘인 변들 AB, CD, AC, DB로 같은 개수의 직선들 PQ, PR, PS, PT를 하나 하나 대응하게, 주어진 각들로 긋자. 그러면 마주 보는 두 변들로 그은 직선들로 만든 직사각형 PQ×PR은, 마주 보는 다른 두 변들로 그은 직선들로 만든 직사각형 PS×PT에 대해서, 주어진 어떤 비율을 가진다.

경우 1. 우선 마주 보는 변들로 그은 직선들이 다른 변들 각각과 평행하다고 가정하자. 예를 들어 PQ 그리고 PR은 변 AC와, PS 그리고 PT는 변 AB와.(평행하다고 하자) 그리고 추가적으로 마주 보는 두 변들이, 예를 들어 AC 그리고 BD가, 서로 평행하다고 하자.

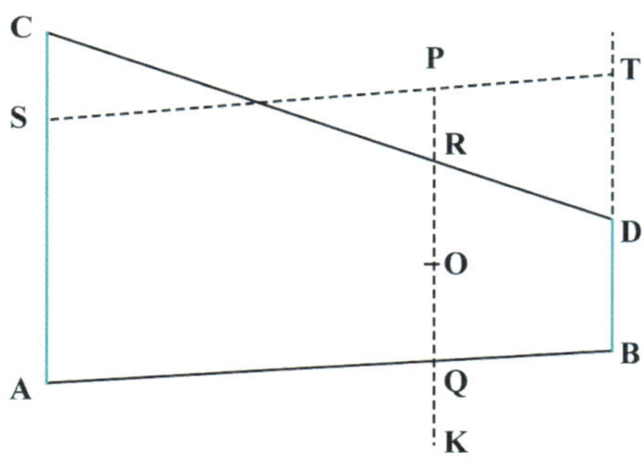

그러면 그 평행한 변들을 이등분하는 직선은 원뿔곡선의 지름들 중의 하나이며, 그리고 RQ도 역시 이등분한다. RQ가 이등분되는 점을 O라

하자. 그러면 PO는 그 지름에 적용된 세로 좌표가 된다.

PO를 K에 이르도록 길게 늘이되, OK는 PO와 길이가 같도록 해라. 그러면 OK는 그 지름의 다른 편에 적용된 세로 좌표이다. 그러면 점들 A, B, P 그리고 K가 원뿔곡선에 놓여 있고, PK가 AB를 주어진 각으로 자르니, (아폴로니우스가 쓴 [원뿔곡선] 3권 법칙 17, 19, 21, 23에 따라서) 직사각형 PQ×QK는 직사각형 AQ×QB에 대해서, 주어진 비율이 된다.

그런데 QK 그리고 PR은 길이가 같다. 왜냐 하면 같은 길이들인 OK, OP 그리고 OQ, OR의 차이들이기 때문이다. 그러므로 직사각형들 PQ×QK 그리고 PQ×PR은 서로 같다. 그러므로 직사각형 PQ×PR 대 직사각형 AQ×QB의 비율은, 그러니까 대 직사각형 PS×PT의 비율은, 주어진 비율이 된다.

경우 2. 이제 사각형의 마주 보는 변들 AC 그리고 BD가 평행하지 않다고 하자.

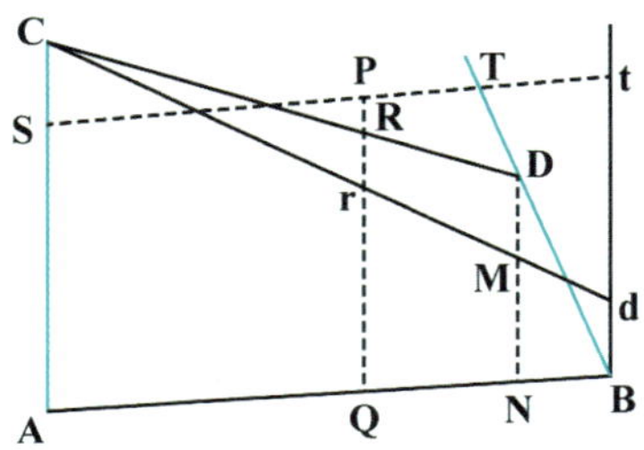

AC에 평행하도록 Bd를 긋고, 그리고 직선 ST와 만나는 점을 t라 하고, 원뿔곡선과 만나는 점을 d라 하자. Cd를 연결하고, PQ를 자르는 점을 r이라 하자. 그리고 PQ에 평행하도록 DM을 긋고, Cd를 자르는 점을 M, 그리고 AB를 자르는 점을 N이라 하자.

이제 삼각형들 BTt, DBN이 닮은꼴이니,

Bt 또는 PQ : Tt = DN : NB

그러므로　　Rr : AQ 또는 PS = DM : AN

그러므로 앞의 항과 앞의 항을 곱하고 뒤의 항과 뒤의 항을 곱하면,

PQ×Rr : PS×Tt = DN×DM : NA×NB

그러므로 (경우 1에 따라서) 직사각형 PQ×Pr 대 직사각형 SP×Pt의 비율도 이와 같으며, 비례식의 분리에 따라서, 직사각형 PQ×PR 대 직사각형 PS×PT의 비율도 이와 같다.

경우 3. 마지막으로 네 직선들 PQ, PR, PS, PT가 변들 AC, AB와 평행하지 않으며, 어떻게든 (임의로) 기울어져 있다고 하자.

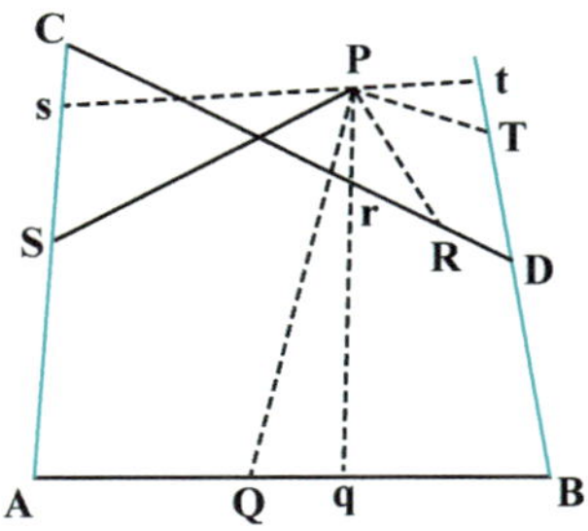

이 직선들 대신에, AC에 평행하도록 Pq, Pr을 긋고, 그리고 AB에 평행하도록 Ps, Pt를 그어라. 그러면 삼각형들 PQq, PRr, PSs, PTt의 각들이 주어졌으니, PQ 대 Pq, PR 대 Pr, PS 대 Ps, 그리고 PT 대 Pt의 비율들이 주어진다. 그러므로 이들을 결합한(곱한) 비율들인 PQ×PR 대 Pq×Pr, 그리고 PS×PT 대 Ps×Pt의 비율들도 주어진다. 그런데 위의 증명에 따라서, Pq×Pr 대 Ps×Pt의 비율이 주어진다. 그러므로 PQ×PR 대 PS×PT의 비율도 역시 주어진다. [증명 끝]

[렘마 18]

같은 가정들 하에, 사각형의 마주 보는 두 변들로 그은 직선들로 만든 직사각형 PQ×PR이, 다른 두 변들로 그은 직선들로 만든 직사각형 PS×PT에 대해서, 주어진 비율이 되더라도 하자. 그러면 그 직선들을 긋기 시작한 점 P는, 그 사각형에 외접하는 원뿔곡선에 놓인다.

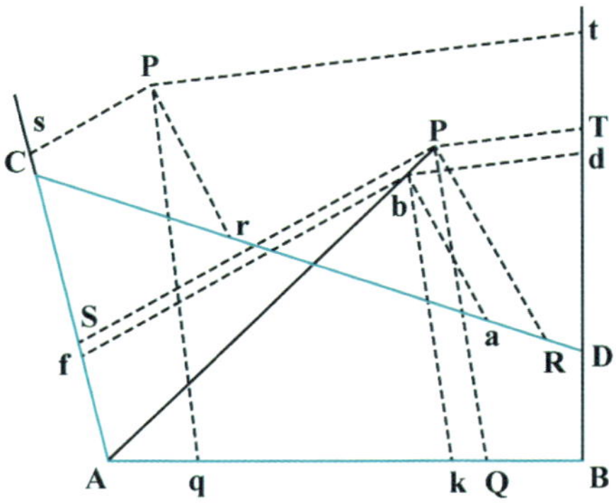

점들 A, B, C, D를 지나는 원뿔곡선을 그렸다고 가정하고, 무수히 많은 점들 P 중의 하나를 p라 하자. 점 P는 항상 이 원뿔곡선에 놓인다고 말하겠다.

만약에 그렇지 않다면, AP를 연결하고, 이것이 P가 아닌 어떤 점에서 이 원뿔곡선을 자르게 된다. 이게 가능하다면, 예를 들어 점 b라 하자. 그러므로 만약 이 점들 p 그리고 b로부터 직선들 pq, pr, ps, pt 그리고 bk, bn, bf, bd를 주어진 각들로, 사각형의 변들로 그으면,

bk×bn : bf×bd = pq×pr : ps×pt (렘마 17에 따라서)

그러니 = PQ×PR : PS×PT (가정에 따라서)

그리고 사각형들 bkAf, PQAS가 닮은꼴이니,

bk : bf = PQ : PS

그러므로 앞의 비례식의 항들을 이 비례식의 대응하는 항들로 나누면,

bn : bd = PR : PT

그러므로 각들의 크기가 같은 사각형들 Dnbd, DRPT는 닮은꼴이다. 따라서 그들의 대각선들 Db, DP는 일치한다. 그러므로 점 b는 직선들 AP, DP의 교차점이며, 따라서 점 P와 일치한다.

그러므로 점 P는 어디에서 잡았든 간에, 해당되는 원뿔곡선에 놓여 있다. [증명 끝]

딸린법칙 그러므로 공통인 점 P로부터 세 직선들 PQ, PR, PS를, 주어진

위치의 직선들 AB, CD, AC로, 하나 하나 대응하여, 주어진 각들로 그었다고 하자. 그리고 두 직선들로 만든 직사각형 PQ×PR이 세 번째 직선 PS로 만든 정사각형(PS^2)과의 비율이, 주어진 비율이 되더라고 하자. 그러면 그 직선들을 긋기 시작한 점 P는, 직선들 AB, CD를 A 그리고 C에서 접하는 원뿔곡선에 놓여 있다. 그리고 역도 성립한다.

왜냐 하면 세 직선들 AB, CD, AC의 위치가 유지되는데, 직선 BD가 직선 AC와 일치하게 된다고 하자. 그리고 직선 PT는 직선 PS와 일치하게 되도록 해라. 그러면 직사각형 PS×PT는 PS^2이 되고, 직선들 AB, CD는, 원래는 곡선을 점들 A 그리고 B, C 그리고 D에서 자르고 지나갔지만, 이제는 그 합류하는 점들에서 곡선을 자를 수 없으며, 단지 그들에 접하게 된다.

설명

이 렘마에서, 원뿔곡선이라는 용어는 넓은 의미로 사용하였으며, 원뿔의 꼭짓점을 지나는 (평면이 잘라서 만드는) 직선들도, 밑면에 평행한 원도 포함한다. 왜냐 하면 만약 점들 A 그리고 D 또는 B 그리고 C를 연결하는 직선에 점 p가 놓이면, 원뿔곡선은 두 직선들로 전락하게 되며, 그들 중 하나는 점 p가 놓이는 직선이며, 그리고 다른 하나는 네 개의 점들 중 다른 두 점들을 연결하는 직선이다.

만약 사각형의 마주 보는 두 각들을 더한 것이 직각의 두 배(180°)와 같으면, 그리고 변들로 그은 네 직선들 PQ, PR, PS, PT가 (변들에) 수직이거나, 또는 임의의 같은 크기의 각을 만들면, 그리고 두 직선들로 만든 직사각형 PQ×PR이 다른 두 직선들로 만든 직사각형 PS×PT와 같으면, 이 원뿔곡선은 원이 된다. 만약 네 직선들을

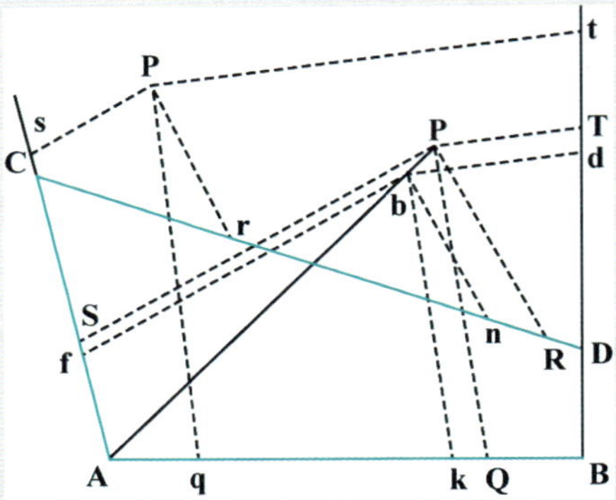

임의의 각들로 긋더라도, 두 직선들로 만든 직사각형 PQ×PR 대 다른 두 직선들로 만든 직사각형 PS×PT의 비율이, 뒤의 두 (직선들) PS, PT를 긋는 각들 S, T의 사인(sine)들로 만든 직사각형 대 앞의 두 (직선들) PQ, PR을 긋는 각들 Q, R의 사인들로 만든 직사각형의 비율과 같으면, 역시 이와 같이 된다.

다른 경우들은 점 P의 궤적이 통상적으로 원뿔곡선들이라 부르는 세 도형들(타원, 포물선, 쌍곡선) 중의 하나가 된다. 그런데 사각형 ABCD 대신에, 마주 대하는 두 변들이 마치 대각선들처럼 서로 자르고 지나가는 사변형을 넣어도 된다. 그런데 네 점들 A, B, C, D 중의 한 개 또는 두 개가 무한히 멀리 갈 수 있다. 그렇게 되면 이 점들로 가까이 가는 도형의 변들은 서로 평행하게 된다. 이 경우 원뿔곡선은 나머지 점들을 지나며, 평행선들의 방향으로 한없이 멀리 가게 된다.

[렘마 19]

(다음을 만족하는) 점 P를 찾으시오. P로부터 네 직선들 PQ, PR, PS, PT를, 그 위치들이 주어진 네 직선들 AB, CD, AC, BD로, 하나 하나 대응하여, 주어진 각들로 그으면, 두 직선들로 만든 직사각형 PQ×PR 대 다른 두 직선들로 만든 직사각형 PS×PT의 비율이, 주어진 비율이 된다.

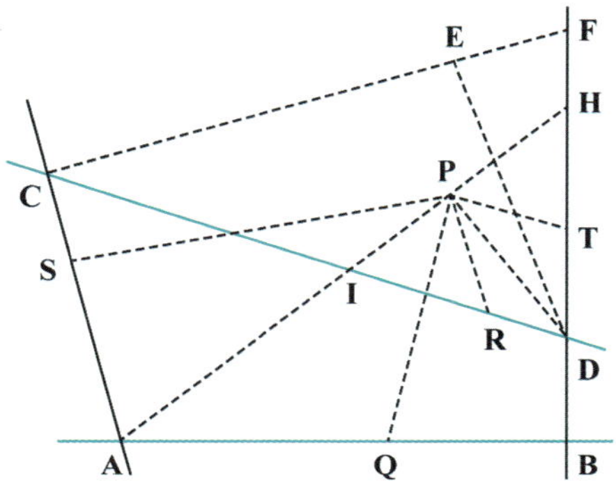

직사각형들 중의 하나를 만드는 두 직선들 PQ, PR을 직선들 AB, CD로 긋는데, AB, CD는 위치가 주어진 다른 직선들과 점들 A, B, C, D에서 만난다고 하자. 이들 중의 하나인 A에서, 임의의 직선 AH를 긋고, 점 P가 이 직선에 놓여 있기를 바란다고 하자.

이 직선이 마주 보는 직선들 BD, CD를 자르는데, BD를 H에서 그리고 CD를 I에서 자른다고 하자. 그리고 도형의 모든 각들이 주어졌으니, PQ 대 PA 그리고 PA 대 PS의 비율들이 주어진다. 그러므로 PQ 대 PS의 비율이 주어진다.

주어진 비율 PQ×PR 대 PS×PT로부터 이 비율을 빼라. 그러면 PR 대 PT의 비율이 주어진다. 그러므로 주어진 비율들 PI 대 PR 그리고 PT 대 PH를 더하면, PI 대 PH의 비율이 주어진다. 그러므로 점 P가 주어진다. [증명 끝]

딸린법칙 1 그러니 무수히 많은 점들 P의 궤적의 임의의 점 D로 접선을 그을 수 있다. 왜냐 하면 점들 P, D가 서로 합류하면, 그러니까 직선 AH가 점 D를 지나게 되면, 현 PD는 접선이 된다. 이 경우 사라지는 직선들 IP 그리고 PH 사이의 궁극적인 비율은 위에서와 같이 구한다. 그러므로 AD에 평행하도록 CF를 긋고, CF와 BD가 만나는 점을 F라 하고, 그리고 궁극적인 비율과 같은 비율로 자르는 점을 E라 하면, DE는 접선이 된다. 왜냐 하면 직선 CF와 사라지는 직선 IH가 서로 평행하고, 그리고 점 E와 점 P에서 같은 비율로 잘리기 때문이다.

딸린법칙 2 그러므로 모든 점들 P의 궤적도 역시 결정할 수 있다. A, B, C, D 중 임의의 점, 예를 들어 A에 대해서, 궤적에 접하도록 AE를 긋고, 다른 임의의 점 B에 대해서, 그 접선과 평행하도록 BF를 그어서, 궤적과 만나는 점을 F라 하자. 점 F는 렘마 19를 써서 찾는다.

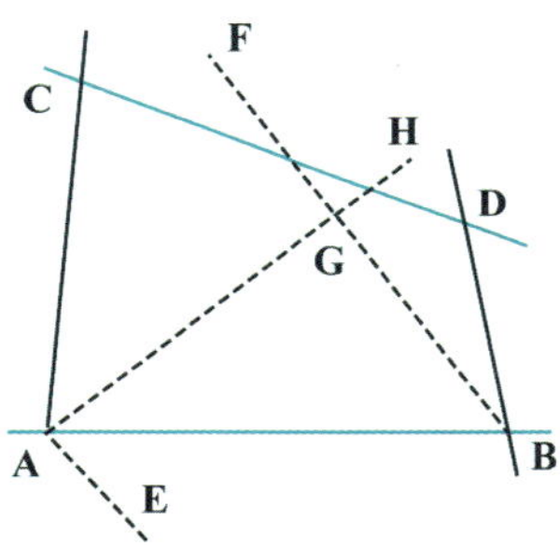

BF를 이등분하는 점을 G라 하고, 직선 AG를 한없이 그으면 지름의 위치가 되며, 이것에 대해서 BG 그리고 FG가 세로 좌표들로 적용된다. 이 직선 AG가 궤적과 만나는 점을 H라 하자. 그러면 AH가 바로 지름 또는 라투스 트랜스버섬(latus transversum)이다. 라투스 렉텀은 이것에 대해서 BG^2 대 AG×GH의 비율을 가진다.

만약 AG가 궤적과 어느 곳에서도 만나지 않으면, AH는 한없이 길며, 궤적은 포물선이 된다. 그리고 지름 AG에 대응하는 라투스 렉텀은 $\frac{BG^2}{AG}$ 이 된다.

그러나 만약 (AG가 궤적과) 어떤 곳에서 만나면, 점들 A 그리고 H가 G의 같은 편에 놓여 있는 경우 궤적은 쌍곡선이 되며, 점 G가 사이에 놓여 있는 경우는 타원이 된다. 예외로서, 각 AGB가 직각이고, BG^2 이 GA×GH와 같으면, 이 경우 궤적은 원이 된다.

그러므로 이 딸린 법칙에서, 네 개의 직선들에 관한 고대의 문제를 해결하였다. 이 문제는 유클리드로부터 시작되었으며, 아폴로니우스가 대를 이었다. 이 해법은 해석학의 기법을 사용하지 않았으며, 기하학적인 작도를 사용하였다. 고대 수학자들이 추구한 것처럼.

[렘마 20]

임의의 평행사변형 ASPQ가 있어서, 마주 보는 두 각들 A 그리고 P의 점들 A 그리고 P에서 원뿔곡선과 만난다고 하자. 그리고 이 각들 중 하나의 변들을 길게 늘인 AQ, AS가 동일한 원뿔곡선과 B 그리고 C에서 만난다고 하자. 만나는 점들 B 그리고 C로부터, 그 원뿔곡선의 임의의 다섯 번째 점 D를 향해서, 두 직선들 BD, CD를 긋고, 이들이 평행사변형의 두 변들 PS, PQ를 길게 늘인 것과 만나는 점들을 T 그리고 R이라 하자. 그러면 변들에서 잘라낸 부분들인 PR 그리고 PT는, 항상 서로 간에 주어진 어떤 비율이 된다. 그리고 역으로, 만약 잘라낸 부분들 서로 간에 주어진 어떤 비율을 가지면, 점 D는 네 점들 A, B, P, C를 지나는 원뿔곡선에 놓인다.

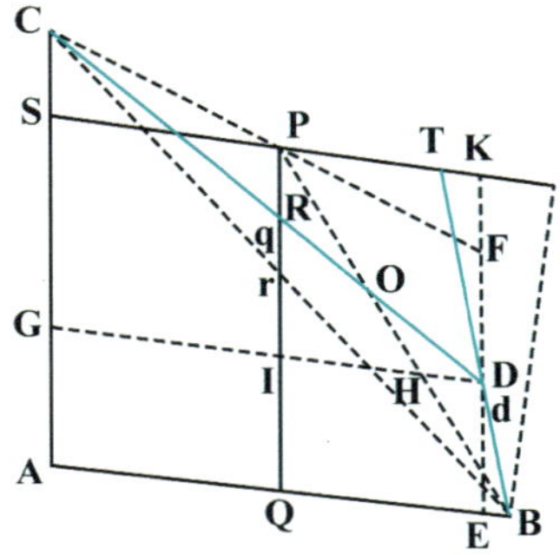

경우 1. BP, CP를 연결하여라. 그리고 점 D로부터 두 직선들 DG, DE를 긋되, 첫째 DG는 AB에 평행하도록 하고, 그리고 PB, PQ, CA와 만나는 점들을 H, I, G라 하자. 다른 DE는 AC에 평행하도록 하고, 그리고 PC, PS, AB와 만나는 점들을 F, K, E라 하자.

그러면 (렘마 17에 따라서) 직사각형 DE×DF 대 직사각형 DG×DH는 주어진 비율이 된다. 그런데

PQ : DE (또는 IQ) = PB : HB = PT : DH

그러므로 PQ : PT = DE : DH

그리고 PR : DF = RC : DC = (IG 또는) PS : DG

그러므로 PR : PS = DF : DG

그리고 이 비율들을 결합하면, 직사각형 PQ×PR 대 직사각형 PS×PT는 직사각형 DE×DF 대 직사각형 DG×DH와 같다. 따라서 주어진 비율을 가진다. 그런데 PQ 그리고 PS가 주어졌으니, PR 대 PT의 비율이 주어진다.

경우 2. 그런데 만약 PR 그리고 PT가 서로 간에 주어진 비율이 되면, 비슷한 추론을 역으로 밟아 나가서, 직사각형 DE×DF 대 직사각형 DG×DH가 주어진 비율임이 나온다. 그러므로 점 D는 (렘마 18에 따라서) 점들 A, B, P, C를 지나는 원뿔곡선에 놓이게 된다. [증명 끝]

딸린법칙 1 그러므로 만약 BC를 그어서 PQ를 r에서 자르고, 그리고 PT에서 Pt를 잡되, Pt 대 Pr의 비율이 PT 대 PR이 되도록 하면, Bt는 점 B에서 원뿔곡선에 접한다. 왜냐 하면 점 D가 점 B에 합류한다고 생각하면, 현 BD는 사라지며, BT는 접선이 된다. 그리고 CD, BT는 CB, Bt와 일치하게 된다.

딸린법칙 2 그리고 역으로, 만약 Bt가 접선이고, 그리고 BD, CD가 원뿔곡선의 임의의 점 D에서 만나면, PR 대 PT는 Pr 대 Pt와 같게 된다. 그리고 반면에, 만약 PR 대 PT가 Pr 대 Pt와 같으면, BD, CD는 원뿔곡선의 어떤 점 D에서 만나게 된다.

딸린법칙 3 원뿔곡선은 원뿔곡선을 네 개보다 더 많은 점들에서 교차할 수 없다. 왜냐 하면, 만약 가능하다면, 두 원뿔곡선들이 다섯 개의 점들 A, B, C, P, O를 지난다고 하자. 그리고 직선 BD가 이들을 자르는 점들을 D, d라 하고, 그리고 PQ가 직선 Cd를 자르는 점을 q라 하자. 그러면 PR 대 PT는 Pq 대 PT와 같다. 그러므로 PR 그리고 Pq는 서로 길이가 같다. 이것은 가정에 어긋난다.

[렘마 21]

주어진 점들 B, C를 극들로 하여, 이들을 지나도록 그은 두 개의 움직이고 무한한 직선들 BM, CM이 있어서, 이들의 교점 M이 위치가 주어진 제삼의 직선 MN을 그린다고 하자. 그리고 다른 두 개의 무한한 직선들 BD, CD가 있어서, 처음 두 직선들과 더불어 주어진 점들 B, C에서 주어진 각들 MBD, MCD를 만든다고 하자. 내가 말하겠는데, 그 두 BD, CD가 만나는 점 D는, 점들 B, C를 지나는 원뿔곡선을 그린다. 그리고 역으로, 만약 직선들 BD, CD의 교점 D가 주어진 점들 B, C, A를 지나는 원뿔곡선을 그리고, 각 DBM은 항상 주어진 각 ABC와 크기가 같으며, 각 DCM은 항상 주어진 ACB와 크기가 같으면, 점 M은 위치가 주어진 직선에 놓이게 된다.

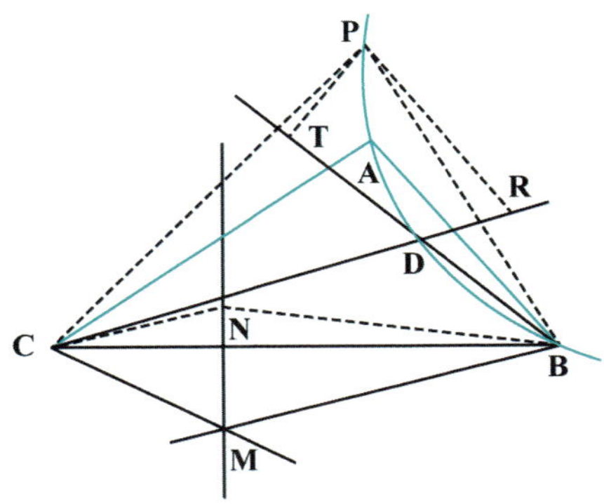

직선 MN에서 점 N이 주어졌다고 하고, 그리고 움직이는 점 M이 움직이지 않는 N에 놓일 때, 움직이는 점 D는 움직이지 않는 P에 놓인다고 하자. CN, BN, CP, BP를 연결하여라. 그리고 점 P로부터 직선들 PT, PR을 그어서, 이들이 BD, CD와 T, R에서 만난다고 하고, 그리고 주어진 각 BNM과 같은 크기의 각 BPT를 만들고, 그리고 주어진 각 CNM과 같은 크기의 각 CPR을 만든다고 하자.

그러면 (가정에 따라서) 각들 MBD, NBP가 같으니, 각들 MCD, NCP도 같다. 공통인 각들 NBD 그리고 NCD를 빼고 나면, 같은 각들 NBM 그리고 PBT, NCM 그리고 PCR이 남는다. 그러므로 삼각형들 NBM, PBT는 닮은꼴이며, 그리고 삼각형들 NCM, PCR도 닮은꼴이다. 그러므로 PT 대 NM은 PB 대 NB와 같고, 그리고 PR 대 NM은 PC 대 NC와 같다.

이제 점들 B, C, N, P는 움직이지 않는다. 그러므로 PT 그리고 PR은 NM에 대해서 주어진 비율을 가지며, 따라서 그들 사이의 비율도 주어진다. 그러므로 움직이는 직선들 BT 그리고 CR이 영속적으로 만나는 점 D는 (렘마 20에 따라서) 점들 B, C, P를 지나는 원뿔곡선에 놓이게 된다. [증명 끝]

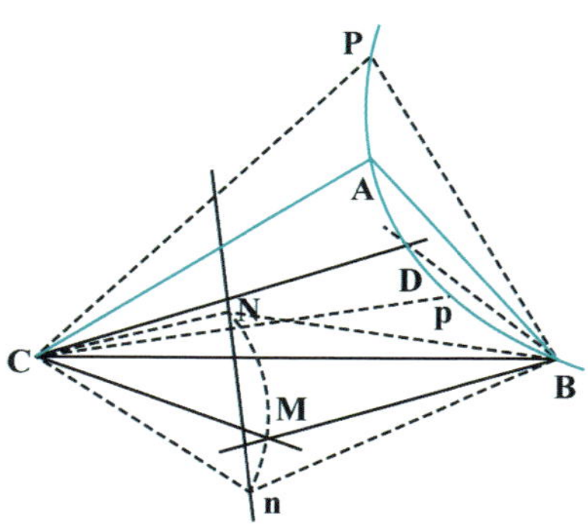

그리고 반면에, 움직이는 점 D가 주어진 점들 B, C, A를 지나는 원뿔곡선에 놓여 있고, 그리고 각 DBM이 항상 주어진 각 ABC와 크기가 같고, 그리고 각 DCM이 항상 주어진 각 ACB와 크기가 같고, 그리고 점 D가 원뿔곡선의 임의의 움직이지 않는 두 점들 p, P에 차례차

례 놓이면, 움직이는 점 M은 움직이지 않는 두 점들 n, N에 차례차례 놓인다고 하자. 그러면 이 점들 n, N을 지나도록 직선 nN을 그어라. 이것이 바로 움직이는 점 M의 영속적인 궤적이 된다.

왜냐 하면, 만약 가능하다면, 점 M이 어떤 곡선을 따라서 움직인다고 하자. 그러면 점 D는 다섯 개의 점들 B, C, A, p, P를 지나는 원뿔곡선에 놓여 있으며, 점 M은 영속적으로 곡선에 놓여 있다. 그런데 이미 증명한 것들에 따라서, 점 M이 영속적으로 직선에 놓여 있을 때에도, 점 D는 다섯 개의 점들 B, C, A, p, P를 지나는 원뿔곡선에 놓여 있다. 그러므로 두 원뿔곡선들이 다섯 개의 점들을 지나며, 이는 렘마 20, 딸린 법칙 3에 어긋난다. 그러므로 점 M이 곡선을 따라 놓여 있다는 가정이 잘못되었다. [증명 끝]

법칙 22, 문제 14

주어진 다섯 개의 점들을 지나는 원뿔곡선을 그리시오.

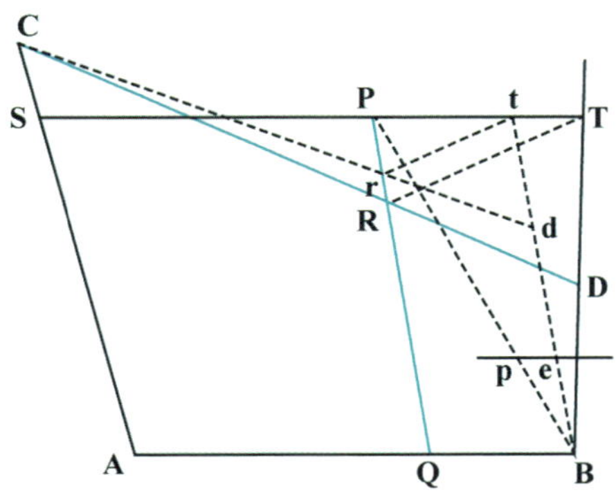

다섯 개의 점들 A, B, C, P, D가 주어졌다고 하자. 이들 중 임의의 A로부터 다른 두 임의의 B, C로, 이 둘을 극들이라 부르고, 직선들 AB, AC를

긋고, 이들에 평행하고 네 번째 점 P를 지나도록 직선들 TPS, PRQ를 그어라. 그 다음에 두 극들 B, C로부터, 다섯 번째 점 Q를 지나도록 두 직선들 BDT, CRD를 한없이 길게 긋고, 직전에 그은 TPS, PRQ와 (전자는 전자와 그리고 후자는 후자와) 만나는 점들을 T 그리고 R이라 하자.

마지막으로 TR에 평행하도록 직선 tr을 긋고, 직선들 PT, PR로부터, PT, PR 스스로들과 같은 비율이 되도록, 임의의 Pt, Pr을 잘라내라. 그리고 이들의 끝점들 t, r 그리고 극들 B, C를 연결하여 Bt, Cr을 그어라. 이들의 교점을 d라 하면, 그 점 d는 요구하는 원뿔곡선에 놓이게 된다.

왜냐 하면 그 점 d는 (렘마 20에 따라서) 네 점 A, B, C, P를 지나는 원뿔곡선에 놓여 있다. 그리고 직선들 Rr, Tt가 한없이 작아지면, 점 d는 점 D와 일치하게 된다. 그러므로 이 원뿔곡선은 다섯 개의 점들 A, B, C, P, D를 지나게 된다. [증명 끝]

[다른 증명 방법]

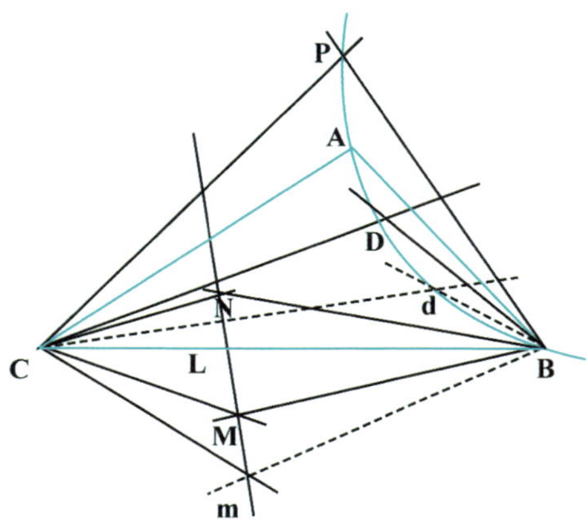

주어진 점들 중에 임의의 셋 A, B, C를 연결하여라. 이들 중의 둘 B, C를 극들로 하여, 주어진 크기의 각들 ABC, ACB를 회전시켜라. 변들 BA, CA를 처음에는 점 D에, 그 다음에는 점 P에 적용하여라. 그리고 다른 변들 BL, CL이 각각의 경우에 서로 교차하는 점들을 M, N이라 나타내자.

직선 MN을 한없이 길게 긋고, 그 움직이는 각들이 극들 B, C의 둘레에서 회전하되, 그 변들 BL, CL 또는 BM, CM의 교차점이, 이제 m이라 하고, 항상 무한한 직선 MN에 놓이도록 해라. 그러면 변들 BA, CA 또는 BD, CD의 교차점은, 이제 d라 하고, 요구하는 궤적 PADdB를 표시하게 된다.

왜냐 하면 점 d는 (렘마 21에 따라서) 점들 B, C를 지나는 원뿔곡선에 놓인다. 그리고 점 m이 점들 L, M, N에 접근하면, 점 d는 (작도에 따라서) 점들 A, D, P에 접근하게 된다. 그러므로 다섯 개의 점들 A, B, C, P, D를 지나는 원뿔곡선을 그리게 된다. [증명 끝]

딸린법칙 1 그러므로 임의의 주어진 점 B에서 이 원뿔곡선에 접하는 직선을 쉽게 그을 수 있다. 점 d가 점 B에 접근하도록 해라. 그러면 직선 Bd가 구하는 접선이 된다.

딸린법칙 2 그러므로 렘마 19, 딸린 법칙 2에서와 마찬가지로, 이 궤적들의 중심들, 지름들, 라투스 렉텀들을 찾을 수 있다.

설명 전자의 작도는, 다음과 같이 좀 더 간단하게 할 수 있다. BP를 연결하고, 필요하면 길게 늘인 다음에, 그 속에서 Bp를 잡되, Bp 대 BP가 PR 대 PT와 같도록 해라. 그 다음에 p를 지나고 SPT와 평행하도록 무한한 직선을 긋고, 그 속에서 pe를 잡되, 항상 Pr과 같도록 잡아라. 그리고 직선들 Be, Cr을 그어서, 만나는 점을 d라 하자.

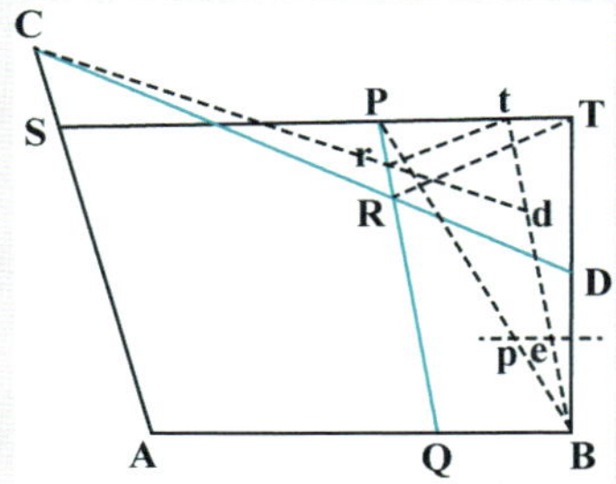

그러면 Pr 대 Pt, PR 대 PT, pB 대 PB, pe 대 Pt가 같은 비율이니, pe 그리고 Pr은 항상 길이가 같게 된다. 이 방법으로 궤적의 점들을 가장 쉽게 찾을 수 있다. 두 번째 작도 방법처럼 기구를 써서 하면 혹시 몰라도.

법칙 23, 문제 15

주어진 네 점들을 지나고, 그리고 위치가 주어진 직선에 접하는 궤적을 그리시오.

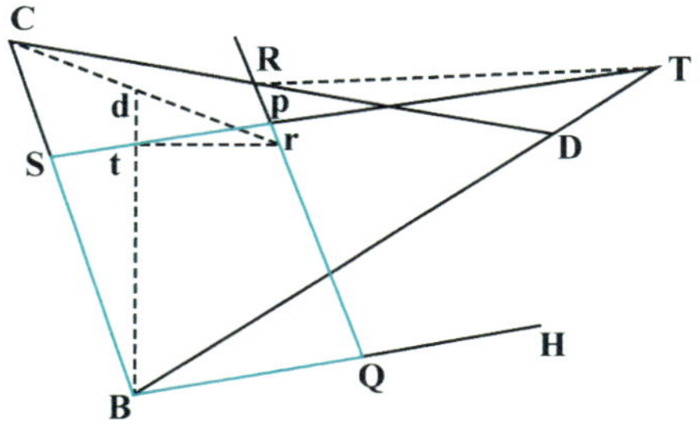

경우 1. 접선 HB, 접하는 점 B, 그리고 다른 세 점들 C, D, P가 주어졌다고 하자. BC를 연결하여라. 그리고 BH에 평행하도록 PS를 긋고, BC에 평행하도록 PQ를 긋고, 평행사변형 BSPQ를 완성하여라. BD를 긋고, SP를 T에서 자른다고 하고, 그리고 CD가 PQ를 R에서 자른다고 하자.

마지막으로, TR에 평행하도록 임의의 직선 tr을 긋고, 이것이 PQ, PS로부터 Pr, Pt를 잘라내되, PR, PT에 각각 비례하도록 해라. 그리고 Cr, Bt를 그으면, 이들의 교점 d는 (렘마 20에 따라서) 항상 그리려는 궤적에 놓이게 된다.

[다른 풀이 방법]

주어진 크기의 각 CBH가 극 B의 둘레에서 회전하고, 그리고 극 C의 둘레에서 임의의 직선인 반지름 DC가 회전하는데, 양쪽으로 길게 늘였다고 하자. 각의 다른 변 BH가 그 동일한 반지름과 점들 P, D에서 만날 때, 각의 변 BC가 그 반지름을 자르는 점들을 M, N이라 하자.

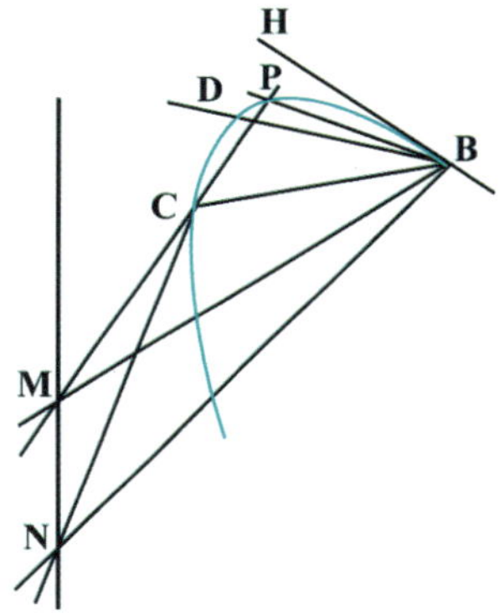

그 다음에 MN을 한없이 길게 늘이고, 반지름 CP 또는 CD와 각의 변 BC가 항상 이 직선에서 만나도록 해라. 그러면 다른 변 BH와 반지름이 만나는 점이 요구하는 궤적을 표시하게 된다.

왜냐 하면 위의 문제의 작도에서, 점 A가 점 B에 접근하면, 직선들 CA 그리고 CB는 서로 일치하게 되고, 직선 AB는 궁극적 위치에서 접선 BH가 된다. 그러므로 거기에서 나온 작도들은 여기에서 설명한 작도들과 같아진다. 그러므로 변 BH와 반지름의 교점은, 점들 C, D, P를 지나고 점 B에서 BH에 접하는 원뿔곡선을 그린다.

경우 2. 네 점들 B, C, D, P가 접선 HI의 바깥에 놓여 있다고 하자. 점들을 둘씩 연결하여 BD, CP를 긋고, 그 교점을 G라 하고, 이들이 접선과 만나는 점들을 H, I라 하자.

접선을 A에서 자르되, HA 대 IA의 비율이,

$\sqrt{CG \times GP}$ 곱 $\sqrt{BH \times HD}$ 대 $\sqrt{DG \times GB}$ 곱 $\sqrt{PI \times IC}$ 와 같도록 잡아라. 그러면 A가 바로 접점이 된다.

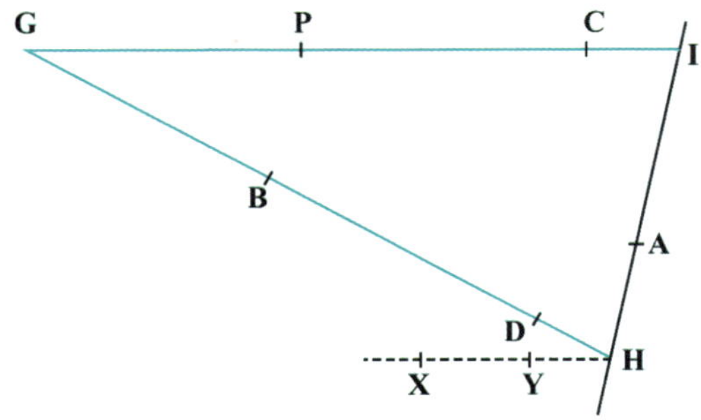

왜냐 하면 만약 PI에 평행하도록 HX를 긋고, 이 직선이 원뿔곡선을 자르는 임의의 점들을 X, Y라 하면, ([원뿔곡선]에 따라서) 점 A를 위치시키기를, HA^2 대 AI^2의 비율이, 직사각형 XH×HY 대 직사각형 BH×HD의 비율, 또는 직사각형 CG×GP 대 직사각형 DG×GB의 비율, 그리고 직사각형 BH×HD 대 직사각형 PI×IC의 비율을 결합한 것과 같아야 한다. 그리고 일단 접점 A를 구하였으면, 궤적은 경우 1과 같이 그릴 수 있다. [증명 끝]

그런데 점 A는 두 점들 H 그리고 I 사이에서 잡을 수도 있고, 바깥에서 잡을 수도 있다. 그러므로 궤적을 두 가지 방법으로 그릴 수 있다.

법칙 24, 문제 16

주어진 세 점들을 지나고, 그리고 위치가 주어진 두 직선들에 접하는 궤적을 그리시오.

접선들 HI, KL 그리고 점들 B, C, D가 주어졌다고 하자. 임의의 두 점들 B, D를 잡아서, 직선 BD를 한없이 길게 긋고, 접선들과 만나는 점들을

H, K라 하자. 그 다음에 마찬가지로, 다른 임의의 두 점들 C, D를 지나도록 CD를 한없이 길게 긋고, 접선들과 만나는 점들을 I, L이라 하자.

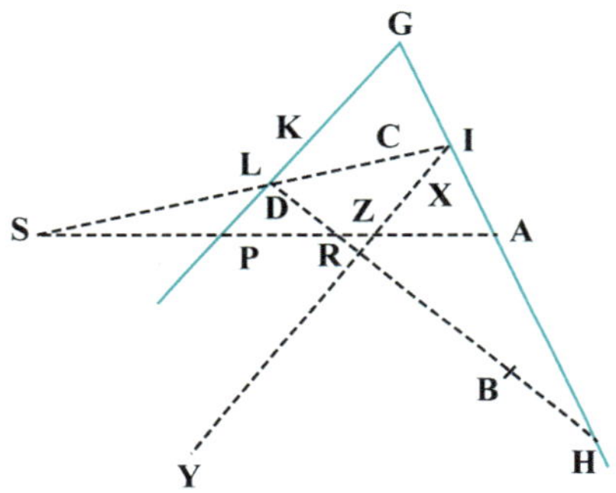

이들을 R 그리고 S에서 자르되, HR 대 KR이, $\sqrt{BH \times HD}$ 대 $\sqrt{BK \times KD}$ 와 같고, IS 대 LS가, $\sqrt{CI \times ID}$ 대 $\sqrt{CL \times LD}$ 와 같도록 해라. 원하는 대로, 점들 K 그리고 H, I 그리고 L 사이에서 자를 수도, 또는 이들의 바깥에서 자를 수도 있다. 그 다음에 RS를 긋고, 이것이 접선들을 자르는 점들을 A 그리고 P라 하자. 그러면 A 그리고 P가 접하는 점들이 된다.

왜냐 하면 만약 A 그리고 P가 접선들의 어딘가에 위치해 있는 접점들이라고 가정하면, 그리고 점들 H, I, K, L 중 임의의 I가 어느 한 접선 HI에 놓여 있는데, I를 지나고 다른 접선 KL에 평행하도록 직선 IY를 그어서, 곡선과 만나는 점들을 X, Y라 하고, 그리고 그 직선에서 IZ를 잡되, IX 그리고 IY 사이의 비례 중항과 같도록 잡으면, [원뿔곡선]에 따라서, 직사각형 XI×IY 또는 IZ^2 대 LP^2 의 비율은, CI×ID 대 CL×LD와 같다. 그러니까 (작도에 따라서) SI^2 대 SL^2 과 같다. 그러므로 IZ 대 LP는 SI 대 SL이다. 그러므로 점들 S, P, Z는 한 직선에 놓인다.

게다가 접선들이 G에서 만나니, ([원뿔곡선]에 따라서) 직사각형 XI×IY 또는 IZ^2 대 IA^2 의 비율은 GP^2 대 GA^2 과 같다. 따라서 IZ 대 IA는 GP 대 GA와 같다. 그러므로 점들 P, Z, A는 한 직선에 놓이며,

따라서 점들 S, P, A는 한 직선에 놓인다.

마찬가지 추론으로, 점들 R, P 그리고 A도 한 직선에 놓임을 보일 수 있다. 그러므로 접점들 A 그리고 P는 직선 RS에 놓인다. 이것들을 찾고 나면, 앞의 문제 경우 1에서와 같이 원뿔곡선을 그릴 수 있다. [증명 끝]

이 법칙에서, 그리고 앞의 법칙의 경우 2에서, 직선 XY가 궤적을 X 그리고 Y에서 자르든, 또는 자르지 않든, 작도 방법은 마찬가지이다. 이들은 그 자르는 것에 관계가 없다. 그 직선이 궤적을 자르는 경우의 작도 방법을 알면, 자르지 않는 경우의 작도 방법도 마찬가지로 알 수 있다. 그래서 짧게 하기 위해서, 나는 더 증명해 놓지 않았다.

[렘마 22]

도형들을 그와 같은 종류인 다른 도형들로 변환시키시오.

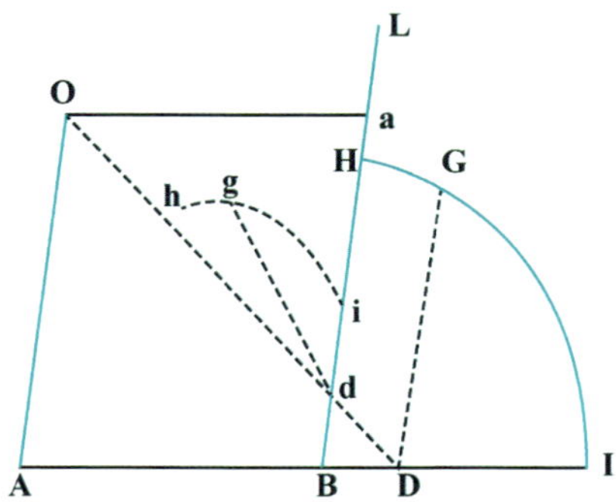

임의의 도형 HGI를 변환시키고 싶다고 하자. 임의의 두 평행한 직선들 AO, BL을 긋고, 이들이 임의의 위치가 주어진 제 삼의 직선 AB를 자르는 점들을 A, B라 하자. 그리고 도형의 임의의 점 G로부터 직선 AB로 다른 직선 GD를 긋되, OA에 평행하도록 해라.

그 다음에 주어진 직선 OA의 어떤 점 O로부터 점 D로 직선 OD를 긋고, 이것이 BL과 만나는 점을 d라 하자. 그리고 그 교점으로부터 직선 dg를 세우되, 직선 BL과 더불어 임의의 주어진 각을 만들고, 그리고 dg 대 Od의 비율은 DG 대 OD와 같도록 해라. 그러면 g가 바로 새로운 도형 hgi의 점으로서, 점 G에 대응한다.

이와 동일한 방법으로, 기존 도형의 각각의 점들에 대해서 그에 대응하는 새로운 도형의 같은 개수의 점들을 잡을 수 있다. 그러므로 점 G가 기존 도형의 모든 점들을 따라 연속적인 운동으로 전진하면, 점 g도 그와 마찬가지로 연속적인 운동으로 새로운 도형의 모든 점들을 그리게 된다.

이들을 구별하기 위해서, DG를 기존의 세로 좌표, dg를 새로운 세로 좌표, AD를 기존의 가로 좌표, ad를 새로운 가로 좌표, O를 극, OD를 절단한 반지름, OA를 기존의 세로 반지름, Oa(평행사변형 OABa를 완성하는 직선)를 새로운 세로 반지름이라고 부르자.

이제 말하겠는데, 만약 점 G가 위치가 주어진 직선에 놓여 있으면, 점 g도 역시 위치가 주어진 직선에 놓여 있게 된다. 만약 점 G가 원뿔곡선에 놓여 있으면, 점 g도 역시 원뿔곡선에 놓여 있게 된다. 나는 여기서 원도 원뿔곡선이라고 간주한다. 뿐만 아니라, 만약 점 G가 삼차 곡선에 놓여 있으면, 점 g도 역시 삼차 곡선에 놓여 있다. 그리고 더 고차의 곡선들도 마찬가지이다. 점들 G, g가 놓여 있는 곡선들은, 항상 같은 차수이다.

왜냐 하면 ad 대 OA는, Od 대 OD, dg 대 DG, 그리고 AB 대 AD와 같으니, 따라서 AD는 $\frac{\mathrm{OA} \times \mathrm{AD}}{\mathrm{ad}}$ 와 같고, 그리고 DG는 $\frac{\mathrm{OA} \times \mathrm{dg}}{\mathrm{ad}}$ 와 같다. 이제 만약 점 G가 직선에 놓여 있으면, 가로 좌표 AD 그리고 세로 좌표 GD 사이의 관계는, 어떠한 방정식이든 간에, 변수들 AD 그리고 DG는 최고차항이 일차일 수밖에 없다.

이 방정식에서 AD 대신에 $\frac{OA \times AD}{ad}$ 를 넣고, DG 대신에 $\frac{OA \times dg}{ad}$ 를 넣으면, 새로운 방정식을 얻는데, 여기서 새로운 가로 좌표 ad 그리고 새로운 세로 좌표 dg는 기껏해야 일차가 된다. 그러므로 직선을 나타낸다.

만약 AD 그리고 DG가, 또는 이들 중 하나가, 기존의 방정식에서 이차이면, ad 그리고 dg도 새로운 방정식에서 마찬가지로 이차로 상승한다. 삼차 또는 더 고차인 경우에도 마찬가지이다. 새로운 방정식의 변수들 ad, dg와 기존의 방정식의 변수들 AD, DG는 항상 같은 차수로 상승한다. 그러므로 점들 G, g가 놓이는 곡선들은 같은 차수의 곡선들이다.

더 나아가 말하겠는데, 만약 어떤 직선이 기존의 도형의 곡선에 접하고 있으면, 곡선이 새로운 형태로 변환될 때, 이 직선도 마찬가지로 변환되어 그 새로운 형태의 곡선에 접하게 된다. 그리고 역도 성립한다. 왜냐하면 기존 도형에서 곡선의 임의의 두 점들이 서로 접근해 합류하게 되면, 그 변환된 점들이 새로운 도형에서 서로 접근해 합류하게 되기 때문이다. 그러므로 이 점들을 연결하는 직선들은, 동시에 각각의 도형의 곡선들의 접선들이 될 것이다. 이러한 주장들의 증명들을 좀 더 기하학적으로 할 수도 있지만, 나는 간단하게 하고 싶다.

그러므로 만약 직선들로 된 도형을 다른 도형으로 변환시키려면, 우리는 기존 도형을 결정해 주는, 직선들의 교차점들을 변환시킨 다음, 그 점들을 지나도록 직선들을 같은 형태로 그어 주기만 하면, 새 도형을 얻는다. 그러나 만약 곡선을 변환시켜야 하면, 그 곡선을 정의해 주는 점들, 접선들, 그리고 여타 직선들을 변환시켜 주어야 한다.

이 렘마는 제시된 도형들을 더 간단한 것들로 변환시킴으로써, 더 어려운 문제들을 해결하는 데 사용된다. 예를 들어 임의의 만나는 직선들을 평행선들로 변화시킬 수 있다. 만나는 직선들의 교점을 지나는 임의의 직선을, 기존의 세로 좌표 반지름으로 사용하면 된다. 이렇게 되는 까닭은, 이렇게 하면 교점이 무한대로 가기 때문이다. 절대 만나지 않는 직선들은 평행선들이다. 새로운 도형에서 문제를 해결한 다음, 역과정들을 통해 이 도형을 기존의 도형으로 변환시키면, 원하는 해답을 구하였다.

이 렘마는 공간 기하 문제들의 풀이에도 유용하다. 만약 두 원뿔곡선들이 교차하고, 그 교차점들로 문제를 풀 수 있다면, 이들 중 어느 하나가 쌍곡선 또는 포물선이라면, 이것을 타원으로 변환시킨 다음에, 타원을 다시 원으로 쉽게 변환시킬 수 있다. 마찬가지로, 평면 기하 문제들의 작도에서도, 직선과 원뿔곡선에 관한 것을, 직선과 원에 관한 것으로 바꿔 놓을 수 있다.

(번역자 주) 이 렘마를 비롯하여, 프린키피아 1권에 나오는 원뿔곡선에 관한 내용이 기하학의 역사에 어떤 역할을 하였는지 알고 싶으면, J. J. Milne이 쓴 "Newton's Contribution to the Geometry of Conics" (Isaac Newton, 1642 – 1727, London, 1927), 그리고 R. H. Graham의 "Newton's Influence on Modern Geometry" (Nature, vol. 42, 1890), C. Taylor의 "The Principia and Modern Geometry" (Cambridge Philosophical Society Proceedings, vol. 3, 1880)을 참조하기 바란다. 렘마 22는 도형의 어떤 점들을 무한히 멀리 보내는 것을 주된 목적으로 하고 있다.

법칙 25, 문제 17

주어진 두 점들을 지나고, 그리고 위치가 주어진 세 직선들에 접하는 궤적을 그리시오.

임의의 두 접선들이 서로 만나는 교점 그리고 제 삼의 접선이 주어진 두 점들을 지나는 직선과 만나는 교점을 잡아서, 이들을 지나는 무한 직선을 그어라. 그리고 이것을 기존의 세로 반지름으로 삼아서, 위의 렘마에 따라서 도형을 새로운 도형으로 변환시켜라. 이 도형에서 그 두 접선들은 서로 평행하게 되고, 제 삼의 접선은 주어진 두 점들을 지나는 직선과 평행하게 된다.

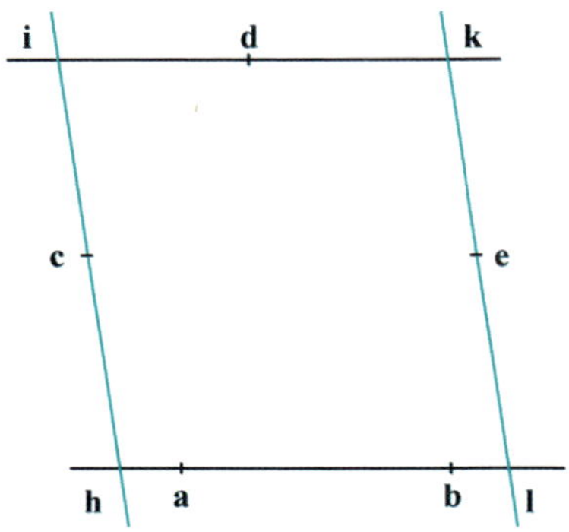

hi, kl이 평행한 두 접선들이라 하고, ik가 제 삼의 접선이라 하고, 그리고 hl이 두 점들 a, b를 지나는 직선이라 하자. 이 새로운 도형에서, 원뿔곡선은 이 두 점들을 지나야 한다. 그리고 평행사변형 hikl을 완성하여라.

직선들 hi, ik, kl을 c, d, e에서 자르되, hc 대 $\sqrt{ah \times hb}$, ic 대 id, 그리고 ke 대 kd가 모두, hi+kl 대 ik+$\sqrt{ah \times hb}$ + $\sqrt{al \times lb}$ 와 같도록 잡아라. 그러면 c, d, e가 접하는 점들이 된다.

왜냐 하면 [원뿔곡선]에 따라서, hc^2 대 직사각형 ah×hb, 그리고 ic^2 대 id^2, 그리고 ke^2 대 kd^2, 그리고 el^2 대 직사각형 al×lb는 같은 비율이다. 그러므로 비례식의 반곕(제곱근)을 잡으면,

$$hc : \sqrt{ah \times hb} = ic : id = ke : kd = el : \sqrt{al \times lb}$$

이 비례식의 전항들을 모두 합하고, 후항들을 모두 합하면,

$$= hi + kl : \sqrt{ah \times hb} + ik + \sqrt{al \times lb}$$

그러므로 그 주어진 비율로부터, 새로운 도형에서 접하는 점들 c, d, e를 얻게 된다. 앞의 렘마의 역과정을 통해서, 이 점들을 기존 도형의

점들로 옮길 수 있으며, 그러므로 (문제 14에 따라서) 궤적을 그릴 수 있다. [증명 끝]

그런데 점들 a, b가 점들 h, l 사이에 놓이느냐, 또는 바깥에 놓이느냐에 따라서, 점들 c, d, e도 점들 h, i, k, l 사이에 놓이거나, 또는 바깥에 놓여야 한다. 만약 점들 a, b 중의 하나는 h, l 사이에 놓이고, 그리고 다른 하나는 바깥에 놓이면, 이 문제는 답이 존재하지 않는다.

법칙 26, 문제 18

주어진 한 점을 지나고, 그리고 위치가 주어진 네 직선들에 접하는 궤적을 그리시오.

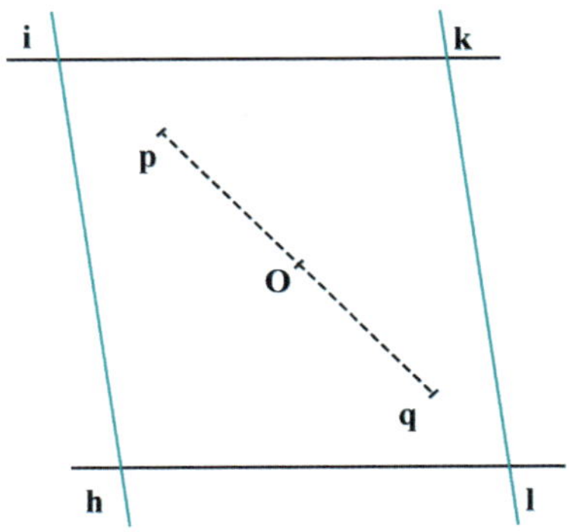

임의의 두 접선들의 공통 교점으로부터 다른 두 접선들의 공통 교점으로 무한 직선을 그어라. 그 다음에 이것을 기존의 세로 반지름으로 삼아서, 이 도형을 (렘마 22에 따라서) 새로운 도형으로 변환하여라. 그러면 기존의 세로 반지름에서 만났던 두 접선들은, 이제 (새로운 도형에서) 평행선들이 된다.

이들을 hi 그리고 kl, ik 그리고 hl이라 하고, 이들이 평행사변형 hikl을 담는다고 하자. 기존 도형의 주어진 점에 대응하는, 이 새로운 도형의 점을 p라 하자. 도형의 중심 O를 지나도록 pq를 그어라. 그리고 Oq는 Op와 길이가 같도록 잡아라. 그러면 이 새로운 도형의 원뿔곡선은 점 q를 지나야 한다.

렘마 22의 역과정을 통해서, 이 점을 기존 도형의 점으로 옮겨라. 그러면 궤적이 지나게 되는 두 점을 구했다. 그러면 문제 17을 써서, 이 궤적을 그릴 수 있다. [증명 끝]

[렘마 23]

위치가 주어진 두 직선들 AC, BD가 주어진 점들 A, B에서 끝이 나고, 이들이 서로 간에 주어진 비율을 가진다고 하자. 그리고 미결정의 점들 C, D를 연결하는 직선 CD를, 주어진 비율로 자르는 점을 K라 하자. 그러면 점 K는 주어진 위치의 직선에 놓이게 된다.

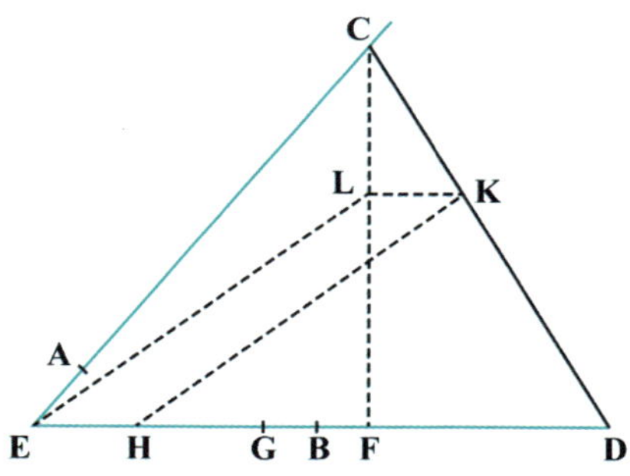

직선들 AC, BD가 E에서 만난다고 하고, 그리고 BE에서 BG를 잡되, BG 대 AE가 BD 대 AC이도록 해라. 그리고 FD는 항상 주어진 EG와 같도록 잡아라.

그러면 작도에 따라서, EC 대 GD, 그러니까 EC 대 EF는 AC 대 BD와 같다. 따라서 주어진 비율을 가진다. 그러므로 삼각형 EFC는 종류가 정해졌다. CL 대 CF가 CK 대 CD의 비율이 되도록, CF를 L에서 잘라라. 이 비율은 주어졌으니, 삼각형 EFL의 종류가 정해졌다. 그러므로 점 L은 위치가 주어진 직선 EL에 놓인다.

LK를 연결하여라. 그러면 삼각형들 CLK, CFD는 닮은꼴이다. FD는 주어진 직선이고, 그리고 LK 대 FD의 비율이 주어졌으니, LK도 주어졌다. 이것과 같도록 EH를 잡아라. 그러면 ELKH는 항상 평행사변형이

된다. 그러므로 점 K는 항상, 평행사변형의 위치가 주어진 변 HK에 놓인다. [증명 끝]

딸린법칙 도형 EFLC의 종류가 주어졌으니, 세 직선들 EF, EL 그리고 EC, 그러니까 GD, HK 그리고 EC는 서로 간에 주어진 비율들을 가진다.

[렘마 24]

세 직선들이 임의의 원뿔곡선에 접하고 있고, 이들 중 둘은 평행하고 위치가 주어졌다고 하자. 그러면 이들 둘에 평행한 절단선의 반지름은, 접하는 점들 그리고 세 번째 접선 사이 선분들의 비례 중항이다.

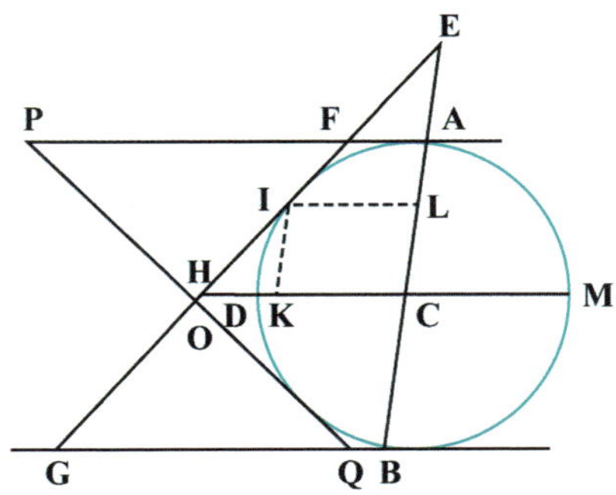

AF, GB가 두 평행선들이고, 원뿔곡선 ADB와 A 그리고 B에서 접한다고 하자. EF는 세 번째 직선이고, 원뿔곡선과 I에서 접하고, 처음 접선들과 F 그리고 G에서 만난다고 하자. 접선들에 평행한 도형의 반지름을 CD라 하자. 그러면 AF, CD, BG는 차례차례 비율이 같다고 말하겠다.

켤레 지름들인 AB, DM이 접선 FG와 만나는 점들을 E 그리고 H라 하고, 이들이 서로 교차하는 점을 C라 하자. 평행사변형 IKCL을 완성하여라. 원뿔곡선의 성질에 따라서

$$EC : CA = CA : CL$$

그러므로 $$EC : CA = EC - CA : CA - CL$$

또는 EC : CA = EA : AL

그러므로 EA : EA + AL = EC : EC + CA

또는 EA : EL = EC : EB

그런데 삼각형들 EAF, ELI, ECH, EBG가 닮은꼴이니,

AF : LI = CH : BG

마찬가지로 원뿔곡선의 성질에 따라서,

LI 또는 CK : CD = CD : CH

엇갈린 비례식의 같음에 따라서,

AF : CD = CD : BG [증명 끝]

딸린법칙 1 두 접선들 FG, PQ가 평행한 접선들 AF, BG와 만나는 점들이 F 그리고 G, P 그리고 Q라 하고, 서로 자르는 점이 O라 하자. 그러면 엇갈린 비례식의 같음에 따라서,

AF : BQ = AP : BG

그러므로 AF : BQ = FP : GQ = FO: OG

딸린법칙 2 그러므로 점들 P 그리고 G, F 그리고 Q를 지나는 두 직선들 PG, FQ는, 도형의 중심 그리고 접하는 점들 A, B를 지나는 직선 ACB에서 만난다.

[렘마 25]

임의의 원뿔곡선에 접하는 평행사변형의 네 변들을 한없이 길게 늘였는데, 다섯 번째 접선이 이들을 자른다고 하자. 임의의 인접한 두 변들에서, 평행사변형의 마주 보는 각들에서 끝나도록 토막들을 잡아라. 그러면 한 토막 대 그 토막이 나게 된 원래 변과의 비율은, 인접한 다른 변에서 접점과 세 번째 변 사이 거리 대 다른 토막과의 비율과 같다.

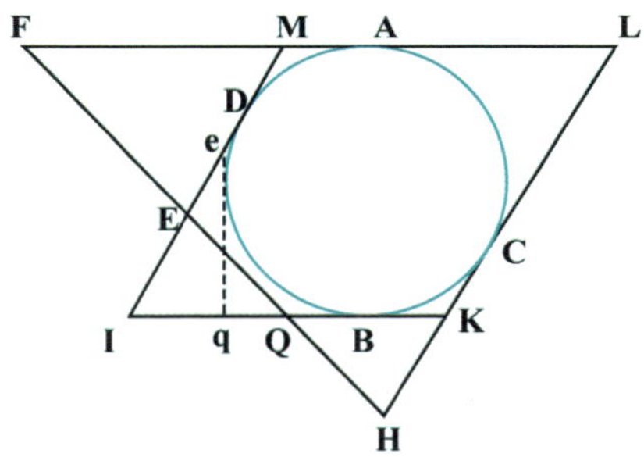

평행사변형 MLIK의 네 변들 ML, IK, KL, MI가 A, B, C, D에서 원뿔곡선에 접한다고 하자. 그리고 다섯 번째 접선 FQ가 이 변들을 F, Q, H 그리고 E에서 자른다고 하자. 변들 MI, KI의 토막들 ME, KQ를 잡고, 또는 변들 KL, ML의 토막들 KH, MF를 잡아라. 그러면

$$ME : MI = BK : KQ$$

$$KH : KL = AM : MF$$

라 말하겠다.

왜냐 하면 앞의 렘마의 딸린 법칙 1에 따라서,

$$ME : EI = AM \text{ 또는 } BK : BQ$$

덧셈에 따라서,

$$ME : MI = BK : KQ$$

마찬가지로 $KH : HL = BK \text{ 또는 } AM : AF$

뺄셈에 따라서,

$$KH : KL = AM : MF$$ [증명 끝]

딸린법칙 1 그러므로 만약 주어진 원뿔곡선에 외접하는 평행사변형 IKLM이 있으면, 직사각형 KQ×ME의 값, 그리고 이것과 같은 직사각형 KH×MF의 값이 주어진다. 이 직사각형들이 값이 같은 까닭은, 삼각형들 KQH, MFE가 닮은꼴이기 때문이다.

딸린법칙 2 만약 여섯 번째 접선 eq를 그어서, 접선들 KI, MI와 만나는 점을 q, e라 하면, 직사각형 KQ×ME는 직사각형 Kq×Me와 같으며,

KQ : Me = Kq : ME

뺄셈에 따라서, KQ : Me = Qq : Ee

딸린법칙 3 그러므로 만약 Eq, eQ를 연결한 다음 이등분하고, 이등분하는 점들을 연결하는 직선을 그으면, 이것은 원뿔곡선의 중심을 지난다. 왜냐 하면

Qq : Ee = KQ : Me

이니, (렘마 23에 따라서) 이 직선은 Eq, eQ, MK의 중심들을 모두 지나며, 그리고 MK의 중심이 바로 원뿔곡선의 중심이기 때문이다.

법칙 27, 문제 19

위치가 주어진 다섯 개의 직선들에 접하는 궤적을 그리시오.

접선들 ABG, BCF, GCD, FDE, EA의 위치가 주어졌다고 하자. 이들 중 임의의 넷으로 형성된 사변형 ABFE의 대각선들 AF, BE를 이등분하는 점들을 M 그리고 N이라 하자. 그러면 (렘마 25, 딸린 법칙 3에 따라서) 이등분점들을 잇는 직선 MN은 궤적의 중심을 지난다.

그리고 다른 임의의 네 접선들로 만든 사변형 BGDF의 대각선들 (굳이 부르자면) BD, GF를 이등분하는 점들을 P 그리고 Q라 하자. 그러면 이등분점들을 잇는 직선 PQ는 궤적의 중심을 지난다. 그러므로 중심은

이등분선들의 교점이다. 이 점을 O라 하자.

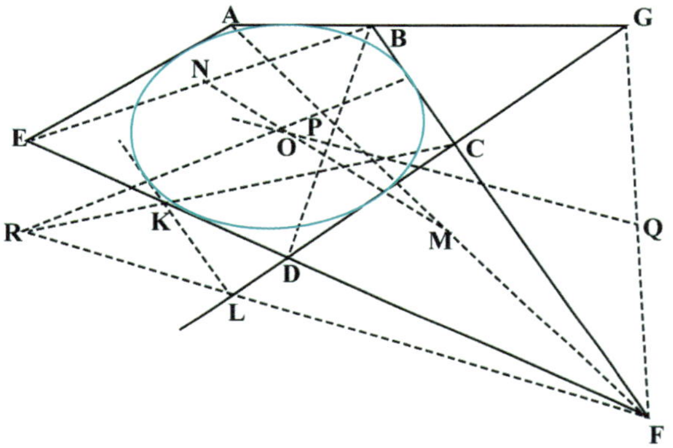

접선 BC에 평행하도록 KL을 긋되, 중심 O가 평행선들의 한가운데에 놓이도록 해라. 이렇게 그은 KL은 그려야 할 궤적에 접하게 된다. 이 접선 KL이 다른 임의의 두 접선들 GCD, FDE와 만나는 점들을 L 그리고 K라 하자.

이 접선들 CL, FK는 평행한 접선들 CF, KL과 평행하지 않은데, 그 교점들을 C 그리고 K, F 그리고 L이라 하자. CK, FL을 긋고, 이들이 만나는 점을 R이라 하자. 그리고 직선 OR을 긋고 길게 늘이면, 평행한 접선들 CF, KL과 접점들에서 만난다. 이것은 렘마 24, 딸린 법칙 2로부터 명백하다.

마찬가지 방법으로 다른 접점들도 구할 수 있다. 이제 마침내 문제 14에서의 작도로 궤적을 그릴 수 있다.

설명

앞의 문제들은, 궤적들의 중심들 또는 점근선들이 주어진 경우를 포함하고 있다. 왜냐 하면 점들 그리고 접선들이 중심과 더불어 주어지면, 중심의 반대편에 같은 거리들에 동일한 개수의 점들, 접선들이 존재하기 때문이다. 이제 점근선은 접선으로 간주해야 하며, 한없이 멀리 있는 끝점이 (이렇게 표현해도 된다면) 바로 접하는 점이다. 임의의 접선의 접하는 점을 무한으로 보낸다고 상상하자. 그러면 접선은 점근선으로 변환하며, 앞의 문제들에서의 작도들은 점근선이 주어진 경우의 작도들로 변환한다.

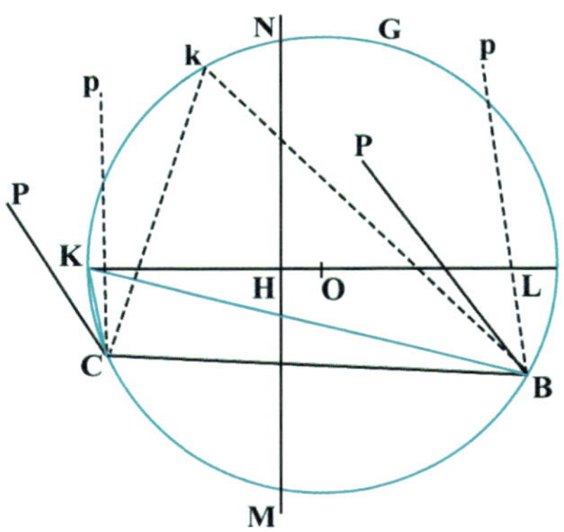

궤적을 그린 다음에, 그 축들 그리고 초점들을 다음 방법으로 찾을 수 있다. 렘마 21의 작도 그리고 도형에서, 움직이는 각들 PBN, PCN의 변들 BP, CP의 교점이 궤적을 그렸는데, 이들이 서로 평행하도록 만들어라. 그리고 그 위치를 유지하면서, 그 그림의 B, C를 극들로 둘레를 회전하도록 해라.

그러는 동안, 그 각들의 다른 변들 CN, BN의 교점 K 또는 k가 원 BGKC를 그리도록 해라. 이 원의 중심을 O라고 하자. 궤적을 그리는 동안 다른 변들 CN, BN이 자(ruler) MN에서 만나는데, 중심 O로부터 자 MN으로 법선 OH를 긋고, 원과 만나는 점을 K, L이라 하자.

그리고 다른 변들 CK, BK가 자에 더 가까운 점 K에서 만나면, 처음 변들 CP, BP는 장축에 평행하고 단축에 수직이 된다. 만약 같은 변들이 더 먼 점 L에서 만나면, 그 반대가 된다. 그러므로 만약 궤적의 중심이 주어지면, 축들이 주어진다. 이제 이것들이 주어지면, 초점들은 즉시 구할 수 있다.

그런데 축들의 제곱들 사이 비율은 KH 대 LH와 같다. 그러므로 궤적의 형태가 주어지면, 주어진 네 점들을 지나도록 그리는 것은 쉬운 일이다. 왜냐 하면 만약 주어진 점들로부터 두 극들 C, B가 구성되면, 세 번째 점이 움직이는 각들 PCK, PBK를 제시해 주기 때문이다. 이제 이것들이 주어졌으니, 원 BGKC를 그릴 수 있다.

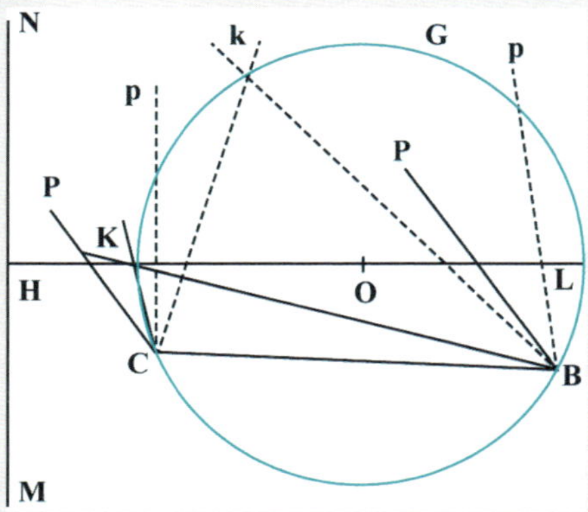

그런데 궤적의 종류가 주어졌으니, OH 대 OK의 비율이 주어지며, 따라서 OH 자신이 주어진다. O를 중심으로 OH를 반지름으로 해서, 다른 원을 그려라. 이 원에 접하고, 처음 변들 CP, BP가 주어진 네 번째 점에서 만날 때 변들 CK, BK의 교점을 지나는 직선이 자 MN이 되며, 이것을 사용하여 궤적을 그릴 수 있다. 그러므로 예를 들어 사각형의 종류가 주어지면, 그 사각형이 (불가능한 경우는 제외하고) 주어진 임의의 원뿔곡선에 접하도록 만들 수 있다.

다른 렘마들도 있는데, 이것들을 사용하여서, 주어진 종류의 궤적들을 주어진 점들 그리고 주어진 접선들에 대해서 그릴 수 있다. 이런 예로서, 위치가 주어진 임의의 점을 지나도록 직선을 그어서, 주어진 원뿔곡선과 두 점들에서 교차할 때, 교점들 사이 구간을 이등분하는 점을 잡으면, 그 이등분점이 처음 주어진 원뿔곡선과 같은 종류의 다른 원뿔곡선에 접하고, 그 축들이 처음 원뿔곡선의 축들에 평행하게 되는 것이 있다. 그러나 나는 좀 더 유용한 것들로 넘어가겠다.

[렘마 26]

그 종류(형태) 그리고 크기가 주어진 삼각형을, 위치가 주어진 세 직선들에 세 각들을 하나 하나 대응하여 위치시키시오. 세 직선들은 서로 평행하지 않다.

세 개의 무한한 직선들 AB, AC, BC의 위치가 주어졌다. 삼각형 DEF를 잘 위치시켜서, 각 D가 직선 AB에 놓이고, 각 E가 직선 AC에 놓이고, 그리고 각 F가 직선 BC에 놓이도록 해야 한다.

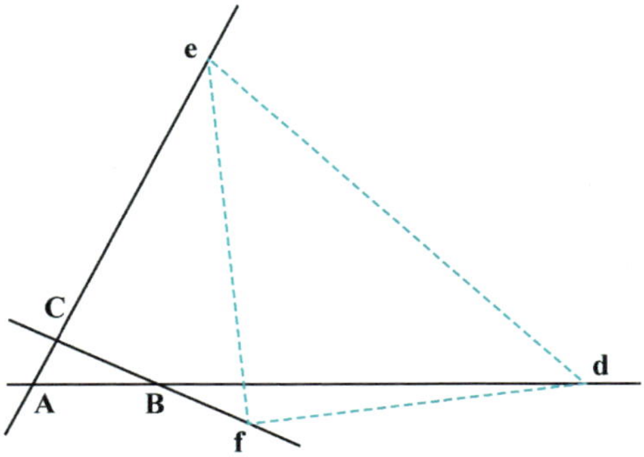

DE, DF 그리고 EF의 위에, 원들의 세 호들 DRE, DGF, EMF를 그리되, 이들이 내포하는 각들이 각들 BAC, ABC, ACB와 각각 크기가 같도록 해라. 그리고 이 호들을 직선들의 선분들 DE, DF, EF에 붙일 때 유의하여서, 문자들 DRED는 문자들 BACB와 같은 순서가 되고, 문자들 DGFD는 문자들 ABCA와 같은 순서가 되고, 그리고

문자들 EMFE는 문자들 ACBA와 같은 순서가 되어서, 완전히 되돌아가도록 해라.

이 호들을 가지고 완전한 원들을 만들어라. 앞의 두 원들이 서로 교차하는 점을 G라 하고, 그들의 중심들을 P 그리고 Q라 하자. GP, PQ를 연결하여라. 비례식

$$Ga : AB = GP : PQ$$

가 성립하도록 Ga를 잡아라. 그리고 G를 중심으로 Ga를 반지름으로 원을 그려라. 이 원이 첫 번째 원 DGE와 교차하는 점을 a라 하자.

그 다음에 aD를 연결하고, 이것이 두 번째 원 DFG와 교차하는 점을 b라고 하자. 그 다음에 aE가 세 번째 원 EMF와 교차하는 점을 c라고 하자. 이제 도형 abcDEF와 닮은꼴이고 크기가 같도록 도형 ABCdef를 만들어라. 이렇게 하면 이 문제가 해결되었다.

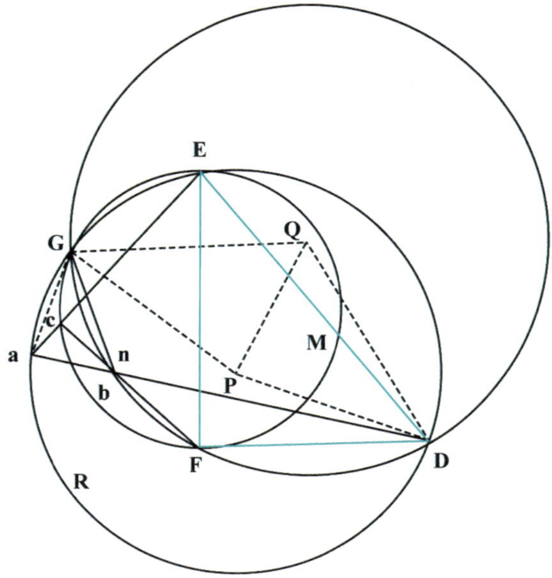

Fc를 긋고, 이것이 aD와 만나는 점을 n이라 하자. 그리고 aG, bG, QG, QD, PD를 연결하여라. 그러면 작도로부터, 각 EaD는 각 CAB와 크기가 같고, 그리고 각 acF는 각 ACB와 크기가 같다. 그러므로 삼각형 anc는 삼각형 ABC와 각들의 크기가 같다. (닮은꼴이다.)

그러므로 각 anc 또는 FnD는 각 ABC와 크기가 같으며, 따라서 각 FbD와 크기가 같다. 그러므로 점 n은 점 b에 놓이게 된다. 게다가 각 GPQ는 중심각 GPD의 절반이니, 원주각 GaD와 크기가 같다. 그리고 각 GQP는 중심각 GQD의 절반이니, 원주각 GbD의 보각과 크기가 같다. 따라서 각 Gba와 크기가 같다.

그러므로 삼각형들 GPQ, Gab가 닮은꼴이며, 따라서

Ga : ab = GP : PQ

그리고 (작도에 따라서) = Ga : AB

그러므로 ab 그리고 AB는 길이가 같다. 그리고 우리는 삼각형들 abc, ABC가 닮은꼴임을 증명하였는데, 이제 이들은 합동이다.

그런데 삼각형 DEF의 각들 D, E, F가 삼각형 abc의 변들 ab, ac, bc에 놓여 있으니, 도형 abcDEF와 합동이 되도록 도형 ABCdef를 작도할 수 있으며, 이것을 완성하면, 이 문제가 해결되었다. [증명 끝]

딸린법칙 그러므로 어떤 직선을 긋되, 주어진 길이의 부분들이, 위치가 주어진 세 직선들 사이에 놓이도록 할 수 있다. 삼각형 DEF의 점 D가 변 EF에 접근하여서, 변들 DE, DF가 한 직선에 놓여서, 직선으로 변환되었으며, 주어진 부분 DE가 위치가 주어진 직선들 AB, AC 사이에 놓이도록 하고, 주어진 부분 DF가 위치가 주어진 직선들 AB, BC 사이에 놓이도록 해라. 그러면 앞의 작도 방법을 이 경우에 적용하여서, 이 문제가 해결된다.

법칙 28, 문제 20

종류 그리고 크기가 주어진 궤적을 그리되, 주어진 부분들이 위치가 주어진 세 직선들 사이에 놓이도록 하시오.

그리려 하는 궤적이 곡선 DEF와 닮은꼴이고 크기가 같다고 하자. 위치가 주어진 세 직선들 AB, AC, BC가 이것을 잘라서, 주어진 부분들 DE 그리고 EF와 닮은꼴이고 크기가 같은 부분들이 되어야 한다.

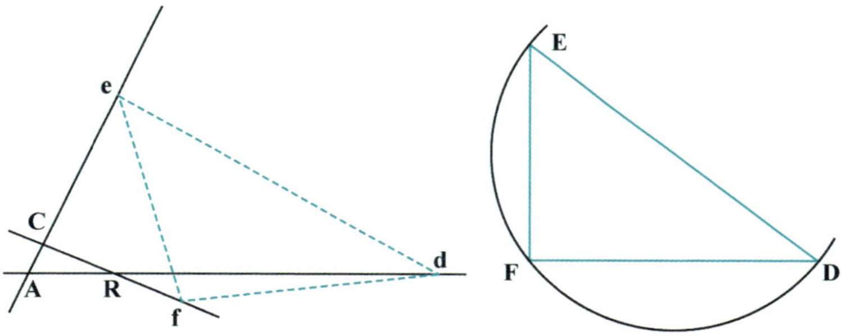

직선 DE, EF, DF를 그어라. 이 삼각형 DEF의 각들 D, E, F를 (렘마 26에 따라서) 위치가 주어진 세 직선들에 놓이도록 만들어라. 그 다음에 이 삼각형의 둘레에다, 곡선 DEF와 닮은꼴이고 크기가 같도록 궤적을 그어라. [증명 끝]

[렘마 27]

종류(생김새)가 주어진 사각형을 그리되, 위치가 주어진 네 직선들에 각들이 하나 하나 대응하여 놓이도록 하시오. 직선들은 모두 평행하지는 않고, 공통인 한 점에서 만나지도 않는다.

네 직선들 ABC, AD, BD, CE의 위치가 주어졌다고 하자. 첫 번째는 두 번째를 A에서 자르고, 세 번째를 B에서 자르고, 그리고 네 번째를 C에서 자른다. 그리고 사각형 FGHI와 닮은꼴인 사각형 fghi를 그리되, 주어진 각 F와 크기가 같은 각 f는 직선 ABC에 놓이고, 주어진 다른 각들 G, H, I와 크기가 같은 각들 g, h, i는 다른 직선들 AD, BD, CE에 각각 놓여야 한다.

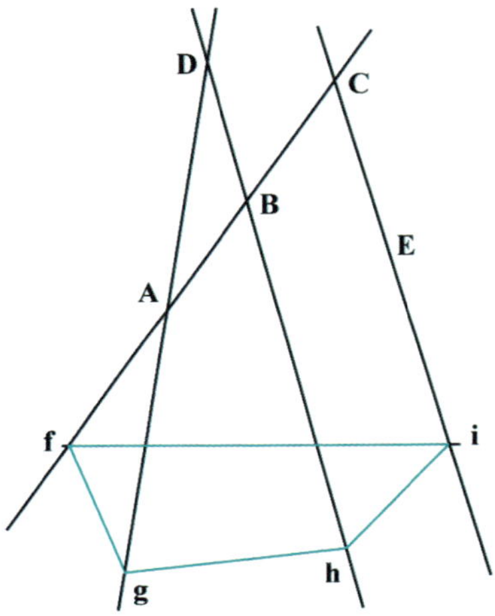

FH를 연결하여라. 그리고 FG, FH, FI의 위에 같은 개수의 원들의 호들 FSG, FTH, FVI를 그려라. 첫째 FSG는 각 BAD와 같은 크기의 각을 내포하도록 하고, 둘째 FTH는 각 CBD와 같은 크기의 각을 내포하도록 하고, 그리고 셋째 FVI는 각 ACE와 같은 크기의 각을 내포하도록 해라. 그리고 직선의 부분들 FG, FH, FI의 위에다 호들을 붙일 때, 문자들 FSGF의 회전 순서가 문자들 BADB와 같고, 문자들 FTHF의 회전 순서가 문자들 CBDC와 같고, 그리고 문자들 FVIF의 회전 순서가 문자들 ACEA와 같도록 해라.

호들을 가지고 완전한 원들을 만들어라. 그리고 첫 번째 원 FSG의 중심을 P라 하고, 두 번째 원 FTH의 중심을 Q라 하자. PQ를 연결하고, 양쪽으로 길게 늘여라. 그리고 이 직선에서 QR을 잡되, QR 대 PQ가 BC 대 AB와 같도록 해라. 이제 QR을 점 Q의 어느 편에서 잡느냐면, 문자들 P, Q, R의 순서가 문자들 A, B, C와 같은 순서가 되도록 해라. R을 중심으로 RF를 반지름으로 해서 네 번째 원 FNc를 그리고, 세 번째 원 FVI를 자르는 점을 c라 하자.

Fc를 연결하고, 첫 번째 원을 자르는 점을 a, 두 번째 원을 자르는 점을 b라 하자. aG, bH, cI를 그어라. 그리고 도형 abcFGHI와 닮은꼴이 되도록 도형 ABCfghi를 만들어라. 이렇게 하고 나면, 사각형 fghi가 바로 우리가 그리려고 하던 사각형이다.

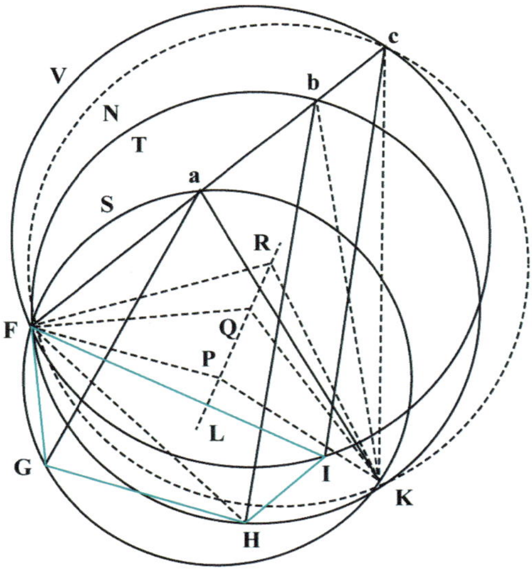

처음 두 원들 FSG, FTH가 서로 교차하는 점을 K라 하자. PK, QK, RK, aK, bK, cK를 연결하여라. 그리고 QP를 길게 늘여서, L에 이르도록 해라. 원주에서의 각들 FaK, FbK, FcK는 중심에서의 각들 FPK, FQK, FRK의 절반 크기이다. 그러므로 이 각들의 절반인 LPK, LQK, LRK와 크기가 같다. 그러므로 도형 PQRK는 도형 abcK와 각들의 크기가 같으며, 닮은꼴이다.

따라서 ab 대 bc는 PQ 대 QR과 같다. 그러니까 AB 대 BC와 같다. 게다가 작도한 것에 따라서, 각들 FaG, FbH, FcI는 각들 fAg, fBh, fCi와 크기가 같다. 그러므로 도형 ABCfghi는 도형 abcFGHI와 닮은꼴이 되도록 완성할 수 있다.

이것이 완결되면, 사각형 fghi는 사각형 FGHI와 닮은꼴이 되도록 만든 것이다. 그리고 그 각들 f, g, h, i는 직선들 ABC, AD, BD, CE에 놓인다. [증명 끝]

딸린법칙 그러므로 위치가 주어진 네 직선들에 대해서, 어떤 직선을 그어서, 네 직선들에 의해서 주어진 순서대로 그 부분들이 잘리고, 서로 간에 주어진 비율이 되도록 할 수 있다.

각들 FGH, GHI를 증가시켜서, 직선들 FG, GH, HI가 마침내 한 직선에 놓이도록 만들어라. 그러면 이 경우에 앞의 문제의 작도에 따라서 직선 fghi를 그으면, 그 부분들 fg, gh, hi가 위치가 주어진 네 직선들에 의해 잘려서 생기며, AB 그리고 AD, AD 그리고 BD, BD 그리고 CE 사이의 비율은 직선들 FG, GH, HI 서로 간의 비율과 같게 되며, 서로 간의 순서도 같게 된다. 그러나 이것은 다음과 같이 더 쉽게 해결할 수 있다.

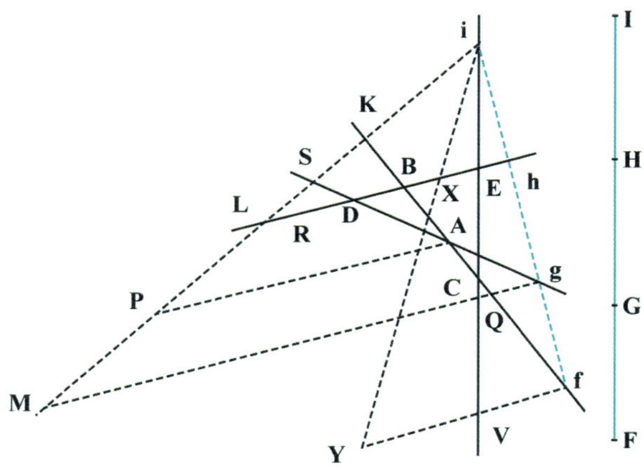

AB를 K에, 그리고 BD를 L에 이르도록 길게 늘이되, BK 대 AB는 HI 대 GH와 같고, DL 대 BD는 GI 대 FG와 같도록 해라. 그리고 KL을 연결하고, 직선 CE와 만나는 점을 i라 하자. iL을 길게 늘여서 M에 이르도록 하되, LM 대 iL이 GH 대 HI와 같도록 해라. 그리고 LB에 평행하도록 MQ를 긋고, 직선 AD와 만나는 점을 g라고 하자. 그 다음에 gi를 긋고, AB, BD를 자르는 점들을 f, h라 하자. 다 되었다고 하겠다.

Mg가 직선 AB를 자르는 점을 Q, 그리고 AD가 직선 KL을 자르는 점을 S라고 하자. BD에 평행하도록 AP를 긋고, iL과 만나는 점을 P라고 하자. 그러면 gM 대 Lh는 (gi 대 hi, Mi 대 Li, GI 대 HI, AK 대 BK) AP 대 BL과 같게 된다. DL을 R에서 자르되, DL 대 RL이 역시 이 비율이 되도록 해라.

그러면 gS 대 gM, AS 대 AP, DS 대 DL도 비율이 같으니, 비례식의 같음에 따라서, gS 대 Lh는, AS 대 BL 그리고 DS 대 RL과 같게 된다. 그러므로 비례식 연산들을 거쳐서,

BL-RL : Lh-BL = AS-DS : gS-AS

그러니까 BR 대 Bh는 AD 대 Ag와 같으며, 따라서 BD 대 gQ와 같다. 그런데 한편 BR 대 BD는 Bh 대 gQ, 또는 fh 대 fg와 같다.

그런데 작도에 따라서, 직선 BL을 D 그리고 R에서 자른 것은 직선 FI를 G 그리고 H에서 자른 것과 같은 비율이다. 그러므로 BR 대 BD는 FH 대 FG와 같다. 그러므로 fh 대 fg는 FH 대 FG와 같다. 그런데 gi 대 hi는 Mi 대 Li와, 그러니까 IG 대 IH와 같으니, 직선들 FI, fi를 g 그리고 h에서, G 그리고 H에서 자른 것들이 같은 비율임이 명백하다. [증명 끝]

이 딸린 법칙의 작도에서, LK를 그어서, CE를 i에서 자르도록 한 다음에, iE를 길게 늘여서 V에 이르도록 하되, EV 대 Ei가 FH 대 HI와 같도록

하고, 그 다음에 BD에 평행하도록 Vf를 그어라. i를 중심으로 IH를 반지름으로 해서 원을 그리고, 이 원이 BD를 자르는 점을 X라 하고, iX를 길게 늘여서 Y에 이르도록 하되, iY가 IF와 길이가 같도록 하고, 그 다음에 BD에 평행하도록 Yf를 그으면, 마찬가지가 된다.

크리스토퍼 렌 경과 왈리스 박사도 예전에 이 문제를 다른 방법으로 해결한 바 있다.

법칙 29, 문제 21

주어진 종류의 궤적을 그리되, 위치가 주어진 네 직선들에 의해서, 주어진 순서, 종류, 그리고 비율의 부분들로 잘리도록 하시오.

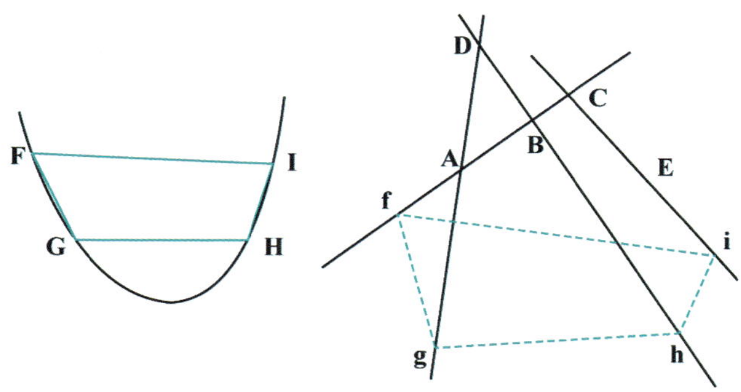

그려야 할 궤적이 곡선 FGHI와 닮은꼴이고, 그 부분들이 부분들 FG, GH, HI와 닮은꼴이고 비례하며, 위치가 주어진 직선들 AB 그리고 AD, AD 그리고 BD, BD 그리고 CE에 의해 잘려서 그 부분들이 생기며, 첫째 부분은 처음 두 직선들 사이, 둘째 부분은 두 번째 두 직선들 사이, 셋째 부분은 세 번째 두 직선들 사이에 놓여야 한다.

직선들 FG, GH, HI, FI를 그어라. 그리고 (렘마 27에 따라서) 사각형 FGHI와 닮은꼴이 되도록 사각형 fghi를 그리고, 그 각들 f, g, h, i가 위치가 주어진 직선들 AB, AD, BD, CE에, 언급한 순서대로 하나 하나 대응하여 놓이도록 해라. 그 다음에 이 사각형의 둘레에서, 곡선 FGHI와 닮은 꼴인 궤적을 그리면 된다.

설명 이 문제는 다음과 같이 작도할 수도 있다. FG, GH, HI, FI를 연결하여라. GF를 V까지 길게 늘이고, FH, IG를 연결하고, 각들 CAK, DAL이 각들 FGH, VFH와 크기가 같도록 만들어라.

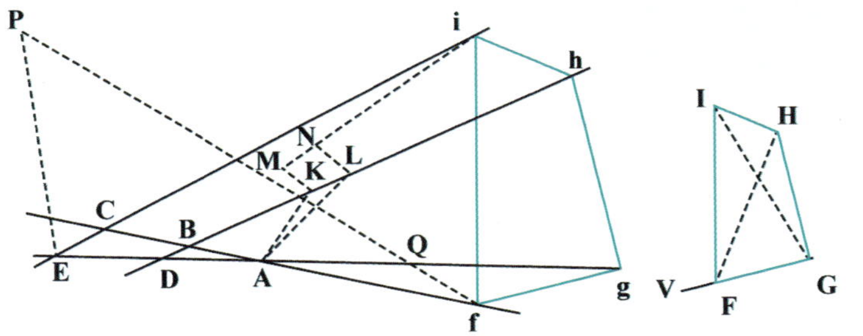

AK, AL이 직선 BD와 만나는 점들을 K 그리고 L이라 하고, 거기에서부터 KM, LN을 긋되, KM이 구성하는 각 AKM이 각 GHI와 크기가 같도록 하고, KM 대 AK가 HI 대 GH와 같도록 해라. 그리고 LN이 구성하는 각 ALN은 각 FHI와 크기가 같도록 하고, LN 대 AL은 HI 대 FH와 같도록 해라.

그리고 AK, KM, AL, LN을 직선의 부분들 AD, AK, AL로부터 그을 때, 문자들 CAKMC, ALKA, DALND의 회전 방향이 문자들 FGHIF와 같은 순서가 되도록 해라. 그리고 MN을 그어서, 직선 CE와 만나는 점을 i라 하자.

각 iEP가 각 IGF와 크기가 같도록 만들고, PE 대 Ei가 FG 대 GI와 같도록 만들어라. 그리고 P를 지나도록 PQf를 긋되, 직선 ADE와 더불어 포함하는 각 PQE가 각 FIG와 크기가 같도록 해라. 그리고 (PQf와) 직선 AB가 만나는 점을 f라 하고, fi를 연결하여라.

이제 PE 그리고 PQ를 직선의 부분들 CE, PE로부터 긋되, 문자들 PEiP 그리고 PEQP의 회전 방향이 문자들 FGHIF와 같은 순서가 되도록 해라. 그리고 직선 fi의 위에다, 사각형 FGHI와 닮은꼴이고 문자들의 회전 순서도 일치하도록 사각형 fghi를 작도해 놓아라. 그리고 주어진 종류의 궤적을 사각형에 외접시키면, 이 문제가 해결되었다.

궤도들을 찾는 방법은 여기까지이다. 이제 구한 궤도들을 따른 물체들의 운동들을 결정하는 일이 남았다.

제 6 장

주어진 궤도들을 따르는 운동들을 구함

법칙 30, 문제 22

주어진 포물선 궤적을 따라 물체가 움직이는데, 주어진 시간에 그 위치를 구하시오.

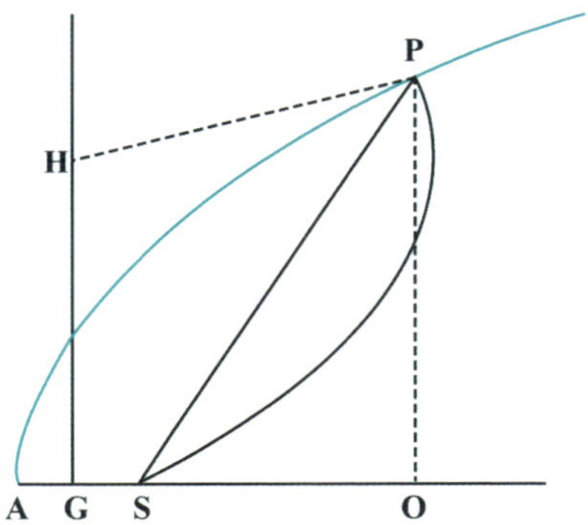

S가 포물선의 초점이라 하고, 그리고 A가 포물선의 주꼭짓점이라 하자. 그리고 4AS×M이 포물선으로 둘러싼 넓이 APS와 같다고 하자. 이 넓이는 물체가 꼭짓점을 떠난 이후부터 반지름 SP가 그렸다고 보거나, 또는 물체가 꼭짓점에 도달하기 이전까지 그렸다고 본다.

잘라낼 그 넓이는 시간으로부터 알 수 있다. 바로 그 시간에 비례하기 때문이다. AS를 이등분하는 점을 G라 하고, 수직선 GH를 3M과 같도록 세워라. 그리고 H를 중심으로 HS를 반지름으로 해서 원을 그리면, 이 원은 요구하는 위치 P에서 포물선을 자르게 된다.

왜냐 하면, 축에 수직이 되도록 PO를 내리긋고, 그리고 PH를 그어라. 그러면

$$AG^2 + GH^2 (= HP^2 = (AO - AG)^2 + (PO - GH)^2)$$

$$= AO^2 + PO^2 - 2GA \times AO - 2GH \times PO + AG^2 + GH^2$$

그러므로 $2GH \times PO \; (= AO^2 + PO^2 - 2GA \times AO)$

$$= AO^2 + \frac{3}{4}PO^2$$

AO^2 대신에 $AO \times \frac{PO^2}{4AS}$ 이라 적어라. 그리고 모든 항들을 3PO로 나누고, 2AS를 곱해라. 그러면

$$\frac{4}{3}GH \times AS \; (= \frac{1}{6}AO \times PO + \frac{1}{2}AS \times PO$$

$$= \frac{AO + 3AS}{6} \times PO$$

$$= \frac{4AO - 3SO}{6} \times PO = \text{넓이 } APO - \text{넓이 } SPO)$$

$$= \text{넓이 } APS$$

그런데 GH는 3M이었다. 그러니 $\frac{4}{3}GH \times AS$는 4AS×M이다. 그러므로 잘라낸 넓이 APS는 잘라내려던 넓이 4AS×M과 같다. [증명 끝]

딸린법칙 1 그러므로 GH 대 AS의 비율은, 물체가 호 AP를 그리는 시간 대, 꼭짓점 A와 초점 S에서 축에 세운 수직선 사이의 호를 물체가 그리는 시간과의 비율과 같다.

딸린법칙 2 그리고 만약 원 ASP가 움직이는 물체 P를 영구히 지나간다면, 점 H의 속력 대 꼭짓점 A에서의 물체의 속력과의 비율은, 3 대 8이다. 그러므로 직선 GH의 길이 대, 물체가 A에서 P까지 그 운동의 시간 동안 꼭짓점 A에서 가진 속력으로 움직인다면 그리게 될 거리와의 비율은, 역시 이 비율과 같다.

딸림법칙 3 그러므로 역으로, 물체가 임의의 주어진 호 AP를 그리는 시간을 구할 수 있다. AP를 연결하고, 그 중심에서 수직선을 세워서, 직선 GH와 만나는 점을 H라 해라.

[렘마 28]

둥그런 도형으로서, 원하는 직선으로 잘랐을 때, 그 넓이가 일반적으로 유한한 개수의 항들로 된 유한한 차수의 방정식들로 구할 수 있는 도형은 존재하지 않는다.

둥그런 도형 속에 위치한 임의의 점을 잡고, 그것을 극으로 하여, 직선이 그 둘레를 일정한 (속력의) 운동으로 영구히 회전한다고 하자. 그와 동시에, 어떤 점이 극에서 출발해 그 직선을 따라 움직이는데, 그 속력은 항상 둥그런 도형 안에 놓이는 직선의 길이의 제곱에 비례한다고 하자. 이 운동으로 점은 무한한 회전의 나선을 그리게 된다.

이제 만약 둥그런 도형을 직선으로 자른 넓이를 유한 차수의 방정식으로 구할 수 있으면, 극에서부터 그 점까지 거리도 역시 같은 방정식으로 구할 수 있다. 거리는 이 넓이에 비례하기 때문이다. 그러므로 나선의 모든 점들을 유한 차수의 방정식을 써서 구할 수 있다. 그러므로 위치가 주어진 임의의 직선과 그 나선의 교점도 유한 차수의 방정식을 써서 구할 수 있다.

그런데 모든 무한한 직선은 나선과 무수히 많은 점들에서 교차하게 된다. 그리고 두 선들의 임의의 교점을 구하는 데 사용되는 방정식은, 모든 교점들을 같은 개수의 근들로써 제시해 주며, 따라서 교점들의 개수만큼 그 차수가 올라가야 한다. 두 원들은 서로 간에 두 점들에서 교차하기 때문에, 어느 한 교점을 구하려 해도 반드시 이차방정식을 통해야 하며,

그 방정식으로 다른 교점도 역시 구할 수 있다.

두 원뿔곡선들은 네 개의 교점들을 가질 수 있기 때문에, 사차원 방정식을 사용하지 않으면 어느 것도 구할 수 없으며, 그것을 통해서 모두 한꺼번에 구하게 된다. 왜냐 하면 그 교점들을 제각각 구하려 하더라도, 그 규칙 그리고 조건이 모두 같기 때문에, 각각의 경우에 계산은 같게 된다. 그러므로 항상 같은 결론이 나오게 되며, 그러므로 모든 교점들이 동시에, 그들 사이에 차별이 없이 포함되어야 한다.

그러므로 원뿔곡선 그리고 삼차곡선의 교점들은, 모두 여섯 개가 될 수 있으니, 육차방정식을 통해서 동시에 주어진다. 그리고 두 삼차곡선들의 교점들은 모두 아홉 개가 될 수 있으니, 구차방정식을 통해서 동시에 주어진다.

이것이 꼭 이렇게 되지 않으면, 공간 문제들을 평면 문제들로 바꾸고, 공간보다 고차원의 문제들을 공간 문제들로 바꿀 수도 있다. 나는 여기서, 차수를 낮출 수 없는(irreducible) 곡선들에 대해서 말하고 있다. 만약 어떤 곡선을 정의하는 방정식의 차수를 낮출 수 있다면, 그 곡선은 실은 하나가 아니라 두 개 또는 더 많은 곡선들로 구성된 것이며, 각각의 교점들은 제각각 다른 계산들을 통해서 구해야 한다.

마찬가지 이유로 직선들 그리고 원뿔곡선들의 두 교점들은 항상 이차방정식들을 통해서 구하게 되며, 직선들 그리고 차수를 낮출 수 없는 삼차곡선들의 세 교점들은 삼차방정식들을 통해서, 직선들 그리고 차수를 낮출 수 없는 사차곡선들의 네 교점들은 사차방정식들을 통해서 구하게 되며, 이렇게 무한히 계속된다.

그러므로 직선 그리고 나선의 무수히 많은 교점들은, 나선이 하나의 단순한 곡선이며 여러 개의 곡선들로 갈라지는 것이 아니니까, 무한한 개수의 근들을 가지는 무한 차원의 방정식이 요구되며, 그것을 통하여 모든 교점들을 동시에 구하여야 한다. 그 규칙 그리고 계산이 모두 같기 때문이다.

왜냐 하면 만약 극에서 그 자르는 직선으로 수직선을 내리그으면, 그리고 그 수직선과 자르는 직선이 극의 둘레에서 회전하면, 나선의 교점들은 서로 간에 변환하게 된다. 처음 또는 가장 가까운 것은, 한 번의 회전 이후 두 번째 것이 되며, 두 번 이후 세 번째 것이 되며, 이렇게 계속된다. 그런데 그 동안 방정식의 변화는, 자르는 직선의 위치를 결정하는 양들의 크기들이 변화함이 있을 뿐이다. 그런데 이러한 양들은 각각의 회전 이후 처음 크기로 되돌아간다. 그러니 방정식은 처음 형태로 되돌아가며, 그러므로 하나의 동일한 방정식이 모든 교점들을 제시해 주어야 하며, 그러므로 모든 것들을 제시해 줄, 무한한 개수의 근들을 가져야 한다.

그러므로 직선 그리고 나선의 교점은 일반적으로 유한 차수의 방정식으로 구할 수 없다. 그러므로 둥그런 도형을 직선으로 잘랐을 때, 그 넓이가 일반적으로 그러한 (유한 차수의) 방정식으로 주어지는, 그런 도형은 존재하지 않는다.

같은 추론에 따라서, 만약 극 그리고 나선을 그리는 점 사이의 거리를, 둥그런 도형의 잘린 둘레에 비례하도록 잡으면, 둘레의 길이가 일반적으로 유한 차수의 방정식으로 주어지지 않음을 증명할 수 있다. 그런데 나는 여기서 둥그런 도형이라 말할 때, 켤레 도형들에 접하며 무한히 뻗어나가는 것들은 제외한다.

(번역자 주) 여기서 '둥그런 도형'이란, 닫힌 곡선(closed curve)에 의해서 둘러싸인 도형을 가리킨다. 뉴턴은 이 렘마를 통해서, 닫힌 곡선으로 둘러싸인 도형의 넓이는 일반적으로 대수방정식으로 나타낼 수 없음을 보이려 하고 있다. 이는 반지름이 1인 원의 넓이가 초월수인 π 로 주어지는 것과 마찬가지 원리이다.

딸린법칙 그러므로 타원의 넓이는, 그 초점에서부터 (타원을 따라) 움직이는 물체로 그은 반지름이 (넓이를) 그리며, 주어진 시간으로부터 유한 차수의 방정식을 통하여 구할 수 없다. 그러므로 유리수적 기하학적 곡선들을 그려서 구할 수 없다.

내가 '유리수적 기하학적'(geometrice rationales) 곡선들이라 부르는 것들은, 그 모든 점들이 방정식들로 정의된 길이들에 의해서, 그러니까 길이들의 복합적인 비율들에 따라서, 결정될 수 있음을 뜻한다. 다른 곡선들(나선들, 콰드라트릭스, 사이클로이드 등등)은 무리수적 기하학적이다. 왜냐 하면 길이들은 수 대 수의 비율이냐 또는 아니냐에 따라서 ([기하학 원론] 10권 참조) 산술적으로 유리수 또는 무리수이기 때문이다. 그러므로 무리수적 기하학적 곡선들을 써서, 타원의 넓이를 시간에 비례하여 다음과 같이 잘라낸다.

법칙 31, 문제 23

주어진 타원 궤도를 따라서 물체가 움직이는데, 할당된 시간에 그 물체의 위치를 구하시오.

A는 타원 APB의 주꼭짓점이고, S는 초점, O는 중심이라고 하자. 그리고 물체의 구하려는 위치를 P라 하자. OA를 G까지 길게 늘이되, OG 대 OA는 OA 대 OS가 되도록 해라.

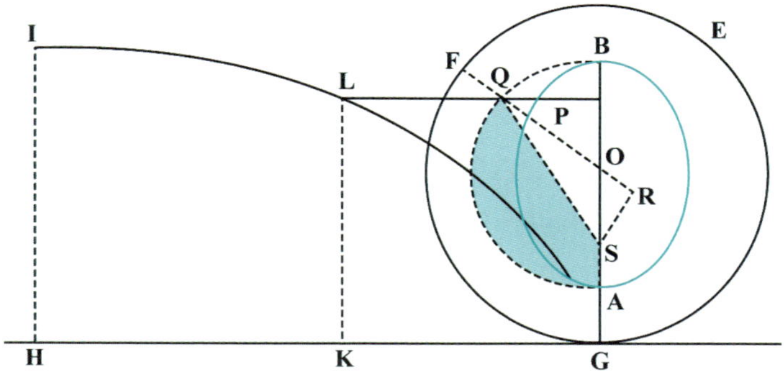

수직선 GH를 세우고, O를 중심으로 OG를 반지름으로 해서, 원 GEF를 그려라. 그리고 자 GH의 위에서, 밑받침 삼아, 바퀴 GEF가 그 축의 둘레를 회전하면서 전진한다고 하자. 그러면 동시에, 그 점 A는 사이클로이드 ALI를 그리게 된다.

그리고 나서 GK를 잡되, GK 대 바퀴의 둘레 GEFG와의 비율이, 물체가 A에서부터 호 AP를 그리며 전진한 시간 대 타원의 한 번 회전의 시간과의 비율이 되도록 해라. 수직선 KL을 세우고, 사이클로이드와 만나는 점을 L이라 하자. 그리고 KG에 평행하도록 LP를 긋고, 타원과 만나는 점을 P라 하자. P가 물체의 구하려는 위치이다.

왜냐 하면 O를 중심으로 OA를 반지름으로 해서 반원 AQB를 그려라. 그리고 만약 필요하면 길게 늘여서, LP가 호 AQ와 만나는 점을 Q라 하자. SQ, OQ를 연결하여라. 호 EFG가 OQ와 만나는 점을 F라 하자. 그리고 바로 그 OQ에 수직이 되도록 SR을 그어라.

넓이 APS는 넓이 AQS에 비례한다. 그러니까 부채꼴 OQA 그리고 삼각형 OQS 사이의 차이에, 또는 직사각형 $\frac{1}{2}$ OQ×AQ 그리고 $\frac{1}{2}$

OQ×SR 사이의 차이에 비례한다. 그런데 $\frac{1}{2}$ OQ는 주어졌으니, 호 AQ 그리고 직선 SR 사이의 차이에 비례한다. 그러므로 (왜냐 하면 주어진 비율들 SR 대 호 AQ의 사인, OS 대 OA, OA 대 OG, AQ 대 GF가 같고, 그리고 비례식의 뺄셈에 따라서, (AQ - SR) 대 (GF - 호 AQ의 사인)의 비율이 같으니) 호 GF 그리고 호 AQ의 사인 사이의 차이인 GK에 비례한다. [증명 끝]

설명 그런데 이 곡선은 그리기가 어려우니, 근사적으로 참인 해를 적용하는 것이 선호된다. 우선 어떤 각 B를 구하되, 각 B 대 각 57.29578도(반지름과 같은 길이인 호를 대하는 각)와의 비율이, 타원의 초점들 사이 거리 SH 대 지름 AB와의 비율이 되도록 해라. 그 다음에 어떤 길이 L을 구하되, 그것 대 반지름과의 비율이, 이 비율의 역비율이 되도록 해라. 이것들을 구하고 나면, 이 문제는 다음과 같은 분석으로 해결된다.

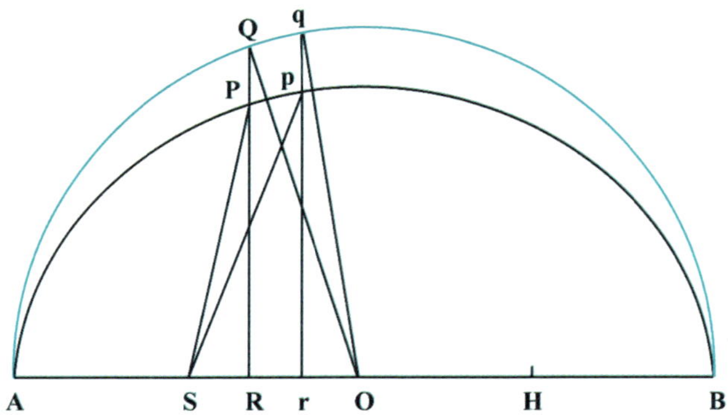

임의의 작도를 통하여, 또는 어떠한 추측을 하여서이든, 진정한 위치 p의 매우 근처에서 물체의 위치 P를 잡도록 하자. 타원의 축으로 세로 좌표 PR을 내려 그으면, 타원의 지름들의 비율로부터, 외접하는 원 AQB의 세로 좌표 RQ가 주어지게 되는데, 이것은 AO를 반지름으로 하는 각 AOQ의 사인(sine)이며, 이것은 타원을 P에서 자른다. 대강의 수치 계산으로 그 각을 매우 가까이 구하면 충분하다.

그리고 시간에 비례하는 각을 역시 구하여라. 그러니까 그 각 대 4 직각과의 비율이, 물체가 호 Ap를 그린 시간 대 타원을 따른 한 번의 회전 시간과의 비율과 같은 각을. 이 각을 N이라 하자. 그 다음에 각 D를 잡되, 각 D 대 각 B가, 각 AOQ의 사인(sine) 대 반지름이 되도록 해라. 그리고 각 E를 잡되, 각 E 대 각 N-AOQ+D가, 길이 L 대, 각 AOQ가 직각보다 작은 경우, 길이 L을 각 AOQ의 코사인(cosine)만큼 감소시킨 것과, 큰 경우, 증가시킨 것과 같도록 해라.

그 다음에 각 F를 잡되, 각 F 대 각 B가, 각 AOQ+E의 사인 대 반지름이 되도록 해라. 그 다음에 각 G를 잡되, 각 G 대 각 N-AOQ-E+F가, 길이 L 대, 각 AOQ+E가 직각보다 작은 경우, 길이 L을 각 AOQ+E의 코사인만큼 감소시킨 것과, 큰 경우, 증가시킨 것과 같도록 해라.

세 번째 단계에서는 각 H를 잡되, 각 H 대 각 B가, 각 AOQ+E+G의 사인 대 반지름이 되도록 해라. 그리고 각 I를 잡되, 각 I 대 각 N-AOQ-E-G+H가, 길이 L 대, 각 AOQ+E+G가 직각보다 작은 경우, 길이 L을 각 AOQ+E+G의 코사인만큼 감소시킨 것과, 큰 경우, 증가시킨 것과 같도록 해라. 이런 식으로 한없이 계속해 나가라.

마지막으로 각 AOq를 각 AOQ+E+G+I+ …와 같다고 놓아라. 그러면 이 각의 코사인 Or 그리고 세로 좌표 pr로부터, 이것 대 사인 qr은 타원의 단축 대 장축과 같은데, 물체의 정확한 위치 p를 얻게 된다.

만약 각 N-AOQ+D가 음수이면, E의 부호 +를 모두 -로 바꾸고, 부호 -를 모두 +로 바꿔야 한다. 마찬가지로 각 N-AOQ-E+F가 음수이면 각 G의 부호를 모두 바꾸고, 각 N-AOQ-E-G+H가 음수이면 각 I의 부호를 모두 바꿔야 한다.

그런데 무한 급수 AOQ+E+G+I+ …는 매우 빨리 수렴하니까, 두 번째 항 E보다 더 나아갈 필요는 거의 없다. 이 계산은 다음 법칙에 바탕을 두고 있다. 즉, 넓이 APS는, 호 AQ 그리고 초점 S로부터 반지름 OQ에 수직이 되도록 그은 직선과의 차이에 비례한다.

(번역자 주) 케플러는 1609년에 출판한 [Astronomia nova]에서 행성 운행의 제 1, 제 2 법칙들을 발표하였으며, 이 책에 케플러의 방정식

$$x - e\sin x = z$$

가 등장한다. 여기서 e 는 이심률(eccentricity), z 는 평균 이각(mean anomaly), x 는 이심 이각(eccentric anomaly)이며, e , z 의 값들이 주어졌을 때, 미지수 x 를 구해야 한다.

뉴턴이 여기에 설명해 놓은 것이 도대체 무엇인지 200여 년간 사람들이 이해하지 못하고 있었는데, 아담스(J. C. Adams)가 Monthly Notices of the Royal Astronomical Society, Vol. 53, 1882에 논문을 발표하여서, 뉴턴의 이 설명이 케플러의 방정식의 근삿값을 구하는 수치해석적 방법임을 알게 되었다.

정확한 해 x 에 가깝도록 어떤 값 x_0 를 잡아라. x_0 는 짐작으로 잡을 수도 있고, 기하학적으로 잡을 수도 있고, 다른 어떤 계산으로 추측할 수도 있다. 이제

$$x_0 - e\sin x_0 = z_0$$

라 하고, $$\delta x_0 = \frac{z - z_0}{1 - e\cos x_0}$$

그리고 $$x_1 = x_0 + \delta x_0$$

라 놓아라. 그러면 x_1 은 x_0 에 비해서 정확한 해 x 에 더욱 가까워졌다. 마찬가지로

$$x_1 - e\sin x_1 = z_1$$

라 하고, $$\delta x_1 = \frac{z - z_1}{1 - e\cos x_1}$$

그리고 $$x_2 = x_1 + \delta x_1$$

이라 해라. 그러면 x_2 는 x 에 더욱 가까워졌다. 이런 식으로 계속해 나가라.

쌍곡선 궤도의 경우 케플러의 방정식 자체가

$$e\sinh x - x = z$$

로 완전히 달라진다. 그러니 근을 구하는 수치해석적 계산 과정도 달라지게 된다.)

쌍곡선에 관한 문제도 이와 다르지 않게 계산을 행하면 된다. 그 중심을 O, 꼭짓점을 A, 초점을 S, 그리고 점근선을 OK라 하자. 시간에 비례하는, 잘라낼 넓이의 양을 구하시오.

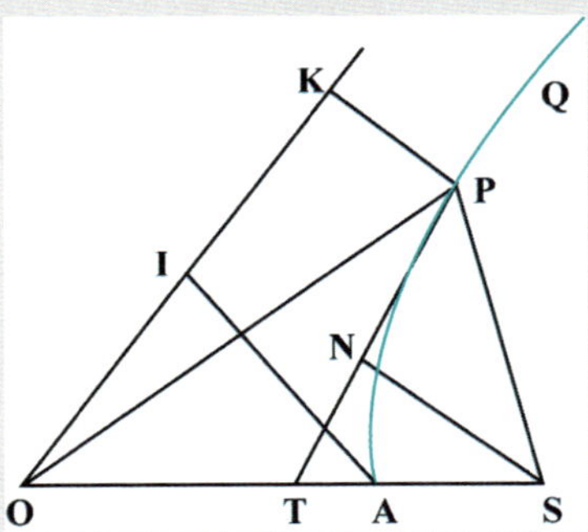

그것을 M이라 하자.

(번역자 주) 뉴턴은 이 넓이를 A라 표기하였는데, 혼동을 피하기 위해서, 번역자가 임의로 M이라 표기하였다.

정답에 가능한 한 가까운 넓이 APS를 자르는 직선 SP의 위치를 추측하여 잡았다고 하자. OP를 연결하여라. A 그리고 P로부터 점근선으로 AI, PK를 긋되, 이들은 다른 점근선에 평행하도록 해라. 그리고 로그 표를 써서 AIKP의 넓이를 구하고, OPA의 넓이가 그것과 같도록 해라.

삼각형 OPS에서 OPA의 넓이를 빼면, 넓이 APS가 잘려서 남게 된다. 자르려고 하는 넓이 M 그리고 잘라내고 남은 넓이 APS의 차이를 구하고 그 두 배를, 그러니까 2APS-2M 또는 2M-2APS를, 초점 S로부터 접선 TP에 수직이 되도록 그은 직선 SN에다 붙여라. 그러면 현 PQ의 길이를 구하게 된다.

만약 남은 넓이 APS가 자르려는 넓이 M보다 더 크면, 현 PQ를 A 그리고 P 사이에 집어넣고, 반대의 경우는 점 P의 반대쪽에 넣어라. 그러면 점 Q는 물체의 위치를 좀 더 정확하게 나타낸다. 이 연산 과정을 되풀이하면, 물체의 위치를 점점 더 정확하게 구할 수 있다.

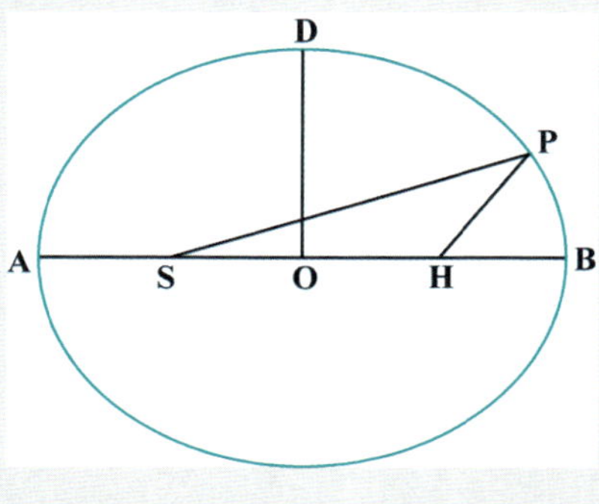

이러한 계산들로, 그 문제의 일반적인 분석적 해답을 얻을 수 있다. 그러나 뒤에 나오는 특정한 계산들은, 특히 천문학에서 유용하게 사용된다.

AO, OB, OD를 타원의 축의 절반들이라 하고, 그리고 L을 라투스 렉텀이라 하고, 단축의 절반 OD와 라투스 렉텀의 절반 $\frac{1}{2}$L의 차이를 M이라 하자.

(번역자 주) 뉴턴은 이 차이를 D라 표기하였는데, 혼동을 피하기 위해서, 번역자가 임의로 M이라 표기하였다.

각 Y를 구하되, 각 Y의 사인(sine) 대 반지름의 비율이, 차이 M 그리고 축들의 절반을 더한 AO+OD로 만든 직사각형 대, 장축 AB로 만든 정사각형과의 넓이 비율이 되도록 해라. 그 다음에 각 Z를 구하되, 그의 사인 대 반지름의 비율이, 초점들 사이 거리 SH 그리고 차이 M으로 만든 직사각형의 두 배 대, 장축의 절반 AO로 만든 정사각형의 세 배와의 비율이 되도록 해라. 이 각들을 구하고 나면, 물체의 위치는 다음과 같이 결정할 수 있다.

호 BP를 그린 시간에 비례하도록, 또는 (흔히 말하듯이) 평균 운동과 같도록, 각 T를 잡아라. 그리고 각 V, 평균 운동의 첫 번째 균차, 대 각 Y, 첫 번째 최대 균차, 이 비율이, 각 T의 두 배의 사인 대 반지름과의 비율이 되도록 해라. 그리고 각 X, 두 번째 균차, 대 각 Z, 두 번째 최대 균차, 이 비율이, 각 T의 사인의 세제곱 대 반지름의 세제곱과의 비율이 되도록 해라.

각들 T, V, X로, 만약 각 T가 직각보다 작으면, 합 T+X+V를 잡고, 만약 직각보다 더 크고 2직각보다 작으면, 차이 T+X-V를 잡고, 각 BHP를, 균차를 보정한 평균 운동, 이것과 같다고 놓아라. 그리고 만약 HP가 타원과 만나는 점을 P라 하고, SP를 그으면, SP는 넓이 BSP를 시간에 거의 비례해서 자른다.

이 연산 과정은 아주 신속하다. 각 V 그리고 X가 아주 작게 되도록, 몇 초 단위로 나오도록 하려면, 처음의 두세 번째 도형들로부터 찾으면 충분하다. 그리고 이 정도로 정확하면, 행성들의 이론에 충분하다. 화성 자신의 궤도라 하더라도, 중심의 최대 균차는 10도이지만, 그 오차는 1초가 채 되지 않는다. 균차를 보정한 평균 운동 BHP를 구하고 나면, 진짜 운동의 각 BSP, 그리고 거리 SP는 널리 알려진 방법으로 쉽게 구할 수 있다.

곡선들을 따른 물체들의 운동은 여기까지이다. 그렇지만 물체가 직선을 따라서 하강하거나 또는 상승할 수도 있다. 이제부터 나는 그러한 종류의 운동이 어떻게 되는지 설명하겠다.

제 7 장

직선을 따른 물체의 상승 그리고 하강

법칙 32, 문제 24

구심력이 중심으로부터 그 위치까지 거리의 제곱에 역으로 비례한다고 가정하고, 주어진 시간들에 물체가 직선으로 하강하며 그리는 거리들을 구하시오.

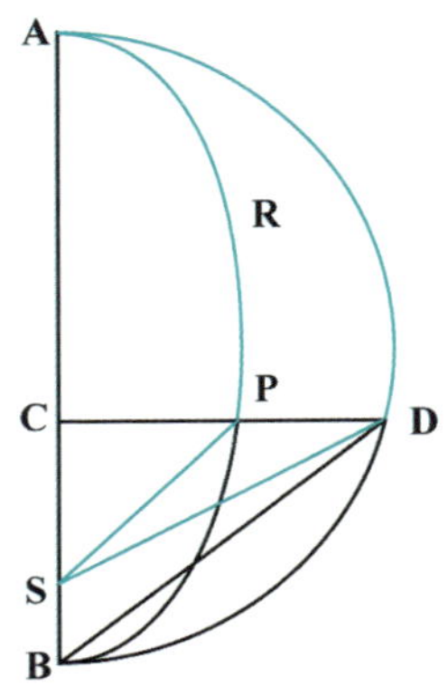

경우 1. 만약 물체가 수직으로 떨어지지 않으면, 그것은 (법칙 13, 딸린 법칙 1에 따라서) 어떤 원뿔곡선을 그리게 되며, 힘의 중심이 초점과 일치하게 된다. 그 원뿔곡선이 ARPB, 그리고 그 초점이 S라 하자. 우선 첫째로, 만약 이 도형이 타원이면, 장축 AB의 위에 반원 ADB를 그려라. 그리고 직선 DPC는 낙하하는 물체를 지나고 축에 수직이라고 하자. DS, PS를 그으면, 넓이 ASD는 넓이 ASP에 비례한다. 그러므로 시간에 역시 비례한다.

축 AB는 그대로인 채, 타원의 폭을 계속 감소시켜라. 그러면 넓이 ASD는 항상 시간에 비례한 상태를 유지한다. 이 폭이 한없이 작아졌다고 하자. 그러면 궤적 APB는 이제 축 AB와 일치하게 된다. 그리고 초점 S는 축의 끝점 B와 일치하게 된다. 물체는 직선 AC를 따라 하강하게 되며, 그리고 넓이 ABD는 시간에 비례하게 된다.

그러므로 주어진 시간 동안 물체가 위치 A에서부터 수직으로 낙하한 거리 AC를 구하려면, 그 시간에 비례하도록 넓이 ABD를 잡고, 그리고 점 D에서부터 직선 AB에 수직이 되도록 DC를 내리그으면 된다.

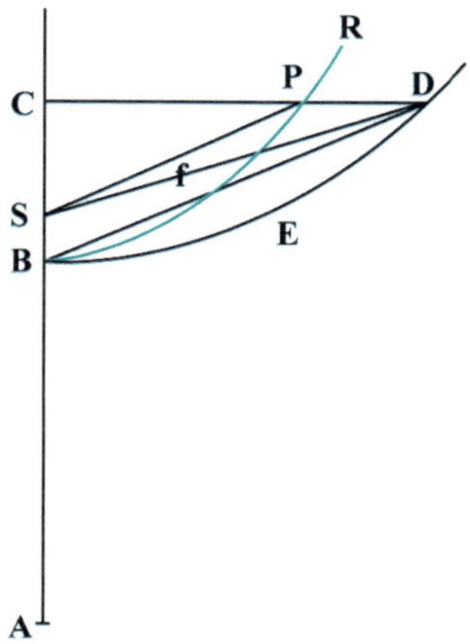

경우 2. 만약 도형 RPB가 쌍곡선이면, 같은 주지름 AB에 대해서, 직각 쌍곡선(rectangular hyperbola) BED를 그려라. 그런데 넓이들 CSP, CBfP, SPfB는 넓이들 CSD, CBED, SDEB에 하나 하나 대응하여서, 길이들 CP, CD의 비율로 주어진다. 그리고 넓이 SPfB는 물체 P가 호 PfB를 지나는 데 걸리는 시간에 비례하니까, SDEB의 넓이도 그 같은 시간에 비례한다.

주지름은 그대로 유지하면서, 쌍곡선 RPB의 라투스 렉텀을 한없이 감소시켜라. 그러면 호 PB는 직선 CB와 일치하게 되며, 초점 S는 꼭짓점 B와 일치하게 되고, 직선 SD는 직선 BD와 일치하게 된다. 그러므로 넓이 BDEB는 물체 C가 직선으로 하강하면서 선 CB를 그리는 시간에 비례한다.

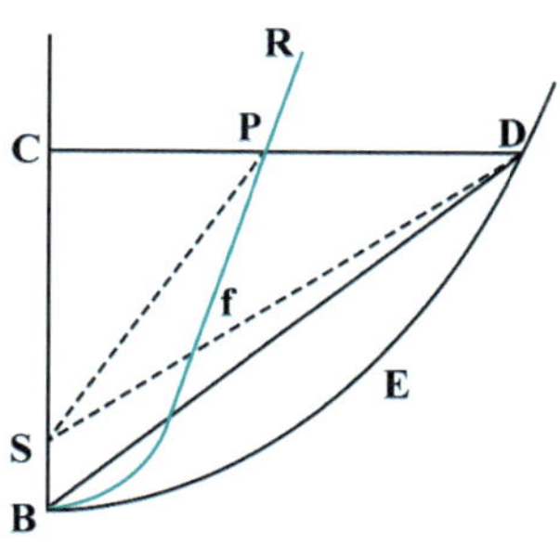

경우 3. 그리고 비슷한 추론으로, 만약 도형 RPB가 포물선이고, 그리고 같은 주꼭짓점 B를 가지고 다른 포물선 BED를 그리고, 이것은 항상 이대로 있으면서, 전자의 포물선, 그러니까 물체 P가 따라 움직인 포물선의 라투스 렉텀이 점점 감소해 마침내 0이 되면, 포물선은 직선

CB와 일치하게 되고, 포물선의 활꼴 BDEB의 넓이는 물체 P 또는 C 가 중심 S 또는 B까지 떨어지는 데 걸리는 시간에 비례한다. [증명 끝]

법칙 33, 정리 9

앞에서 구한 것들을 가정하고, 하강하는 물체의 임의의 위치 C에서의 속력은, B를 중심으로 BC를 반지름으로 하는 원을 그리는 물체의 속력과의 비율이, 원 또는 직각 쌍곡선의 더 먼 꼭짓점 A를 잡아서, 거리 AC 대 이 도형의 주지름의 절반인 $\frac{1}{2}$AB의 비율의 반겹(제곱근)과 같다.

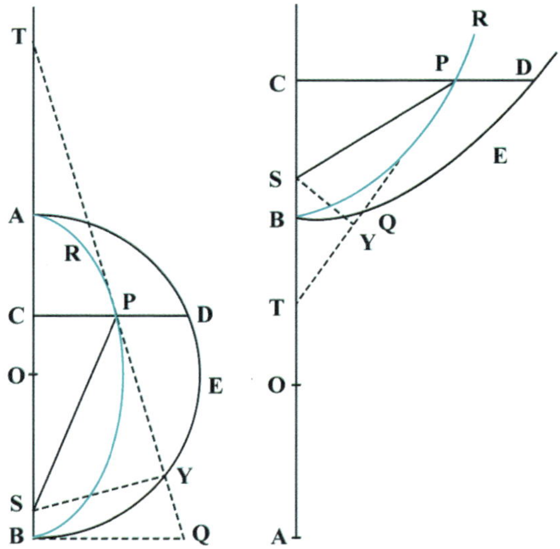

두 도형들 RPB, DEB의 공통 지름 AB를 이등분하는 점을 O라 하자. 그리고 직선 PT를 긋되, 점 P에서 도형 RPB에 접하도록 하고, 그리고 공통 지름 AB를 (필요하면 길게 늘여서) 자르는 점을 T라 하자. 그리고 이 직선에 수직이 되도록 SY를, 지름에 수직이 되도록 BQ를 그어라.

도형 RPB의 라투스 렉텀을 L이라 하자.

법칙 16, 딸린 법칙 9로부터, 중심 S의 둘레에서 곡선 RPB를 따라 움직이는 물체의 임의의 위치 P에서의 속력 대, 같은 중심의 둘레에서 SP를 반지름으로 하는 원을 그리는 물체의 속력과의 비율이, 직사각형 $\frac{1}{2}$ L×SP 대 SY의 제곱의 비율의 반겹(제곱근)과 같음이 명백하다.

그런데 [원뿔곡선]에 따라서, AC×CB 대 CP^2은 2AO 대 L과 같고, 따라서 $\frac{2CP^2 \times AO}{AC \times CB}$는 L과 같다. 그러므로 속력들 서로 간의 비율은 $\frac{CP^2 \times AO \times SP}{AC \times CB}$ 대 SY^2의 비율의 제곱근과 같다.

게다가 [원뿔곡선]에 따라서

$$CO : BO = BO : TO$$

그러므로 비례식들을 더하고 또는 분리하면,

$$CO : BO = CB : BT$$

그러므로 비례식들을 분리하고 또는 더하면,

$$BO \mp CO : BO = CT : BT$$

그러니까 $$AC : AO = CP : BQ$$

그러므로 $$\frac{CP^2 \times AO \times SP}{AC \times CB} = \frac{BQ^2 \times AC \times SP}{AO \times BC}$$

이제 도형 RPB의 폭 CP가 한없이 작아져서, 점 P가 점 C와 일치하게 되고, 점 S는 점 B와 일치하게 되고, 그리고 직선 SP는 직선 BC와 일치하게 되고, 직선 SY는 직선 BQ와 일치하게 된다고 하자. 그리고 이제 직선 BC를 따라 하강하는 물체의 속력 대, B를 중심으로 BC를 반지름으로 하는 원을 그리는 물체의 속력과의 비율은, $\frac{BQ^2 \times AC \times SP}{AO \times BC}$ 대

SY^2의 비율의 제곱근과 같다. 그러니까 (같은 것들의 비율들인 SP 대 BC, 그리고 BQ^2 대 SY^2은 무시하고) AC 대 AO의 비율의 제곱근, 또는 AC 대 $\frac{1}{2}$ AB의 비율의 제곱근이 된다. [증명 끝]

딸린법칙 1 점들 B 그리고 S가 합쳐지게 되면, TC 대 TS는 AC 대 AO와 같아진다.

딸린법칙 2 중심으로부터 주어진 거리에서 임의의 원을 그리며 회전하는 물체는, 그 운동이 위로 전환되면, 중심으로부터 거리의 두 배를 상승하게 된다.

법칙 34, 정리 10

만약 도형 BED가 포물선이면, 낙하하는 물체의 임의의 위치 C에서의 속력은, B를 중심으로 BC의 절반을 반지름으로 하는 원을 물체가 일정하게 그릴 수 있는 속력과 같다.

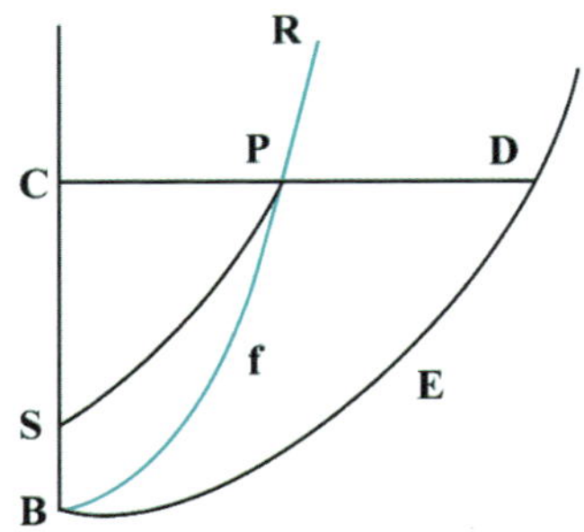

왜냐 하면 중심 S의 둘레에서 포물선 RPB를 그리는 물체의 임의의 점 P에서의 속력은 (법칙 16, 딸린 법칙 7에 따라서) 같은 중심 S의 둘레에서 거리 SP의 절반을 반지름으로 하는 원을 일정하게 그리는 물체의 속력과 같다. 포물선의 폭 CP가 한없이 작아진다고 하자. 그러면 포물선의 호 PfB는 직선 CB와, 중심 S는 꼭짓점 B와, 그리고 구간 SP는 구간 BC와 일치하게 된다. 그러니 이 법칙이 성립하게 된다. [증명 끝]

법칙 35, 정리 11

같은 가정들 하에, 불확정의 반지름 SD가 그리는 도형 DES의 넓이는, 도형 DES의 라투스 렉텀의 절반인 반지름이, 중심 S의 둘레에서 일정하게 회전하면서, 같은 시간 동안 그리는 넓이와 같다.

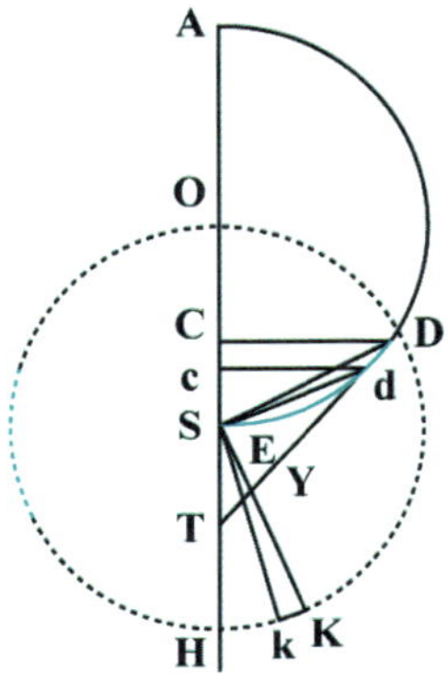

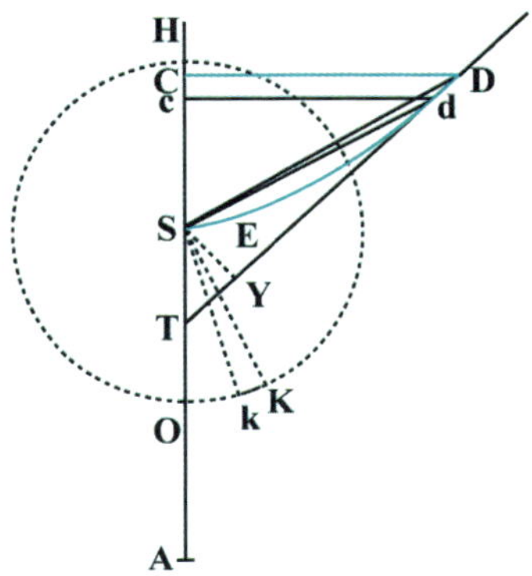

시간의 최소의 입자 동안 물체 C가 하강하면서 매우 짧은 직선 Cc를 그린다고 생각하자. 그 동안, 다른 물체 K는 중심 S의 둘레에서 원 OKk를 따라 일정하게 회전하면서, 호 Kk를 그린다고 하자. 수직선들 CD, cd를 세우고, 도형 DES와 만나는 점들을 D, d라 하자. SD, Sd, SK, Sk를 연결하고, 직선 Dd를 그어서 축 AS와 만나는 점을 T라 하고, 거기에 수직이 되도록 SY를 내리그어라.

경우 1. 이제 만약 도형 DES가 원이거나 또는 직각 쌍곡선이면, 그 횡지름 AS를 이등분하는 점 O를 잡아라. 그러면 SO는 라투스 렉텀의 절반이 된다. 그런데

$$TC : TD = Cc : Dd$$

그리고 $$TD : TS = CD : Sy$$

이니, 비율의 같음에 따라서

$$TC : TS = CD \times Cc : SY \times Dd$$

가 성립한다. 그런데 (법칙 33, 딸린 법칙 1에 따라서) 만약 점들 D, d가 합류하고, 선들의 궁극적 비율들을 잡으면,

$$TC : TS = AC : AO$$

그러므로 $AC : AO$ 또는 $SK = CD \times Cc : SY \times Dd$

게다가 하강하는 물체의 C에서의 속력 대, 중심 S의 둘레에서 SC를 반지름으로 원을 그리는 물체의 속력과의 비율은, (법칙 33에 따라서) AC 대 AO 또는 SK의 비율의 제곱근과 같다. 그리고 이 속력 대, 원 OKk를 그리는 물체의 속력과의 비율은, (법칙 4, 딸린 법칙 6에 따라서) SK 대 SC의 비율의 제곱근과 같다. 그러므로 비율의 같음에 따라서, 처음 속력 대 마지막 속력의 비율은, 그러니까 직선 Cc 대 호 Kk의 비율은, AC 대 SC의 비율의 제곱근, 그러니까 AC 대 CD의 비율과 같다. 그러므로

$$CD \times Cc = AC \times Kk$$

따라서 $AC : SK = AC \times Kk : SY \times Dd$

그러므로 $SK \times Kk = SY \times Dd$

그리고 $\frac{1}{2} SK \times Kk = \frac{1}{2} SY \times Dd$

그러니까 넓이 KSk는 넓이 SDd와 같다.

그러므로 시간의 모든 입자들에서, 넓이들의 입자들 KSk, SDd가 생성되며, 만약 이들의 크기가 감소하고 개수가 무한히 증가하면, 그들은 같은 것들의 비율을 얻게 된다. 그러므로 (렘마 4, 딸린 법칙에 따라서) 이들이 같은 시간 동안 생성하는 전체 넓이는 항상 서로 같다.

경우 2. 만약 도형 DES가 포물선이면, 위에서와 마찬가지로

$$CD \times Cc : SY \times Dd = TC : TS$$

그러니까 2 대 1이 된다. 그러므로

$$\frac{1}{4} CD \times Cc = \frac{1}{2} SY \times Dd$$

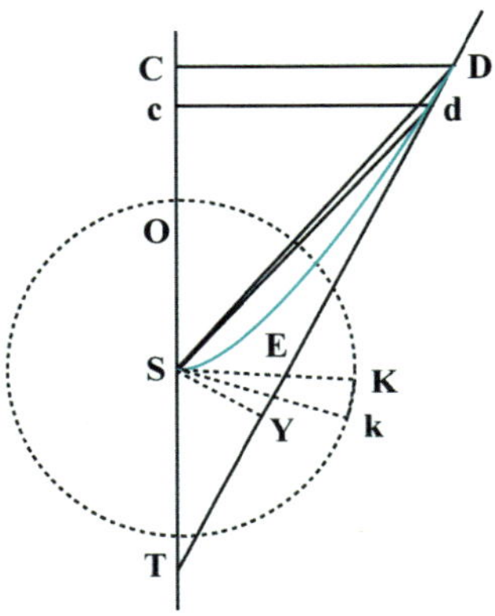

그런데 낙하하는 물체의 C에서의 속력은, (법칙 34에 따라서) $\frac{1}{2}$SC를 반지름으로 하는 원을 일정하게 그리는 속력과 같다. 그리고 이 속력 대 SK를 반지름으로 하는 원을 일정하게 그리는 속력과의 비율은, 그러니까 직선 Cc 대 호 Kk의 비율은 (법칙 4, 딸린 법칙 6에 따라서) SK 대 $\frac{1}{2}$SC의 비율의 제곱근과 같다. 그러니까 SK 대 $\frac{1}{2}$CD의 비율과 같다.

그러므로 $\frac{1}{2}SK \times Kk$는 $\frac{1}{4}CD \times Cc$와 같다. 그러므로 $\frac{1}{2}SY \times Dd$와 같다. 그러니까 위에서와 마찬가지로, 넓이 KSk는 넓이 SDd와 같다. [증명 끝]

법칙 36, 문제 25

주어진 위치 A로부터 낙하하는 물체의 하강 시간을 구하시오.

힘의 중심에서부터 하강의 시작점까지 거리 AS를 지름으로 해서 반원 ADS를 그리고, 중심 S의 둘레에서 크기가 같은 반원 OKH를 그려라.

물체의 임의의 위치 C에서, 세로 좌표 CD를 세워라. SD를 연결하고, 그리고 ASD와 넓이가 같도록 부채꼴 OSK를 잡아라. 그러면 법칙 35에 따라서, 낙하하는 물체가 거리 AC를 그리는 것과 같은 시간 동안, 중심 S의 둘레에서 일정하게 회전하는 다른 물체는, 호 OK를 그림이 명백하다. [증명 끝]

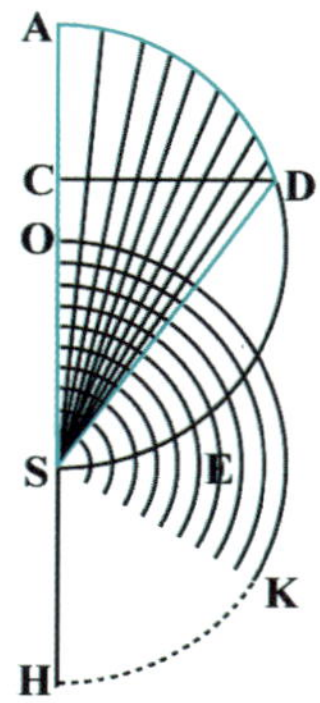

법칙 37, 문제 26

주어진 위치에서 위로 또는 아래로 던진 물체의 상승 또는 하강의 시간들을 정의하시오.

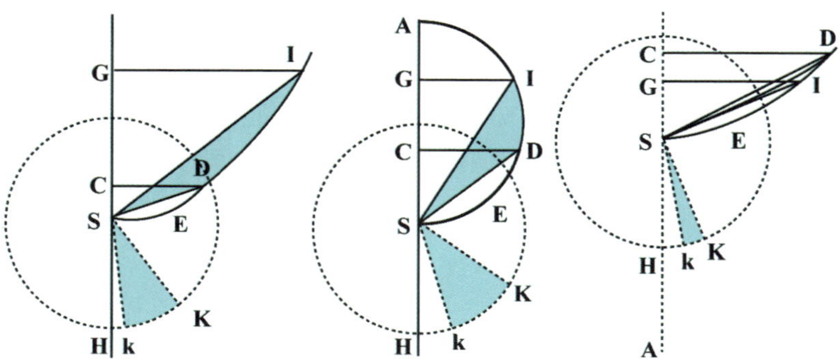

주어진 위치 G에서 직선 GS를 따라서, 물체가 임의의 속력으로 떠난다고 하자. GA 대 $\frac{1}{2}$AS의 비율이, 이 속력 대, 중심 S의 둘레에서 주어진 구간 SG를 반지름으로 하는 원을 따라 일정하게 회전하는 물체의 속력과의 비율의 제곱이 되도록, GA를 잡아라.

만약 이 비율이 2 : 1이 되면, 점 A는 한없이 먼 곳에 놓인다. 이 경우 S를 꼭짓점으로, SG를 축으로, 임의의 라투스 렉텀에 대해서 포물선을 그리게 된다. 이것은 법칙 34로부터 명백하다.

만약 이 비율이 2 : 1보다 더 작거나 또는 더 크면, SA를 지름으로 해서, 전자의 경우 원을, 후자의 경우 직각 쌍곡선을 그려야 한다. 법칙 33에 따라서 명백하다. 그 다음에 S를 중심으로, 라투스 렉텀의 절반을 반지름으로 해서 원 HkK를 그려라. 그리고 물체가 하강 또는 상승하는 위치 G에서, 그리고 다른 임의의 위치 C에서, 수직선들 GI, CD를 세우고, 이들이 원뿔곡선 또는 원과 만나는 점들을 I 그리고 D라 하자. 그 다음에 SI, SD를 연결하여라. 활꼴 SEIS, SEDS와 넓이가 같도록 부채꼴 HSK, HSk를 잡아라. 그러면 법칙 35에 따라서, 물체 G가 GC 구간을 그리는 시간은, 물체 K가 호 Kk를 그리는 시간과 같다. [증명 끝]

법칙 38, 정리 12

구심력이 중심으로부터 그 위치의 거리 또는 높이에 비례한다고 가정하자. 그러면 낙하하는 물체의 시간, 속력 그리고 움직인 거리는 각각 호, 호의 사인, 그리고 버스트사인에 비례한다.

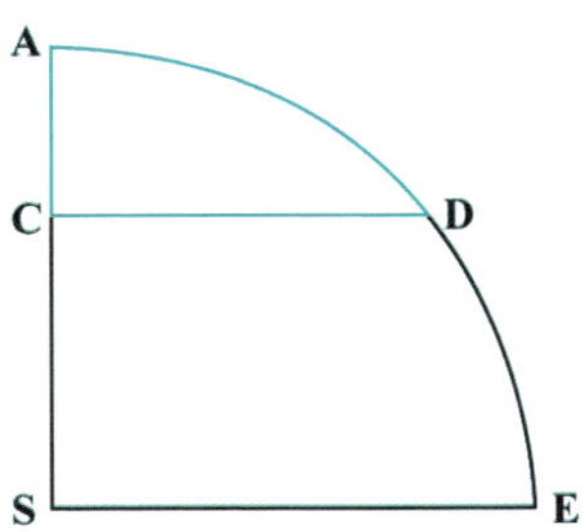

물체가 임의의 위치 A에서부터 직선 AS를 따라서 낙하한다고 하자. 그리고 힘의 중심 S에 대해서, 거리 AS를 반지름으로, 사분원 AE를 그려라. 임의의 호 AD의 사인을 CD라 하자. 그러면 물체 A는 시간 AD 동안, 낙하하면서 거리 AC를 그리게 되며, 위치 C에서 획득하는 속력은

CD이다. 법칙 11로부터 법칙 32를 증명한 것과 마찬가지로, 법칙 10으로부터 이 사실을 증명할 수 있다.

딸린법칙 1 그러므로 한 물체가 위치 A에서부터 중심 S에 이르기까지 하강하는 데 걸리는 시간은, 다른 물체가 회전하면서 사분원 ADE를 그리는 데 걸리는 시간과 같다.

딸린법칙 2 그러므로 물체가 어떠한 위치에서부터 중심으로 낙하하든, 시간들은 모두 같다. 왜냐 하면 모든 회전 주기의 시간들이 (법칙 4, 딸린 법칙 3에 따라서) 같기 때문이다.

법칙 39, 문제 27

임의의 종류의 구심력을 가정하고, 그리고 곡선 도형의 넓이를 구할 수 있다고 하자. 물체가 직선을 따라서 상승하거나 또는 하강할 때, 각각의 위치에서 속력을 구하고, 그리고 임의의 위치에 도달하기까지 걸리는 시간을 구하시오. 그리고 역으로 (구심력을) 구하시오.

직선 ADEC의 임의의 위치 A에서부터 물체 E가 하강한다고 하자. 그리고 그 위치 E에서 항상 (ADEC에 대해서) 수직선 EG를 세우되, 그 지점에서 힘의 중심 C를 향하는 구심력에 비례하도록 해라. 그리고 점 G가 계속 그리는 곡선을 BFG라고 하자. 운동을 처음 시작할 때, EG는 수직선 AB와 일치한다고 하자. 그러면 직선의 임의의 점 E에서의 물체의 속력은, 그 직선으로 만든 정사각형의 넓이가 곡선 도형 ABGE의 넓이와 같은, 그러한 직선과 같게 된다.

EG에서 직선 EM을 세우되, 그 직선으로 만든 정사각형의 넓이가 도형 ABGE의 넓이와 같은, 그러한 직선에 역으로 비례하도록 해라.

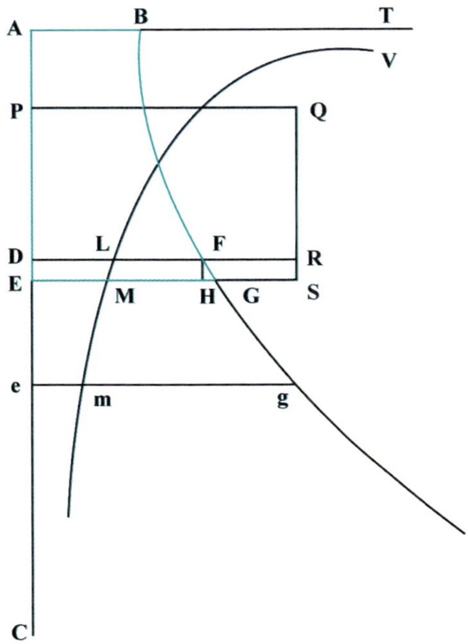

점 M이 계속 그리는 곡선을 VLM이라 하자. 직선 AB를 길게 늘이면, 그 점근선이 된다. 그러면 낙하하는 물체가 직선 AE를 그리는 시간은, 곡선 도형 ABTVME의 넓이에 비례하게 된다.

직선 AE에서, 주어진 길이의 가장 짧은 직선 DE를 잡고, 그리고 물체가 D를 지날 때, 직선 EMG의 위치는 DLF가 된다고 하자. 만약 구심력이 그러하여서, ABGE와 넓이가 같은 정사각형의 변이 낙하하는 물체의 속력에 비례하면, 넓이 자체는 속력의 제곱에 비례한다. 그러니까 D 그리고 E에서의 속력들을 V 그리고 V+I라 표기하면, 넓이 ABFD는 V^2이고, 넓이 ABGE는 $V^2+2VI+I^2$이다. 그리고 분할하면, DFGE의 넓이는 $2VI+I^2$이고, 따라서 $\frac{DFGE}{DE}$는 $\frac{2VI+I^2}{DE}$에 비례한다.

그러니까 처음 생겨나는 순간의 양들의 비율들을 잡으면, 길이 DF는 양 $\frac{2VI}{DE}$에 비례한다. 그러므로 이 양의 절반인 $\frac{I\times V}{DE}$에 비례한다. 그런데 낙하하는 물체가 매우 짧은 길이 DE를 지나는 데 걸리는 시간은, 그 길이에 바로 비례하고, 속력 V에 역으로 비례한다. 그리고 힘은 속력의 증가 I에 바로 비례하고, 시간에 역으로 비례한다. 그러므로 처음 생겨나는 순간의 양들의 비율들을 잡으면, 힘은 $\frac{\mathrm{I}\times\mathrm{V}}{\mathrm{DE}}$ 에 비례한다. 그러니까 길이 DF에 비례한다. 그러므로 DF 또는 EG에 비례하는 힘은, 하강하는 물체의 속력이, ABGE와 넓이가 같은 정사각형의 변에 비례하도록 만든다.

게다가 주어진 매우 짧은 길이 DE를 그리는 데 걸리는 시간은 속력에 역으로 비례하니, ABFD와 넓이가 같은 정사각형의 변에 역으로 비례한다. 그리고 직선 DL, 따라서 막 생기는 넓이 DLME는 같은 변에 역으로 비례하니, 시간은 넓이 DLME에 비례하며, 따라서 시간들을 모두 더한 것은 이 넓이들을 모두 더한 것에 비례한다. 그러니까 (렘마 4, 딸린법칙에 따라서) 직선 AE를 그리는 데 걸리는 전체 시간은, 전체 넓이 ATVME에 비례한다. [증명 끝]

딸린법칙 1 만약 물체가 위치 P에서부터 낙하하기 시작하면, 그래서 알려져 있는 일정한 구심력(일반적으로 중력이라 가정한다.)의 영향 하에 물체가 위치 D에 이르렀을 때 획득하게 되는 속력이, 다른 어떤 물체가 다른 어떤 힘에 의해서 낙하하면서 같은 위치 D에 이르렀을 때 획득하게 되는 속력과 같다고 하자. 그리고 수직선 DF에서 DR을 잡되, DR 대 DF의 비율이, 일정한 힘 대 D에서의 다른 어떤 힘과의 비율과 같도록 잡아라. 직사각형 PDRQ를 완성하여라. 그리고 직사각형과 넓이가 같도록 넓이 ABFD를 잡아라. 그러면 A가 바로 다른 물체가 떨어지기 시작한 위치이다.

왜냐 하면 직사각형 DRSE를 완성하면, 넓이 ABFD 대 넓이 DFGE의 비율은 VV 대 2VI의 비율과 같으니, 따라서 $\frac{1}{2}$V 대 I의 비율과 같다. 그러니까 전체 속력의 절반 대, 물체가 일정하지 않은 힘에 의해서 낙하하며 증가한 속력과의 비율과 같다. 그리고 마찬가지로, 넓이 PQRD 대 넓이 DRSE의 비율은, 전체 속력의 절반 대, 물체가 일정한 힘에 의해서 낙하하며 증가한 속력과의 비율과 같다.

그런데 이러한 증가들은 (생겨나는 시간들이 같으니) 발생시키는 힘들에 비례한다. 그러니까 세로 좌표들 DF, DR에 비례한다. 그러므로 생겨나는 넓이들 DFGE, DRSE에 비례한다. 그러므로 비율의 같음에 따라서, 전체 넓이들 ABFD, PQRD의 비율은, 전체 속력들의 절반의 비율과 같다. 그런데 (전체) 속력들이 서로 같으니, 이들은 서로 같다.

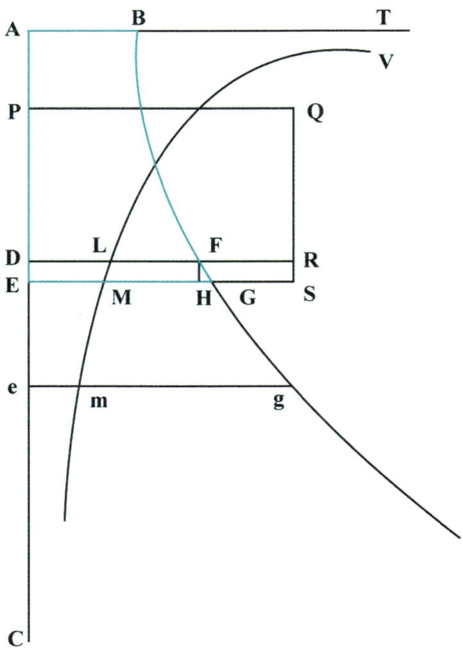

딸린법칙 2 그러므로 만약 임의의 물체를 임의의 위치 D에서 주어진 속력으로 위로 또는 아래로 던지고, 그리고 구심력의 법칙이 주어졌으면, 다른 임의의 위치 e에서 이 물체의 속력을 구하려면, 세로 좌표 eg를 세우고, (e에서의) 그 속력 대 위치 D에서의 속력과의 비율이, 만약 e의 위치가 D보다 아래에 있으면 직사각형 PQRD에다 곡선 도형 DFge의 넓이만큼 증가시킨 것과,

만약 위에 있으면 그만큼 감소시킨 것과, 같은 넓이의 정사각형을 만드는 변 대, 직사각형 PQRD 혼자와 같은 넓이의 정사각형의 만드는 변의 비율이 되도록 잡으면 된다.

딸린법칙 3 시간도 또한 구하려면, PQRD+DFge 또는 PQRD-DFge의 제곱근에 역으로 비례하도록 세로 좌표 em을 세우고, 물체가 선 De를 그리는 시간 대, 다른 물체가 일정한 힘에 의해서 P에서부터 낙하하여 D에 도달하는 시간과의 비율이, 곡선 도형 DLme 대 직사각형 2PD×DL의 비율과 같도록 해라.

왜냐 하면 일정한 힘에 의해서 하강하는 물체가 직선 PD를 그리는 데 걸리는 시간 대, 같은 물체가 선 PE를 그리는 데 걸리는 시간과의 비율은, PD 대 PE의 비율의 제곱근과 같기 때문이다. 그러니까 (선 DE는 이제 막 생겨났고) PD 대 PD+$\frac{1}{2}$DE의 비율, 또는 2PD 대 2PD+DE의 비율과 같다. 뺄셈을 하면, 같은 물체가 한없이 짧은 직선 DE를 그리는 시간과의 비율이, 2PD 대 DE, 그러니까 직사각형 2PD×DL 대 DLME의 넓이 비율과 같다.

그리고 두 물체 각각이 한없이 짧은 직선 DE를 그리는 시간 대, 후자의 물체가 일정하지 않은 운동으로 De를 그리는 시간과의 비율은, 넓이 DLME 대 넓이 DLme의 비율과 같다. 그러므로 비율의 같음에 따라서, 처음 시간 대 마지막 시간의 비율은, 직사각형 2PD×DL 대 DLme의 넓이의 비율과 같다.

제 8 장
임의의 구심력의 작용에 따라서 회전하는 물체들의 궤도들을 구함

법칙 40, 정리 13

어떤 물체가 임의의 구심력의 작용 하에 어떻게든 (임의로) 움직이고, 그리고 다른 물체는 직선을 따라서 상승 또는 하강하는데, 어느 한 경우 이들이 같은 고도들에서 같은 속력들을 가진다고 하면, 이들의 속력들은 모든 같은 고도들에서 서로 같다.

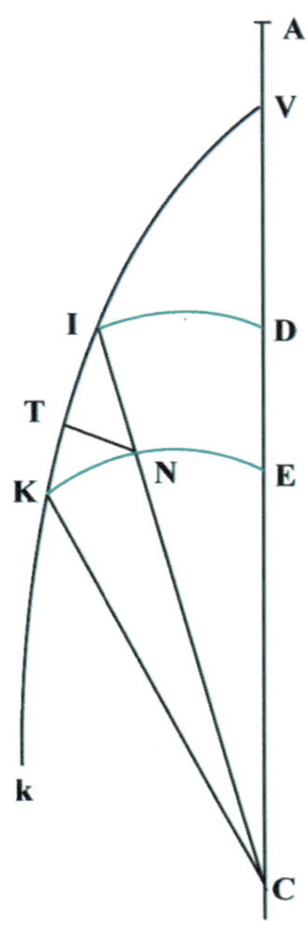

어떤 물체가 A에서부터 하강하여 D, E를 지나, 중심 C로 가고, 그리고 다른 물체는 V에서부터 곡선 VIKk를 따라 움직인다고 하자. C를 중심으로 임의의 반지름들로 동심원들 DI, EK를 그리고, 이들이 직선 AC와 만나는 점들을 D, E라 하고, 곡선 VIK와 만나는 점들을 I, K라 하자. IC를 연결하고, KE와 만나는 점을 N이라 하자. 그리고 IK에 수직이 되도록 NT를 그어라. 두 동심원들 사이의 거리인 DE 또는 IN이 매우 작아진다고 하자. 그리고 물체들이 D 그리고 I에서 같은 속력들을 가진다고 하자.

거리들 CD, CI가 같으니까, D 그리고 I에서 구심력들은 같다. 이 힘들을 같은 길이의 직선들인 DE, IN으로 나타내자. 그리고 한 힘 IN을 (운동 법칙들에 딸린 법칙 2를 써서) 두 개의 힘들 NT, IT로 분해하여라. 힘 NT는 직선 NT를 따라서 작용하며, 물체가 움직이는 길 ITK에 수직이니, 물체가 이 길을 따라 움직이는 속력에 전혀 변화를 초래하지 않으며, 다만 직선인 경로로부터 멀어지도록 만들며, 궤도의 접선으로부터 계속 벗어나도록 만들어서, 곡선 ITKk를 따라 전진하도록 만든다. 그러므로 이 힘은 전부 이러한 효과를 낳는 데 소비된다.

반면에 다른 힘 IT는 물체의 움직이는 경로를 따라서 작용하니, 전적으로 물체를 가속시키며, 주어진 한없이 짧은 시간 동안 그 힘에 비례하여 (한없이 작은) 가속을 생성한다. 그러므로 물체들이 D, I를 지날 때, 같은 시간들 동안 생성되는 가속들은 직선 DE, IT에 비례한다. (우리는 여기서 선들 DE, IN, IK, IT, NT가 막 생기는 순간의 처음 비율들을 잡는다.) 그리고 시간들이 서로 다르면, 시간들에다 이 선들을 곱한 것에 비례한다.

그런데 DE, IK를 그리는 데 걸리는 시간들은, 그 속력들이 같기 때문에, 그리는 길이들 DE, IK에 비례한다. 따라서 물체들이 직선들 DE, IK의 경로를 지나는 동안의 가속들은, DE, IT에다 DE, IK를 곱한 것들에 비례한다. 그러니까 DE^2 대 직사각형 IT×IK의 비율과 같다. 그런데 직사각형 IT×IK는 IN^2과 같다. 그러니까 DE^2과 같다. 그러므로 물체들이 D에서 E까지, 그리고 I에서 K까지 지나는 동안 생성되는 가속들은 같다.

그러므로 E, K에서 물체들의 속력들은 서로 같다. 그리고 마찬가지 이유로, 같은 거리들을 차례차례 잡아 나가면, 속력은 항상 서로 같게 나온다.

그런데 또한 마찬가지 이유로, 물체들이 속력이 같고 그리고 중심으로

부터 같은 거리에 있으면, 상승하는 경우 이들은 같은 거리들에서 같이 감속이 된다. [증명 끝]

딸린법칙 1 그러므로 만약 물체가 줄에 매달려서 진동하거나, 또는 부드럽고 매끄러운 궤도가 있어서, 완벽하게 미끄러지며 곡선을 따라서 움직인다고 하고, 다른 물체는 직선을 따라서 상승하거나 또는 하강한다고 하면, 그리고 이들이 어떤 같은 높이에서 속력들이 같았다고 하면, 이들은 다른 모든 같은 높이들에서 서로 속력들이 같게 된다. 왜냐 하면 물체가 줄에 매달려서 진동하든, 또는 완벽하게 매끄러운 그릇 속에서 움직이든, 횡 방향의 힘 NT에 대해서 같기 때문이다. 물체는 (그 힘에 따라서) 감속이 되지도 않고, 가속이 되지도 않으며, 다만 직선 경로로부터 벗어나게 될 뿐이다.

딸린법칙 2 물체가 진동을 하든, 또는 임의의 궤적을 따라서 회전을 하든, 중심으로부터 가장 먼 거리의 양을 P로 나타내자. 그러면 궤적의 임의의 점에서, 그 점에서의 속력으로 위로 던져지면, 물체는 거기까지 상승할 수 있다. 그리고 물체가 궤도의 다른 임의의 점에 있을 때, 중심으로부터 거리를 양 A라 하자. 그리고 구심력은 항상 A의 어떤 거듭곱 A^{n-1}에 비례한다고 하자. 여기서 지수 n-1은 어떤 수 n에서 1을 뺀 것이다. 그러면 모든 높이가 A에서 물체의 속력은 $\sqrt{P^n - A^n}$ 에 비례하며, 따라서 주어진 것이다. 왜냐 하면 (법칙 39에 따라서) 직선을 따라서 상승하고 그리고 하강하는 물체의 속력이 이러한 비율이 되기 때문이다.

법칙 41, 문제 28

임의의 종류의 구심력이 작용한다고 하고, 그리고 곡선 도형들의 넓이를 구할 수 있다고 하자. 물체가 움직이게 될 궤적을 구하시오. 그리고 그 궤적들에서 운동들의 시간들을 구하시오.

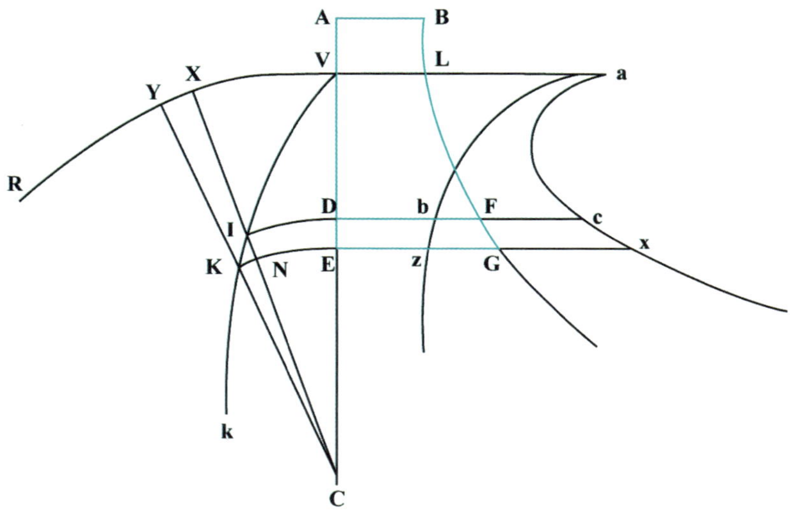

중심 C를 향한 임의의 힘이 작용한다고 하고, 그 궤적 VIKk를 구해야 한다. C를 중심으로 임의의 CV를 반지름으로 그린 원 VR이 주어졌다고 하자. 같은 중심으로 다른 임의의 원들 ID, KE를 그리고, 이들이 궤적을 자르는 점들을 I, K라 하고, 직선 CV를 자르는 점들을 D, E라 하자. 그 다음에 직선 CNIX를 그어서, 원들 KE, VR을 자르는 점들을 N, X라 하자. 그 다음에 직선 CKY가 원 VR과 교차하는 점을 Y라 하자.

점들 I, K가 서로 매우 가까워지도록 해라. 그리고 물체가 V에서부터 I, K를 지나 k까지 전진한다고 하자. 그리고 점 A의 위치는, 다른 어떤 물체가 낙하를 시작하여서, 위치 D에 이르면 획득하는 속력이, 전자의 물체의 I에서의 속력과 같게 되는 지점이라고 하자.

그리고 법칙 39에서와 마찬가지라고 하면, 직선의 원소 IK는 주어진 가장 짧은 시간 동안에 그리는 거리이고, 속력에 비례하며, 따라서 ABFD와 넓이가 같은 정사각형의 변에 비례하고, 그리고 시간에 비례하는 삼각형 ICK가 주어지게 되며, 그러니 따라서 KN은 높이 IC에 역으로 비례하게 된다. 그러니까 어떤 양 Q가 주어지고, 그리고 높이 IC를 A로 나타내면, $\frac{Q}{A}$ 에 비례한다.

이 양 $\frac{Q}{A}$ 를 Z라 나타내자. 그리고 양 Q가 그러하여서, 어느 한 경우에

$$\sqrt{ABFD} : Z = IK : KN$$

이라고 하자. 그러면 모든 경우에

$$\sqrt{ABFD} : Z = IK : KN$$

그러니까 $$ABFD : Z^2 = IK^2 : KN^2$$

이 성립한다. 뺄셈을 하면,

$$ABFD - Z^2 : Z^2 = IN^2 : KN^2$$

그러므로 $$\sqrt{ABFD - Z^2} : Z \text{ 또는 } \frac{Q}{A} = IN : KN$$

그러므로 $$A \times KN = \frac{Q \times IN}{\sqrt{ABFD - Z^2}}$$

그런데 $$YX \times XC : A \times KN = CX^2 : A^2$$

이니, $$YX \times XC = \frac{Q \times IN \times CX^2}{A^2\sqrt{ABFD - Z^2}}$$

그러므로 수직선 DF에서, Db, Dc를 각각 항상 $\frac{Q}{2\sqrt{ABFD - Z^2}}$,

$\dfrac{Q \times CX^2}{2A^2\sqrt{ABFD - Z^2}}$ 이 되도록 잡아라. 그리고 점들 b, c의 궤적을 연속적으로 그리면, 곡선들 ab, ac가 된다. 그리고 점 V에서 AC에 수직이 되도록 Va를 세워라. 그러면 곡선 도형 VDba, VDca가 생긴다. 그리고 세로 좌표 Ez, Ex를 세워라.

그러면 직사각형 Db×IN 또는 DbzE는 직사각형 A×KN의 절반이니, 삼각형 ICK와 넓이가 같다. 그리고 직사각형 Dc×IN 또는 DcxE는 직사각형 YX×XC의 절반이니, 삼각형 XCY와 넓이가 같다. 그러니까 넓이들 VDba, VIC에서 막 생기는 넓이의 원소들 DbzE, ICK는 항상 서로 같다. 그리고 넓이들 VDca, VCX에서 막 생기는 넓이의 원소들 DcxE, XCY는 항상 서로 같다. 그러므로 생성된 넓이 VDba는 생성된 넓이 VIC와 같으며, 따라서 시간에 비례한다. 그리고 생성된 넓이 VDca는 생성된 부채꼴 VCX와 넓이가 같다.

그러므로 물체가 위치 V에서 출발한 이후 흐른 임의의 시간이 주어지면, 그에 비례하는 넓이 VDba가 주어지게 된다. 그리고 따라서 물체의 고도 CD 또는 CI가 주어지게 된다. 그리고 넓이 VDca, 그것과 넓이가 같은 부채꼴 VCX, 그리고 각 VCI도 주어지게 된다. 그런데 각 VCI와 고도 CI가 주어지면, 그 시간이 완결된 다음에 물체가 있을 위치 I가 주어지게 된다. [증명 끝]

딸린법칙 1 그러므로 물체들의 최고 고도와 최저 고도, 그러니까 궤적들의 원근점들(apsides)을 신속하게 구할 수 있다. 왜냐 하면 원근점들은, 중심을 지나는 직선 IC가 궤적 VIK와 수직으로 만나는 점들이기 때문이다. 그러니까 넓이 ABFD가 Z^2과 같아지는 때이다.

딸린법칙 2 그러므로 곡선이 임의의 곳에서 직선 IC를 자르는 각 KIN을,

주어진 고도 IC로부터 신속하게 구할 수 있다. 그러니까 그 각의 사인(sine) 대 반지름의 비율이, KN 대 IK의 비율과 같도록 잡아라. 바꿔 말하면, Z 대 넓이 ABFD의 제곱근의 비율과 같도록 잡아라.

딸린법칙 3 C를 중심으로 그리고 V를 주꼭짓점으로 가지는 임의의 원뿔곡선 VRS를 그려라. 그리고 임의의 점 R에서 접선 RT를 그어서, 축 CV를 길게 늘인 것과 만나는 점을 T라 하자. 그 다음에 CR을 연결하고, 가로 좌표 CT와 길이가 같도록 직선 CP를 긋되, 이것이 구성하는 각 VCP는 부채꼴 VCR에 비례하도록 만들어라.

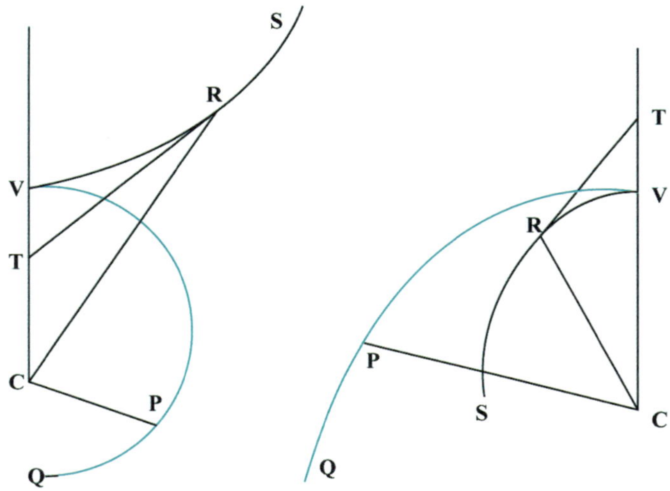

중심 C를 향하는 구심력은 중심에서 그 위치까지 거리의 세제곱에 역으로 비례한다고 하고, 그리고 물체가 위치 V에서부터 적당한 속력으로, 직선 CV에 수직인 직선을 따라서 출발한다고 하자. 그러면 이 물체는 궤적 VPQ를 따라 전진하게 되며, 점 P가 이것을 계속 그린다고 하자. 그러므로 만약 원뿔곡선 VRS가 쌍곡선이면, 중심을 향해서 내려간다. 만약 타원이면, 영원히 상승하여 무한히 멀리 나아간다.

반면에, 만약 어떤 물체가 위치 V에서부터 임의의 속력으로 출발해 나오는데, 그것이 중심을 향해서 비스듬히 하강하거나, 또는 중심으로부터 비스듬히 상승하면, 도형 VRS는 쌍곡선 또는 타원이며, 각 VCP를 주어진 어떤 비율에 따라서 증가시키거나 또는 감소시키면 그 궤적을 구할 수 있다.

그러나 만약 구심력이 원심력으로 바뀌면, 물체는 궤적 VPQ를 따라서 비스듬히 상승하게 되며, 이 곡선을 구하려면, 위에서와 같이 타원의 부채꼴 VRC에 비례하도록 각 VCP를 잡고, 길이 CT와 같도록 길이 CP를 잡으면 된다.

이것들은 모두 앞의 법칙으로부터 나오며, 곡선 도형의 넓이를 구하는 것을 수단으로 하여서이다. 이것을 구하는 것은 쉬우니까, 간략하게 하기 위해서 생략하겠다.

법칙 42, 문제 29

구심력의 법칙이 주어졌다고 하자. 물체가 주어진 위치에서, 주어진 속력으로, 주어진 직선을 따라서 떠났는데, 그 운동을 구하시오.

앞의 세 법칙들에서와 마찬가지라고 하자. 물체가 위치 I에서, 직선의 원소 IK를 따라서, 어떤 속력으로 나아가는데, 그 속력은, 다른 어떤 물체가 일정한 구심력을 받아서, 위치 P에서부터 D까지 낙하하며 얻는 속력과 같다고 하자. 그리고 이 일정한 힘 대, 물체에게 I에서 처음 가해지는 힘과의 비율은, DR 대 DF라고 하자.

물체는 k를 향해서 전진한다고 하자. C를 중심으로 Ck를 반지름으로 해서, 원 ke를 그리고, 직선 PD와 만나는 점을 e라 하자. 그리고 곡선들 BFg, abv, acw의 세로 좌표들 eg, ev, ew를 세워주어라.

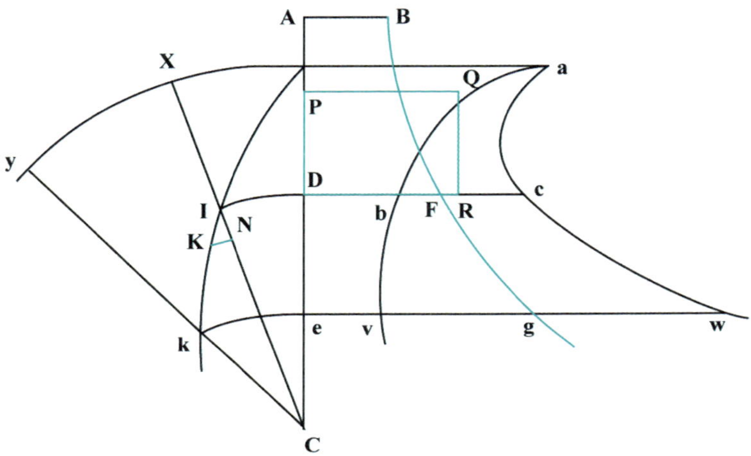

주어진 직사각형 PDRQ로부터, 그리고 처음 물체에게 가해지는 구심력의 주어진 법칙으로부터, 법칙 27과 그 딸린 법칙 1의 작도 방법을 써서, 곡선 BFg를 구할 수 있다. 그 다음에 주어진 각 CIK로부터, 막 생겨나는 선들 IK, KN의 비율이 주어지게 된다. 그러므로 문제 28의 작도 방법을 써서, 양 Q가 주어지고, 곡선들 abv, acw도 더불어 주어진다.

그러므로 임의의 시간 Dbve가 완결될 때, 물체의 고도 Ce 또는 Ck가 주어지고, 넓이 Dcwe, 그리고 이것과 넓이가 같은 부채꼴 XCy, 각 ICk, 그리고 그 때 이 물체가 있을 위치 k도 주어지게 된다. [증명 끝]

우리는 이 법칙들에서, 중심으로부터 멀어짐에 따라서, 구심력은 상상할 수 있는 임의의 법칙(공식)에 의해서 변화한다고 가정하였다. 그렇지만 중심으로부터 같은 거리들에 있으면 모든 방향에서 구심력의 크기가 같다고 하자.

우리는 여기까지, 고정된 궤도들에서의 물체들을 다루었다. 이제 그 궤도들이 힘의 중심의 둘레에서 회전하는 운동을 약간 다루도록 하자.

제 9 장
움직이는 궤도들에서의 물체들의 운동 그리고 원근점들의 운동

법칙 43, 문제 30

물체가 힘의 중심의 둘레에서 회전하고 있는 궤적을 따라서, 마치 다른 어떤 물체가 고정된 같은 궤적을 따르는 것처럼, 움직이도록 만드는 효과를 구하시오.

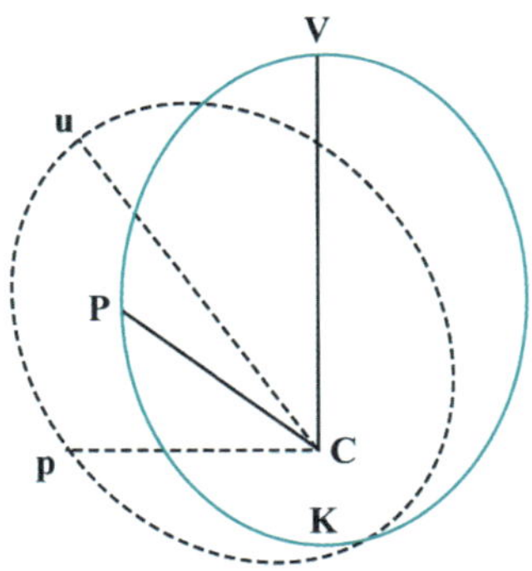

위치가 주어진 궤도 VPK를 따라서 물체 P가 회전하면서, V로부터 K로 전진한다고 하자. 중심 C로부터 Cp를 계속해서 긋되, CP와 길이가 같고, 각 VCp가 각 VCP에 비례하도록 해라. 그러면 직선 Cp가 그리는 넓이는, 직선 CP가 같은 시간 동안 그리는 넓이 VCP와 비교해서, (넓이를) 그리는 직선 Cp의 속력 대 그리는 직선 CP의 속력의 비율과 같게 된다. 그러니까 각 VCp 대 각 VCP의 비율과 같게 된다. 그러므로 주어진 비율이며, 따라서 (그리는 넓이는) 시간에 비례한다.

움직이지 않는 평면에서 직선 Cp가 그리는 넓이가 시간에 비례하니, 이 물체가 적당한 양의 구심력에 의해서, 그 곡선에 있는 점 p를 따라서 회전할 수 있음이 명백하다. 같은 점 p는, 움직이지 않는 평면에서 방금 설명한 비율에 따라서, 그 곡선을 그리고 있다.

각 VCu가 각 PCp와 크기가 같도록 잡고, 그리고 선 Cu는 선 CV와 같도록, 그리고 도형 uCp는 도형 VCP와 넓이가 같도록 잡아라. 그러면 그 물체는 항상 p에 존재하며, 회전하는 도형 uCp의 둘레에서 움직이고, 그의 호 up를 그린다. 다른 물체 P가 고정된 도형 VPK에서 닮은꼴이며 길이가 같은 도형 VP를 그리는 같은 시간 동안.

그러니 점 p가 고정된 평면에서 그리는 곡선을, 물체가 따라서 회전하도록 만드는 구심력을, 법칙 6, 딸린 법칙 5에 의해서 구하여라. 그러면 이 문제는 해결되었다. [증명 끝]

법칙 44, 문제 14

한 물체는 고정된 궤도를 따라서, 다른 물체는 그와 동일한 회전하는 궤도를 따라서, 같이 움직이면, 그렇게 되도록 작용하는 그 힘들의 차이는, 그들의 공통 높이의 세제곱에 역으로 비례한다.

정지한 궤도의 부분들 VP, PK가 회전하는 궤도의 부분들 up, pk와 닮은꼴이며 길이가 같다고 하자. 그리고 점들 P, K 사이의 거리는 가장 작다고 이해하자. 점 k로부터 직선 pC로 수직선 kr을 긋고, 이것을 길게 늘여서 m에 이르도록 하되, mr 대 kr이 각 VCp 대 각 VCP와 같도록 해라.

물체들의 고도들인 PC 그리고 pC, KC 그리고 kC가 항상 같으니, 직선들 PC 그리고 pC의 증가 또는 감소가 항상 같음이 명백하다. 그러므로 물체들이 위치들 P, p에 있을 때, 이들 각각의 운동을 (운동 법칙에 딸린 법칙 2를 써서) 둘로 분할하여서, 하나는 중심을 향하도록, 그러니까 직선들 PC, pC 방향으로 결정하고, 그리고 다른 하나는 전자에 횡으로, 그러니까 직선들 PC, pC에 수직인 방향으로 하면, 중심을 향하는 운동은 서로 크기가 같으며, 물체 p의 횡으로의 운동은 물체 P의 횡으로의 운동과

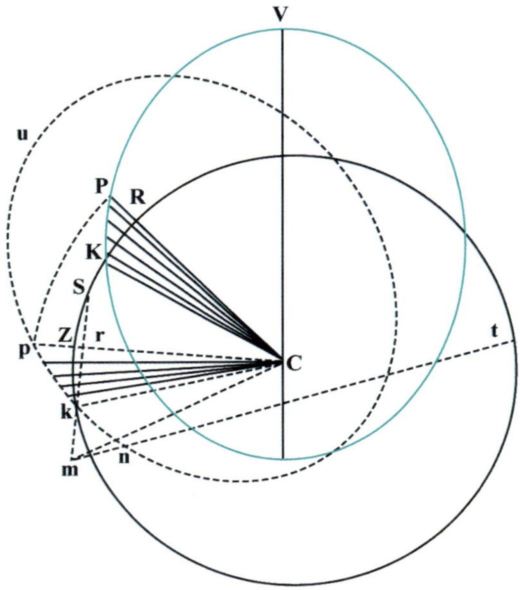

비교해서, 직선 pC의 각운동 대 직선 PC의 각운동과의 비율과 같다. 그러니까 각 VCp 대 각 VCP의 비율과 같다.

그러므로 물체 P가 그 두 운동들에 의해서 점 K에 도달했을 때, 물체 p는 중심을 향하는 운동은 그와 똑같으니, p로부터 C를 향해서 같은 운동으로 움직였다. 그러므로 같은 시간이 완결된 이후, 그 물체는 직선 mkr의 어딘가에 위치하게 되는데, 이 직선은 점 k를 지나며, 직선 pC에 수직이다. 그리고 횡으로의 운동에 따라서, 이 물체는 직선 pC로부터 어떤 거리를 확보하게 되는데, 그 거리는 다른 물체 P가 직선 PC로부터 확보하는 거리와의 비율이, 물체 p의 횡으로의 운동 대 다른 물체 P의 횡으로의 운동의 비율과 같다.

그런데 kr은 물체 P가 직선 PC로부터 확보하는 거리와 같고, 그리고 mr 대 kr은 각 VCp 대 각 VCP와 같으니, 그러니까 물체 p의 횡으로의 운동 대 물체 P의 횡으로의 운동과 같으니, 그 시간의 완결 후에 물체 p는 위치 m에 있음이 명백하다. 물체들 p 그리고 P가 직선들 pC 그리고 PC를 따라서 같은 거리만큼 움직이고, 그러므로 이 직선들을 따라서 같은 크기의 힘들이 가해지는 경우에, 이것들이 이렇게 된다.

그렇지만 이제 각 pCn 대 각 pCk이 각 VCp 대 각 VCP이 되도록 (각 pCn을) 잡고, 그리고 nC를 kC와 길이가 같도록 잡고, 그리고 물체 p가 그 시간의 완결 후에 실제로 n에서 발견된다고 하자. 그러므로 만약 각 nCp가 각 kCp보다 더 크면, 물체 P보다 (물체 p에게) 더 큰 힘이 가해진 것이다. 그러니까 만약 궤도 upk가 앞으로 움직이거나, 또는 직선 CP가 앞으로 움직이는 것보다 두 배가 넘는 속력으로 뒤로 움직이는 경우 이러하다. 그리고 만약 궤도가 뒤로 더 느리게 움직이면, 더 작은 힘이 가해진 것이다.

그리고 힘들의 차이는, 주어진 길이의 시간 동안, 물체 p가 그러한 차이에 의해서 이동되었을 거리 mn에 비례한다. C를 중심으로, Cn 또는 Ck를 반지름으로 원을 그렸다고 이해하자. 이 원이 직선들 mr, mn을 길게 늘인 것들을 자르는 점들을 s, t라 하자. 그러면 직사각형 mn×mt는 직사각형 mk×ms와 같으며, 따라서 mn은 $\frac{mk \times ms}{mt}$ 와 같다.

그런데 시간이 주어지면, 삼각형들 pCk, pCn의 크기(넓이)가 주어진다. 그러므로 kr과 mr, 그리고 이들의 차이 mk, 그리고 이들의 합 ms는 고도 pC에 역으로 비례하고, 따라서 직사각형 mk×ms는 고도 pC의 제곱에 역으로 비례한다. 그리고 mt는 $\frac{1}{2}$ mt에 바로 비례한다. 그러니까 고도 pC에 비례한다. 이들은, 막 생겨나는 선들의 처음 비율이다. 그러므로 $\frac{mk \times ms}{mt}$ 는, 그러니까 막 생겨나는 직선의 원소 mn은, 그리고 이에 비례하는 힘들의 차이는, 고도 pC의 세제곱에 역으로 비례한다. [증명 끝]

딸린법칙 1 그러므로 위치들 P 그리고 p, 또는 K 그리고 k에서 힘들의 차이는, 물체 P가 움직이지 않는 궤도를 따라서 호 PK를 그리는 것과 같은 시간 동안, 그 물체가 원운동으로 R에서 K까지 회전하게 하는 힘과의 비율이, 막 생겨나는 직선의 원소 mn 대 막 생겨나는 호 RK의 버스트 사인의 비율과 같다. 그러니까 $\frac{mk \times ms}{mt}$ 대 $\frac{rk^2}{2kC}$ 의 비율, 또는 mk×ms 대 rk 제곱의 비율과 같다. 그러니까 만약 주어진 양들 F, G가 서로 간의 비율이 각 VCP 대 각 VCp와 같도록 잡으면, $G^2 - F^2$ 대 F^2 의 비율과 같다.

그러므로 만약 중심 C에 대해서 임의의 반지름 CP 또는 Cp를 가지고, 전체 넓이 VPC와 같도록 부채꼴을 그리면, 여기서 VPC는 물체 P가 움직이지 않는 궤도를 따라 임의의 시간 동안 회전하면서 중심으로 그은 반지름이 그리는 넓이인데, 물체 P가 움직이지 않는 궤도를 따라서 회전하도록 하고 물체 p는 움직이는 궤도를 따라서 회전하도록 하는 힘들의 차이는, 넓이 VPC가 그려지는 것과 같은 시간 동안, 어떤 물체가 중심으로 그은 반지름으로 그 부채꼴을 일정하게 그릴 수 있도록 만드는 구심력과의 비율이, $G^2 - F^2$ 대 F^2 이다. 왜냐 하면 그 활꼴 그리고 넓이 pCk 서로 간의 비율은, 이들을 그리는 시간들에 비례하기 때문이다.

딸린법칙 2 궤도 VPK가 타원이고, 초점이 C이고, 그리고 원점이 V라 하자. 그리고 타원 upk는 이것과 닮은꼴이며 크기가 같다고 가정하자. 그래서 pC는 항상 PC와 길이가 같고, 각 VCp 대 각 VCP는 주어진 비율 G 대 F라고 하자. 그리고 고도 PC 또는 pC를 A라 표기하고, 타원의 라투스 렉텀을 2R이라 놓아라. 그러면 움직이는 타원을 따라서 물체가 회전하도록 만드는 힘은 $\frac{FF}{AA} + \frac{RGG - RFF}{A^3}$ 에 비례한다. 그리고 역도 성립한다.

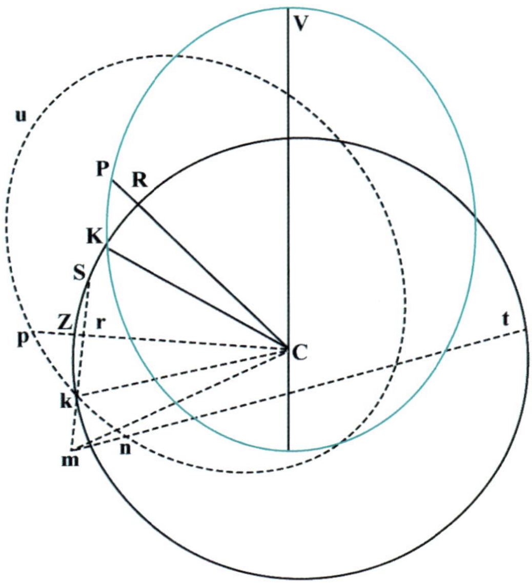

움직이지 않는 타원을 따라서 회전하게 만드는 힘을 양 $\frac{FF}{AA}$ 로 나타내자. 그러면 V에서의 힘은 $\frac{FF}{CV^2}$ 가 된다. 그런데 물체가 타원을 따라 회전하면서 V에서 가지는 속력으로, 거리 CV인 원을 따라서 회전하도록 만드는 힘은, 타원을 따라 회전하는 물체에게 원점 V에서 가해지는 힘과의 비율이, 타원의 라투스 렉텀의 절반 대 원의 반지름 CV의 비율과 같다. 그러니 그 값이 $\frac{RFF}{CV^3}$ 이다.

그리고 이것과의 비율이 G^2-F^2 대 F^2이 되는 힘은, 그 값이 $\frac{RGG-RFF}{CV^3}$ 이다. 이 힘은 (이 법칙의 딸린 법칙 1에 따라서) 물체 P가 고정된 타원 VPK를 따라서 회전하게 만드는 힘과, 물체 p가 움직이는 타원 upk를 따라서 회전하게 만드는 힘의, V에서의 차이이다.

그런데 (이 법칙에 따라서) 다른 임의의 고도 A에서의 힘의 차이 대 고도 CV에서의 힘의 차이의 비율은, $\frac{1}{A^3}$ 대 $\frac{1}{CV^3}$ 이며, 모든 고도 A에서 같은 차이는 값 $\frac{RGG-RFF}{A^3}$ 를 가진다. 그러므로 물체가 움직이지 않는 타원 VPK를 따라 회전하게 만드는 힘 $\frac{FF}{AA}$ 에다, 초과분 $\frac{RGG-RFF}{A^3}$ 를 더해라. 그러면 전체 힘 $\frac{FF}{AA}+\frac{RGG-RFF}{A^3}$ 가 구성되며, 이 힘에 따라서 물체는 같은 시간 동안 움직이는 타원 upk를 따라서 회전하게 된다.

딸린법칙 3 마찬가지 방법으로 다음의 결론이 나오게 된다. 움직이지 않는 궤도 VPK가 타원이고, 그 중심이 힘의 중심 C라고 하자. 그리고 이것과 닮은꼴이며, 크기가 같고, 중심이 같으며, 움직이는 타원 upk가 있다고 하자. 타원의 주 라투스 렉텀을 2R이라 하고, 라투스 트랜스버섬(latus transversum) 또는 장축을 2T라 하자. 그리고 각 VCp는 항상 각 VCP와의 비율이, G 대 F이도록 해라. 그러면 물체들이 같은 시간들 동안 움직이지 않는 타원 그리고 움직이는 타원을 따라서 회전하도록 만드는 힘들은 각각, $\frac{FFA}{T^3}$ 그리고 $\frac{FFA}{T^3}+\frac{RGG-RFF}{A^3}$ 에 비례한다.

딸린법칙 4 그리고 일반적으로, 물체의 최고 고도 CV를 T라 나타내고, 그리고 궤도 VPK의 V에서의 곡률 반지름, 그러니까 그와 같은 정도로 굽은 원의 반지름을 R이라 나타내고, 그리고 물체가 임의의 움직이지 않는 궤도 VPK를 따라 회전하게 만드는 구심력의 위치 V에서의 힘을 $\frac{VFF}{TT}$ 라 나타내고, 그리고 다른 위치 P에서의 힘을 미지수처럼 X로 나타내고, 고도 CP를 A로 나타내고, G 대 F의 비율이 주어진 비율 각 VCp 대 각 VCP가 되도록 (G를) 잡아라.

그러면 같은 물체가 같은 시간 동안 같은 운동으로, 원의 운동을 하는 같은 곡선 upk를 따라 지나가도록 하는 구심력은, 힘들의 합 $X+\frac{VRGG-VRFF}{A^3}$에 비례한다.

딸린법칙 5 그러므로 임의의 움직이지 않는 궤도에서의 물체의 운동이 주어지면, 힘의 중심의 둘레에서의 그 각운동을 주어진 비율로 증가 또는 감소시킬 수 있다. 그러면 새로운 구심력들에 의해서, 물체들이 회전하게 될 새로운 움직이지 않는 궤도들을 구할 수 있다.

딸린법칙 6 그러므로 만약 위치가 주어진 직선 CV에 수직이 되도록 직선 VP를 길게 긋고, CP를 연결하고, 이것과 길이가 같도록 Cp를 긋되,

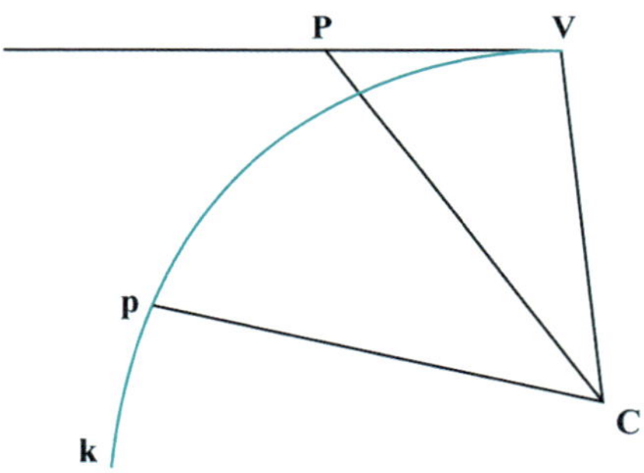

구성하는 각 VCp가 각 VCP에 대해서 주어진 비율이 되도록 해라. 그러면 점 p가 계속 그리는 곡선 Vpk를 따라서 물체가 회전하도록 만드는 힘은, 고도 Cp의 세제곱에 역으로 비례한다.

왜냐 하면 물체 P에 관성의 힘만이 작용하고, 다른 힘이 가해지지 않으면, 직선 VP를 따라서 일정하게 전진하게 된다. 여기에다 중심 C를 향하고 고도 CP 또는 Cp의 세제곱에 역으로 비례하는 힘을 더해라. 그러면 (방금 증명한 것에 따라서) 직선 운동에서 벗어나 곡선 Vpk를 따르게 된다. 그런데 곡선 Vpk는 법칙 41, 딸린 법칙 3에서 구한 곡선 VPQ와 같으며, 거기에서 말했듯이, 이러한 종류의 힘에 끌리는 물체들은 비스듬

하게 올라가게 된다.

법칙 45, 문제 31

원들과 매우 가까운 궤도들의 원근점들의 운동을 구하시오.

이 문제는, 고정된 평면에서 움직이는 타원을 따라 (위의 법칙의 딸린 법칙 2, 3에서처럼) 회전하는 물체의 궤도를, 구하려 하는 원근점들을 가지는 궤도의 형태로 수렴시킴으로써, 산술적으로 해결할 수 있다. 그러고 나서, 고정된 평면에서 이 물체가 그리는 궤도의 원근점들을 구해야 한다.

만약 물체들이 (궤도들을) 그리도록 만드는 구심력들이, 서로 간에 비교하여서, 같은 고도들에서 서로 비례하도록 만들면, 궤도들은 같은 형태를 획득하게 된다. (가장 높은) 원점을 V라 하고, 가장 높은 고도 CV를 T라 표기하고, 다른 임의의 고도 CP 또는 Cp를 A라 표기하고, 그리고 고도의 차이 CV-CP를 X라 하자.

그러면 자신의 초점을 C의 둘레에서 회전하는 (딸린 법칙 2처럼) 타원을 따라 움직이도록 하는 힘은, 딸린 법칙 2에서, $\frac{FF}{AA} + \frac{RGG - RFF}{A^3}$ 에 비례한다. 그러니까 $\frac{FFA + RGG - RFF}{A^3}$ 에 비례한다. A 대신에 T-X를 넣으면, $\frac{RGG - RFF + TFF - FFX}{A^3}$ 에 비례한다.

비슷한 방법으로, 다른 구심력도 분모가 A^3 인 분수로 바꿀 수 있다. 그리고 분자들은, 동종인 항들을 모음으로써, 같은 차수가 되도록 만들 수 있다. 예들을 통해서 더 분명하게 만들겠다.

〈예 1〉 구심력이 일정하다고 가정하자. 그러니 $\frac{A^3}{A^3}$ 에, 또는 (분자에서 A 대신에 T-X라 써서)

$$\frac{T^3 - 3TTX + 3TXX - X^3}{A^3}$$

에 비례한다고 하자. 그리고 분자에서 대응하는 항들을, 그러니까 주어진 것들은 주어진 것들과, 주어지지 않은 것들은 주어지지 않은 것들과, 서로 대조하여라. 그러면

$$\begin{aligned} &RGG - RFF + TFF : T^3 \\ &= -FFX : -3TTX + 3TXX - X^3 \\ &= -FF : -3TT + 3TX - XX \end{aligned}$$

이제 그 궤도가 원에 매우 가깝다고 하였으니, 궤도를 원과 합치시켜 보자. 그러면 R, T가 일치하게 되고, X는 한없이 작아지니까, 궁극적 비율은

$$RGG : T^3 = -FF : -3TT$$

또는 $$GG : TT = FF : 3TT$$

가 된다. 이것을 변환시키면,

$$GG : FF = TT : 3TT = 1 : 3$$

그러므로 G 대 F, 그러니까 각 VCp 대 각 VCP의 비율은, 1 대 $\sqrt{3}$ 이다. 그러므로 움직이지 않는 타원에서, 물체가 원점에서 근점으로 하강하면, 각 VCP를 (말하자면) 180도로 완성하니, 움직이는 타원에서의 다른 물체는, 우리가 다루고 있는 움직이지 않는 궤도에서, 원점에서 근점으로 하강하면서, 각 VCp를 $\frac{180}{\sqrt{3}}$ 도로 완성하게 된다.

왜냐 하면 일정한 구심력의 작용 하에 물체가 그리는 이 궤도와, 회전

하는 타원을 따라서 전진하는 물체가 고정된 평면에서 그리는 궤도가 닮은꼴이기 때문이다. 위의 항들을 비교해 보면, 이 궤도들이 서로 닮은꼴이 되도록 할 수 있는데, 일반적이지는 않고, 그들이 가능한 한 원의 형태에 가까울 때 그렇게 된다. 그러므로 어떤 물체가 일정한 구심력에 의해서 거의 원에 가까운 궤도를 그리며 회전하면, 원점 그리고 근점 사이에서 항상 $\frac{180}{\sqrt{3}}$ 도, 그러니까 103°55'23"의 각을 완성하게 된다. 원점에서 근점에 이르면, 이 각을 한 번 만들고, 그리고 거기에서 원점으로 돌아가면, 같은 각을 또 한 번 완성하고, 이런 식으로 한없이 계속된다.

〈예 2〉 구심력이 고도 A의 임의의 거듭곱 A^{n-3}, 그러니까 $\frac{A^n}{A^3}$ 에 비례한다고 하자. 여기서 지수 n-3 그리고 n은 어떠한 수라도, 임의의 정수들 또는 분수들, 유리수들 또는 무리수들, 양수들 또는 음수들, 될 수 있다고 하자. 분자 A^n 또는 $(T-X)^n$ 을 우리의 방법으로 수렴하는 무한급수로 나타내면

$$T^n - nXT^{n-1} + \frac{nn-n}{2}XXT^{n-2} + \cdots$$

가 된다. 이것을 다른 분자의 항들

$$RGG - RFF + TFF - FFX$$

와 대조하면, 다음 식을 얻는다.

$$RGG - RFF + TFF : T^n = -FF : -nT^{n-1} + \frac{nn-n}{2}XT^{n-2} + \cdots$$

궤도가 원의 형태에 접근할 때 궁극적 비율들을 잡으면,

$$RGG : T^n = -FF : -nT^{n-1}$$

또는

$$GG : T^{n-1} = FF : nT^{n-1}$$

변환시키면, $GG : FF = T^{n-1} : nT^{n-1} = 1 : n$

그러므로 G 대 F, 그러니까 각 VCp 대 각 VCP의 비율은, 1 대 $\sqrt{n}$ 이 된다.

그런데 각 VCP는, 물체가 타원의 원점에서 근점으로 하강하면서 완성한 각이니, 180도이다. 각 VCp는, 물체가 원점에서 근점으로 하강하면서 완성한 각이며, 임의의 물체가 A^{n-3} 에 비례하는 구심력에 의해서 그린 거의 원에 가까운 궤도를 따른 것이니, $\frac{180}{\sqrt{n}}$ 도인 각과 크기가 같다. 그리고 이 각이 되풀이되면, 물체는 근점에서 원점으로 돌아가고, 이렇게 무한히 계속된다.

그러므로 만약 구심력이 중심에서 물체까지 거리에 비례하면, 그러니까 A 또는 $\frac{A^4}{A^3}$ 에 비례하면, n은 4이며, 그리고 $\sqrt{n}$ 은 2이다. 그러므로 원점과 근점 사이의 각은 $\frac{180}{2}$ 도 또는 90도가 된다. 그러므로 물체는 한 번 회전의 사분의 일을 완성하고 원점으로부터 근점에 도달하였으며, 다시 사분의 일을 완성하면 원점에 도달하고, 이렇게 번갈아 무한히 계속된다.

이것은 또한 법칙 10으로부터 명백하게 나온다. 물체에게 이 구심력이 가해져서, 움직이지 않는 타원을 따라서 회전하며, 타원의 중심이 힘의 중심이라고 하자. 그런데 만약 구심력이 거리에 역으로 비례하면, 그러니까 $\frac{1}{A}$ 또는 $\frac{A^2}{A^3}$ 에 바로 비례하면, n은 2이며, 따라서 원점과 근점 사이의 각은 $\frac{180}{\sqrt{2}}$ 도 또는 127°17'45"가 된다. 그러므로 이러한 힘에 의해서 회전하는 물체는, 이 각을 영구히 되풀이하면서, 원점에서 근점으로, 근점에서 원점으로, 번갈아 끝없이 움직인다.

게다가 만약 구심력이 고도의 11/4승에 역으로 비례하면, 그러니까 $A^{11/4}$에 역으로 비례하면, $\frac{1}{A^{11/4}}$에 바로 비례하는 게 되며, 그러니까 $\frac{A^{1/4}}{A^{3}}$에 비례하며, n은 $\frac{1}{4}$이고, $\frac{180}{\sqrt{n}}$도는 360도가 된다. 그러므로 물체는 원점에서 출발하여서, 그 이후 계속 하강하여서, 온전한 회전을 완결하면 근점에 도달하게 된다. 그 다음에 계속 상승하여서, 또 다시 온전한 회전을 완결하면 원점으로 돌아가게 된다. 이렇게 번갈아 계속된다.

〈예 3〉 m 그리고 n은 고도에 대한 임의의 지수들이라 하고, b, c는 주어진 임의의 수들이라 하고, 구심력이 $\frac{bA^{m} + cA^{n}}{A^{3}}$에, 그러니까 $\frac{b(T-X)^{m} + c(T-X)^{n}}{A^{3}}$에 비례한다고 가정하자. 또는 (우리의 같은 방법인 수렴하는 무한 급수에 따라서)

$$\left(bT^{m} + cT^{n} - mbXT^{m-1} - ncXT^{n-1} + \frac{mm-m}{2}bXXT^{m-2} + \frac{nn-n}{2}cXXT^{n-2} + \cdots\right) / A^{3}$$

그리고 분자의 항들을 모으면,

$$RGG - RFF + TFF \ : \ bT^{m} + cT^{n}$$

$$= -FF : -mbT^{m-1} - ncT^{n-1} + \frac{mm-m}{2}bXT^{m-2} + \frac{nn-n}{2}cXT^{n-2} + \cdots$$

궤도들이 원의 형태로 근접할 때 나오는 것을 궁극적 비율들을 잡으면,

$$GG : bT^{m-1}+cT^{n-1} = FF : mbT^{m-1}+ncT^{n-1}$$

변환시키면,

$$GG : FF = bT^{m-1}+cT^{n-1} : mbT^{n-1}+ncT^{n-1}$$

이 비례식은, 최고 고도 CV 또는 T를 연산의 단위수로 나타내면, 다음과 같이 된다.

$$GG : FF = b+c : mb+nc = 1 : \frac{mb+nc}{b+c}$$

그러므로 G 대 F는, 그러니까 각 VCp 대 각 VCP는, 1 대 $\sqrt{\frac{mb+nc}{b+c}}$ 이다. 그런데 각 VCP는 움직이지 않는 타원의 원점과 근점 사이의 각이니, 180도이다. 각 VCp는, 구심력이 $\frac{bA^m+cA^n}{A^3}$ 인 경우 물체가 그리는 궤도의 원점과 근점 사이의 각이니, 각 180$\sqrt{\frac{b+c}{mb+nc}}$ 도와 크기가 같다. 그리고 마찬가지 추론으로, 만약 구심력이 $\frac{bA^m-cA^n}{A^3}$ 에 비례하면, 원점과 근점 사이의 각은 180$\sqrt{\frac{b-c}{mb-nc}}$ 도로 구해진다.

더 어려운 경우들에도, 이 문제는 마찬가지 방법으로 해결할 수 있다. 구심력에 비례하는 양을, A^3 을 분모로 하는, 수렴하는 무한 급수로 항상 바꿔 놓아야 한다. 그러면 이 연산에 의해서 생기는, 분자의 주어진 부분은, 주어지지 않은 그 다른 부분과의 비율이, 이 분자의 주어진 부분 RGG-RFF+TFF-FFX가, 주어지지 않은 그 다른 부분에 대해서 가지는 비율과 같게 된다. 필요 없는 양들을 제거해 버리고, T를 단위수라고 적어 놓으면, G 대 F의 비율을 얻게 된다.

딸린법칙 1 그러므로 만약 구심력이 고도의 어떤 거듭곱에 비례하면, 원점과 근점의 운동으로부터 그 지수를 알아 낼 수 있으며, 그리고 역도 성립한다. 예를 들어 물체가 원점으로 다시 돌아가기까지의 각운동 전부를 한 번의 회전, 그러니까 360도와 비교해서, 한 수 m 대 다른 수 n의 비율과 같다고 하자. 그리고 고도를 A로 나타내자. 그러면 힘은 고도의 거듭곱 $A^{\frac{nn}{mm}-3}$ 에 비례한다. 그 지수는 $\frac{nn}{mm}-3$ 이다. 이것은 예 2로부터 명백하게 나온다.

그러므로 물체가 중심으로부터 멀어질 때, 힘은 고도의 세제곱보다 더 큰 비율로 감소할 수 없음이 명백하다. 그러한 구심력을 받으면서 회전하는 물체는, 만약 하강을 시작하면, 절대로 근점, 그러니까 최저 고도에 도착할 수가 없으며, 계속 하강해 중심에 닿게 되며, 법칙 41, 딸린 법칙 3에서 다룬 곡선을 그리게 된다.

만약 이 물체가 근점에서 출발하여 아주 최소한의 높이만 상승하더라도, 무한히 상승하게 되며, 절대 원점에 도달하지 않는다. 이 물체는 법칙 41, 딸린 법칙 3, 법칙 44, 딸린 법칙 6에서 다룬 것과 같은 곡선을 그리게 되기 때문이다. 그러므로 중심으로부터 멀어질 때 구심력이 고도의 세제곱보다 더 큰 비율로 줄어들면, 원점 또는 근점에서 출발한 물체는, 하강을 시작하였느냐 또는 상승을 시작하였느냐에 따라서, 중심으로 하강하거나 또는 무한히 상승한다.

그러나 만약 힘이, 중심으로부터 멀어질 때, 고도의 세제곱보다 더 작은 비율로 감소하거나, 또는 고도의 임의의 비율로 증가하면, 물체는 절대 중심으로 하강하지 않으며, 결국 근점에 이르게 된다. 그리고 역으로, 물체가 원근점들 사이를 번갈아 하강하고 상승하며 절대로 중심에 도달하지 않으면, 힘은 중심으로부터 멀어짐에 따라서 더 커지거나, 또는 고도의 세제곱보다 더 작은 비율로 감소한다.

그리고 물체가 원근점들로 되돌아가는 시간이 짧으면 짧을수록, 힘의 비율은 세제곱의 비율과 거리가 멀다. 예를 들어 물체가 하강 그리고 상승을 번갈아 하여 원점에서 다시 원점으로 가는 데 8번 또는 4번 또는 2번 또는 $1\frac{1}{2}$ 번의 회전이 필요하다고 하자. 그러니까 m 대 n의 비율이 8 또는 4 또는 2 또는 $1\frac{1}{2}$ 대 1이라고 하자. 그러면 $\frac{nn}{mm} - 3$ 의 값은 $\frac{1}{64} - 3$ 또는 $\frac{1}{16} - 3$ 또는 $\frac{1}{4} - 3$ 또는 $\frac{4}{9} - 3$ 이다. 그러므로 힘은 $A^{\frac{1}{64} - 3}$ 또는 $A^{\frac{1}{16} - 3}$ 또는 $A^{\frac{1}{4} - 3}$ 또는 $A^{\frac{4}{9} - 3}$ 에 비례한다. 그러니까 $A^{3 - \frac{1}{64}}$ 또는 $A^{3 - \frac{1}{16}}$ 또는 $A^{3 - \frac{1}{4}}$ 또는 $A^{3 - \frac{4}{9}}$ 에 역으로 비례한다.

만약 물체가 각각의 회전 이후 움직이지 않는 같은 원점 또는 근점으로 돌아가면, m 대 n은 1 대 1이 된다. 그러므로 $A^{\frac{nn}{mm} - 3}$ 은 A^{-2} 이 된다. 또는 $\frac{1}{AA}$ 이다. 그러므로 힘은 고도의 제곱에 비례해서 감소한다. 이것은 앞에서도 증명하였다.

만약 물체가 3/4번, 또는 2/3번, 또는 1/3번, 또는 1/4번의 회전 이후 같은 원근점들로 되돌아오면, m 대 n의 비율은 3/4 또는 2/3 또는 1/3 또는 1/4 대 1이 된다. 그러므로 $A^{\frac{nn}{mm} - 3}$ 은 $A^{\frac{16}{9} - 3}$ 또는 $A^{\frac{9}{4} - 3}$ 또는 $A^{9 - 3}$ 또는 $A^{16 - 3}$ 이 된다. 그러므로 힘은 $A^{\frac{11}{9}}$ 또는 $A^{\frac{3}{4}}$ 에 역으로 비례하거나, A^6 또는 A^{13} 에 바로 비례한다.

마지막으로, 물체가 원점에서부터 다시 원점에 이르기까지, 한 번의 완전한 회전 더하기 3도를 전진한다고 하자. 그러니까 각각의 회전을 완결할 때마다 원점이 3도씩 앞으로 움직인다고 하자. 그러면 m 대 n은 363도 대 360도이다. 또는 121 대 120이다. 그러므로 $A^{\frac{nn}{mm}-3}$은 $A^{-\frac{29523}{14641}}$이다. 그러므로 구심력은 $A^{\frac{29523}{14641}}$에, 또는 거의 $A^{2\frac{4}{243}}$에 역으로 비례한다. 그러므로 구심력은 고도의 제곱보다 살짝 더 큰 비율로 감소하지만, 세제곱보다 제곱에 $59\frac{3}{4}$ 배 더 가깝다.

딸린법칙 2 그리고 또한, 만약 물체가 고도의 제곱에 역으로 비례하는 구심력을 받아서, 힘의 중심을 초점으로 하는 타원을 따라서 회전하는데, 다른 임의의 외부의 힘이 이 구심력에 더해지거나 또는 빼진다고 하면, 이 외부의 힘에 의해서 생겨날 원근점들의 운동을 (예 3에 따라서) 구할 수 있다. 그리고 역도 성립한다.

예를 들어, 물체가 타원을 따라서 회전하게 하는 힘이 $\frac{1}{AA}$에 비례한다고 하고, 그리고 빼 주는 외부의 힘이 cA에 비례한다고 하자. 그러면 남는 힘은 $\frac{A-cA^4}{A^3}$에 비례한다. 그러면 (예 3에서 보았듯이) b는 1이 되며, m은 1이 되며, n은 4가 된다. 그러므로 원근점들 사이의 회전의 각은 각 $180\sqrt{\frac{1-c}{1-4c}}$ 도와 크기가 같다.

타원을 따라서 물체를 회전시키는 힘에 비해서, 외부의 힘이 357.45배 약하다고 하자. 그러니까 c가 $\frac{100}{35745}$이라고 하자. A 또는 T를 1이라고 놓자. 그러면 $180\sqrt{\frac{1-c}{1-4c}}$는 $180\sqrt{\frac{35645}{35345}}$가 된다. 또는

180.7623도, 그러니까 180°45'44"가 된다. 그러므로 물체는 원점을 떠나고 나서, 180°45'44"의 각운동으로 근점에 도착하게 된다. 그리고 이 운동의 두 배 이후, 원점에 돌아가게 된다. 그러므로 원점은, 매번 회전할 때마다, 1°31'28"씩 앞으로 전진하게 된다. 달의 원지점은 두 배 정도 빨리 움직인다.

힘의 중심을 지나는 평면에 놓여 있는 궤도들에서의 물체들의 운동은 여기까지이다. 추가적으로, 중심에서 벗어난 평면들에서의 운동을 결정하는 일이 남았다. 왜냐 하면 무거운 물체들의 상승 그리고 하강 운동들을 다룬 저자들은 수직은 물론이고, 주어진 임의의 기울기의 평면에서의 운동도 다루어 놓았다. 그러므로 임의의 중심을 향하는 힘의 영향하에, 물체가 편심(eccentric) 평면에 놓여서 지탱을 받으며 행하는 운동을 여기서 고려함이, 마찬가지로 정당화된다.

그렇지만 우리는 이러한 평면들이 광택이 나도록 다듬고 완벽하게 매끄러워서, 물체들이 저항을 전혀 받지 않는다고 가정하자. 게다가 이러한 증명들에서, 물체들이 놓여서 지탱을 받으며, 물체들이 접촉하여 내리누르는 평면 대신에, 물체들의 중심들이 움직이는, 그래서 그 중심들이 운동하며 궤도를 그리는 평면을 흔히 사용할 것이다. 그 다음에 같은 원리에 따라서, 곡면에 놓인 물체들이 행하는 운동들을 규명할 것이다.

제 10 장

주어진 표면들에서의 물체들의 운동 그리고 진자의 진동 운동

법칙 46, 문제 32

임의의 종류의 구심력이 있어서, 그 힘의 중심 그리고 물체가 놓여서 회전할 어떤 평면이 둘 다 주어졌다고 하자. 그리고 곡선 도형들의 넓이를 구할 수 있다고 하자. 주어진 위치에서, 주어진 속력으로, 주어진 그 평면에 놓이는 직선을 따라서 출발한 물체의 운동을 구하시오.

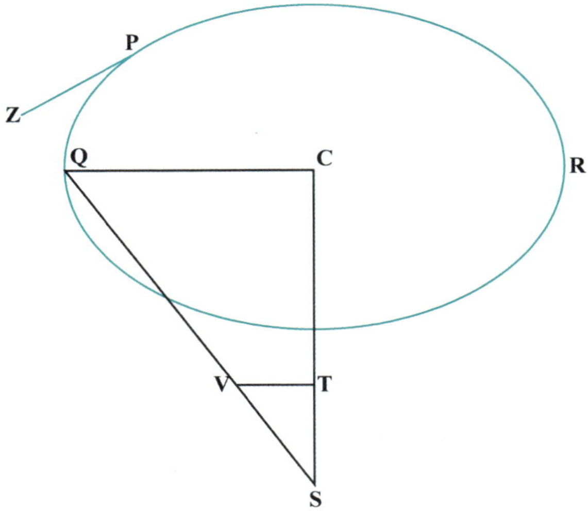

힘의 중심을 S라 하고, 이 중심에서부터 주어진 평면까지 최단 거리를 SC라 하자. 그리고 물체 P는 위치 P에서 직선 PZ를 따라 출발하며, Q는 같은 물체가 궤적을 따라서 회전하는 것이며, 그리고 주어진 평면에서

그리는 그 궤적이 PQR이며, 우리는 이것을 구해야 한다.

CQ, QS를 연결하여라. 그리고 QS에서 SV를 잡되, 물체가 힘의 중심 S를 향해서 끌리는 구심력에 비례하도록 잡아라. CQ에 평행하도록 VT를 긋고, SC와 만나는 점을 T라 하자. 힘 SV는 (운동 법칙에 딸린 법칙 2를 써서) 힘들 ST, TV로 분해할 수 있다. 여기서 ST는 평면에 수직인 직선 방향으로 이 물체를 잡아당기며, 이 평면에서의 그 운동을 전혀 바꾸지 않는다. 그러나 다른 힘 TV는, 평면의 위치를 따라서 작용하며, 주어진 평면의 점 C 방향으로 물체를 똑바로 끌어당긴다.

그러므로 물체가 이 평면에서 움직이는 것은, 힘 ST를 제거하고, 그리고 물체가 자유로운 공간에서 중심 C의 둘레에서 힘 TV에 의해서 회전하는 것과 마찬가지 방식이다. 이제 구심력 TV가 주어지고, 그에 따라서 물체 Q가 자유로운 공간에서 중심 C의 둘레를 회전하면, 물체가 그리는 궤적 PQR이 (법칙 42에 따라서) 주어지며, 게다가 주어진 임의의 시간에 물체가 회전하고 있는 위치 Q도, 그리고 마지막으로 그 위치 Q에서의 물체의 속력도 주어진다. 그리고 역도 성립한다. [증명 끝]

법칙 47, 정리 15

구심력이 중심으로부터 물체의 거리에 비례한다고 가정하자. 그러면 임의의 그 어떠한 평면에서든 회전하는 모든 물체들은 타원들을 그리며, 회전들은 동일한 시간들에 수행된다. 그리고 직선들을 따라서 앞으로 그리고 뒤로 진동하며 움직이는 물체들은, 전진 그리고 후진의 각각의 주기를 동일한 시간들에 완결한다.

왜냐 하면, 위의 법칙에서와 마찬가지로 가정하면, 물체 Q가 임의의 평면 PQR에서 회전하도록 만드는 힘 SV는 중심 S를 향해서 당기며,

거리 SQ에 비례한다. 그러면 SV 대 SQ는, TV 대 CQ와 같은 비율이니까, 주어진 평면의 점 C를 향해서 물체가 당겨지는 힘 TV는, 거리 CQ에 비례한다. 그러므로 평면 PQR에서 움직이는 물체들을 점 C를 향해서 당기는 힘들은, 거리들의 비율에서, 물체들이 중심 S를 향해서 제각각의 방향으로 당겨지는 힘들과 같다.

그러므로 물체들은 임의의 평면 PQR에서 점 C의 둘레를, 그리고 자유로운 공간에서 중심 S의 둘레를, 같은 시간 동안 같은 도형을 그리며 움직인다. 그러므로 (법칙 10, 딸린 법칙 2, 법칙 38, 딸린 법칙 2에 따라서) 항상 같은 시간들 동안, 그들은 그 평면에서 점 C의 둘레에서 타원들을 그리거나, 또는 점 C를 지나도록 그 평면에서 그은 직선들을 따라서 앞으로 그리고 뒤로 움직이는 주기들을 완결한다. [증명 끝]

설명

이것들은 곡면들에서의 물체들의 상승 그리고 하강과 관련이 있다. 평면에서 곡선들을 그리고, 그 다음에 힘들의 중심을 지나는 주어진 임의의 축의 둘레에서 그것들을 회전시켜서, 그 회전에 의해서 곡면들을 그린다고 상상하자. 그 다음에 그 물체들이, 그들의 중심들이 영구히 그 곡면들에 놓여 있도록 움직인다고 하자.

만약 그 물체들이 비스듬히 상승 그리고 하강하면서, 앞으로 그리고 뒤로 진동하면, 그들의 운동들은 축을 지나는 평면에서 행해지며, 그러니 곡선들을 따라서이며, 그 곡선들의 회전이 그 곡면들을 생성하였다. 그러므로 이러한 경우들에는, 이 곡선들을 따른 운동을 고려하면 충분하다.

법칙 48, 정리 16

바퀴가 공(구)의 바깥에 직각으로 서서, 바퀴들이 그러하듯이 굴러서, 공의 대원을 따라서 전진한다고 하자. 그러면 바퀴 둘레의 임의의 점이 공에 닿은 이후부터 그린 곡선 궤적(이것을 사이클로이드 또는 에피사이클로이드라는 명칭으로 부른다.)의 길이는, 구르는 시간 동안 이 바퀴에서 공에 접한 호의 절반의 버스트사인의 두 배와의 비율이, 공의 지름과 바퀴의 지름을 더한 것 대, 공의 반지름과의 비율과 같다.

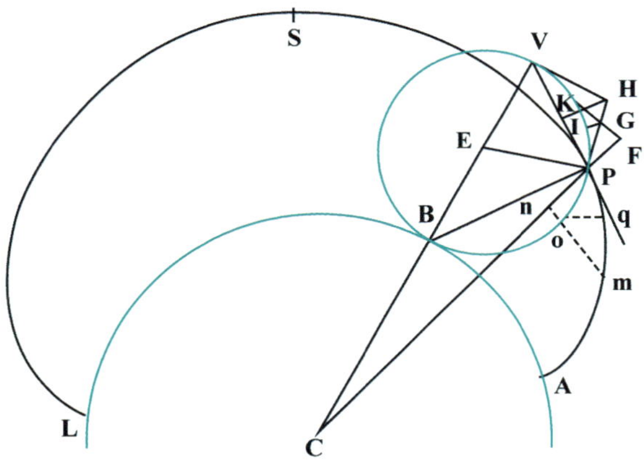

법칙 49, 정리 17

바퀴가 공(구)의 오목한 안쪽에 직각으로 서서, 굴러서 공의 대원을 따라서 전진한다고 하자. 그러면 바퀴 둘레의 임의의 점이 공에 닿은 이후부터 그린 곡선 궤적의 길이는, 구르는 시간 동안 이 바퀴에서 공에 접한 호의 절반의 버스트사인의 두 배와의 비율이, 공의 지름과 바퀴의 지름의 차이 대, 공의 반지름과의 비율과 같다.

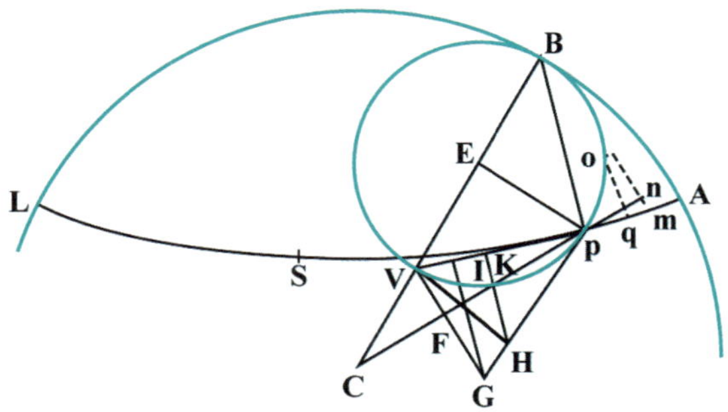

ABL이 공이라 하고, C는 그 중심, BPV는 거기에 서 있는 바퀴, E는 바퀴의 중심, B는 접하는 점, 그리고 P는 바퀴 둘레의 주어진 점이라 하자. 이 바퀴가 대원 ABL을 따라서, A에서 B를 거쳐 L을 향해 전진하며, 그것이 굴러가는 방식에 따라서, 호들 AB, PB는 항상 서로 길이가 같으며, 바퀴 둘레의 주어진 점 P는 그 시간 동안 곡선 경로 AP를 그린다고 상상하자.

바퀴가 A에서 공에 접한 이후 그린 전체 곡선 경로를 AP라 하자. 그러면 이 경로 AP의 길이 대 호 $\frac{1}{2}$PB의 버스트사인의 두 배와의 비율은, 2CE 대 CB임을 보여야 한다.

직선 CE가 (필요하면 길게 늘여서) 바퀴와 만나는 점을 V라 하자. CP, BP, EP, VP를 연결하여라. CP를 길게 늘인 것에 법선 VF를 그어라. P, V에서 원에 접하도록 PH, VH를 긋고, 이들이 만나는 점을 H라 하자. PH가 VF를 자르는 점을 G라 하고, 그리고 VP에게 법선들 GI, HK를 그어라.

C를 중심으로 그리고 임의의 반지름으로 원 nom을 그리고, (이 원이) 직선 CP를 자르는 점을 n이라 하고, 바퀴의 둘레 BP를 자르는 점을 o라 하고, 그리고 곡선 궤적 AP를 자르는 점을 m이라 하자. V를 중심으로

그리고 Vo를 반지름으로 원을 그리고, 이 원이 직선 VP를 길게 늘인 것을 자르는 점을 q라 하자.

굴러가는 바퀴는 항상 접하는 점 B의 둘레에서 회전하게 되니, 직선 BP는 바퀴의 점 P가 그리는 곡선 AP와 수직이고, 따라서 직선 VP는 점 P에서 이 곡선에 접함이 명백하다. 원 nom의 반지름이 점차 증가 또는 감소하여서, 마침내 거리 CP와 같아진다고 하자. 그러면 한없이 작은 도형 Pnomq 그리고 도형 PFGVI는 닮은꼴이니, 한없이 작은 직선의 원소들 Pm, Pn, Po, Pq 사이의 궁극적 비율은, 그러니까 곡선 AP, 직선 CP, 원의 호 BP, 직선 VP의 길이가 순간적으로 변화하는 비율은, PV, PF, PG, PI 사이의 비율과 각각 같다.

그런데 VF와 CF, 그리고 VH와 CV는 수직이니, 각들 HVG, VCF는 크기가 같다. 그리고 각 VHG는 (사각형 HVEP의 각 V, 각 P가 직각이니) 각 CEP와 크기가 같으며, 삼각형들 VHG, CEP는 닮은꼴이다. 그러므로

$$EP : CE = HG : HV \text{ 또는 } HP = KI : PK$$

비례식의 덧셈 또는 뺄셈에 따라서,

$$CB : CE = PI : PK$$

후항들을 두 배로 하면,

$$CB : 2CE = PI : PV = Pq : Pm$$

그러므로 선 VP의 감소, 그러니까 선 BV-VP의 증가 대, 곡선 AP의 증가와의 비율은, 주어진 비율 CB 대 2CE이다. 그러므로 (렘마 4, 딸린 법칙에 따라서) BV-VP 그리고 AP의 길이들은, 이러한 증가들에 의해서 생성되었으니, 이와 같은 비율이다. 그런데 BV가 반지름이니, VP는 각 BVP 또는 각 $\frac{1}{2}$BEP의 코사인이며, 따라서 BV-VP는 같은 각의

버스트사인이다. 그런데 이 바퀴는 반지름이 $\frac{1}{2}$BV이니, BV-VP는 호 $\frac{1}{2}$BP의 버스트사인의 두 배이다. 그러므로 AP 대 호 $\frac{1}{2}$BP의 버스트사인의 두 배와의 비율은, 2CE 대 CB이다. [증명 끝]

구별하기 쉽도록, 법칙 48의 곡선을 공 바깥의 사이클로이드(cycloid)라 부르고, 법칙 49의 곡선을 공 안의 사이클로이드라 부르자.

딸린법칙 1 그러므로 만약 사이클로이드 전체 ASL을 그리고, 이등분점 S를 잡으면, PS 부분의 길이 대 VP의 (EB가 반지름이면, VP는 각 VBP의 사인의 두 배이다.) 길이의 비율은, 2CE 대 CB이며, 따라서 주어진 비율이다.

딸린법칙 2 그리고 사이클로이드의 둘레 절반 AS의 길이는, 바퀴 BV의 지름과의 비율이 2CE 대 CB인 직선의 길이와 같다.

법칙 50, 문제 33

주어진 사이클로이드를 따라서 진자의 물체가 진동하도록 만드시오.

C를 중심으로 그린 공 QVS의 안에 사이클로이드 QRS가 주어지고, 이등분하는 점을 R이라 하고, 그리고 양 끝점들 Q, S에서 공의 표면과 그 쪽에서 교차한다고 하자. 호 QS를 O에서 이등분하도록 CR을 긋고, 이것을 A까지 길게 늘이되, CA 대 CO는 CO 대 CR과 같도록 해라. C를 중심으로 CA를 반지름으로, 바깥의 공 DAF를 그리고, 이 공의 안에다, 지름이 AO인 바퀴를 굴려서, 사이클로이드의 절반들 AQ, AS를 그려라. 이들은 Q, S에서 안쪽 공에 접하고, A에서 바깥쪽 공과 만난다.

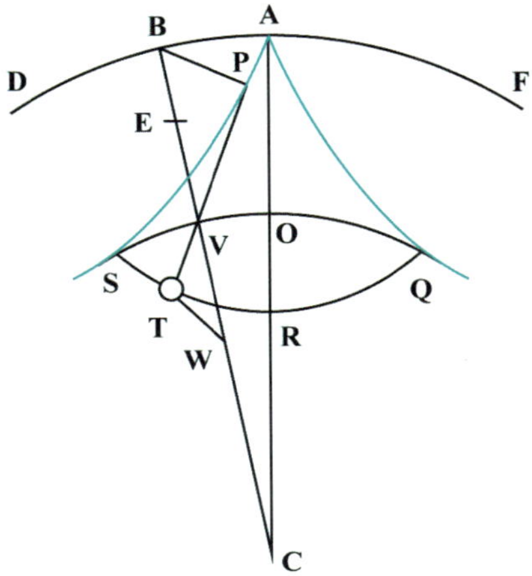

길이가 AR과 같은 실 APT를 그 점 A에 묶고, 물체 T를 매달아서, 사이클로이드의 절반들 AQ, AS 사이에서 진동하도록 만들되, 진자가 수직선 AR에서 벗어날 때마다, 실의 위쪽 부분 AP가 그 운동이 향한 쪽의 사이클로이드의 절반 APS와 접촉하여서, 그 방해물의 둘레로 굽게 된다고 하자. 반면에 실의 다른 부분 PT는, 사이클로이드의 절반에 아직 영향 받지 않아서, 직선으로 뻗어 있다. 그러면 무게 T는 주어진 사이클로이드 QRS를 따라서 진동함을 보이겠다.

실 PT가 사이클로이드 QRS와 만나는 점을 T라 하고, 원 QOS와 만나는 점을 V라 하고, CV를 그어라. 실의 직선 부분 PT의 양 끝점들 P, T에서 (PT에) 수직이 되도록 BP, TW를 세우고, 이들이 직선 CV와 만나는 점들을 B, W라 하자.

닮은꼴 도형들 AS, SR의 작도 그리고 생성으로부터, 수직선들 PB, TW가 CV에서 잘라내는 길이들 VB, VW는, 바퀴들의 지름들 OA, OR과 각각 같음이 명백하다. 그러므로 TP 대 VP는 ($\frac{1}{2}$BV가 반지름이라고 하면, VP는 각 VBP의 사인의 두 배이다.) BW 대 BV, 또는 AO+OR 대 AO이다. 그러니까 (CA 대 CO, CO 대 CR, 그리고 비례식의 뺄셈에 따라서 AO 대 OR의 비율이 같으니) CA+CO 대 CA와 같다. 또는, BV를 이등분하는 점을 E라 하면, 2CE 대 CB와 같다.

그러므로 (법칙 49, 딸린 법칙 1에 따라서) 실의 직선인 부분 PT는 항상 사이클로이드의 호 PS와 길이가 같으며, 실 전체 APT는 사이클로이드의 호의 절반 APS와 길이가 같다. 그러니까 (법칙 49, 딸린 법칙 2에 따라서) AR과 길이가 같다. 그러므로 역으로, 만약 남은 실의 길이가 항상 길이 AR과 같으면, 점 T는 주어진 사이클로이드 QRS를 따라서 움직이게 된다. [증명 끝]

딸린법칙 실 AR은 사이클로이드의 절반 AS와 길이가 같다. 그러므로 바깥쪽 공의 반지름인 AC와의 비율이, 사이클로이드의 절반 SR 대 안쪽 공의 반지름 CO와의 비율과 같다.

법칙 51, 정리 18

모든 곳에서 공의 중심 C를 향해서 구심력이 작용하며, 각각의 위치에서 그 구심력은 중심으로부터 그 위치의 거리에 비례한다고 하자. 그리고 이 구심력만이 작용하여서, 물체 T가 (이미 설명한 것처럼) 사이클로이드 QRS의 둘레를 따라서 진동한다고 하자. 그러면 그 진동들이 아무리 다르더라도, 진동의 시간들은 같다.

사이클로이드의 접선 TW를 무한히 길게 늘이고, 여기에 수직선 CX를 내리긋고, CT를 연결하여라. 물체 T를 C 방향으로 끌어당기는 구심력은 거리 CT에 비례하는데, 이것을 (운동 법칙들에 딸린 법칙 2를 써서) 부분들 CX, TX로 분해해라. 이들 중 CX는 물체를 P로부터 똑바로 당겨서, 줄 PT를 팽창시키며, 줄의 저항에 의해서 전부 사라지며 다른 어떠한 효과도 낳지 못한다.

다른 부분 TX는 물체를 횡으로 또는 X를 향해서 추진하며, 사이클로이드에서 그 운동을 똑바로 가속시킨다. 그러니 물체의 가속은, 이 가속의

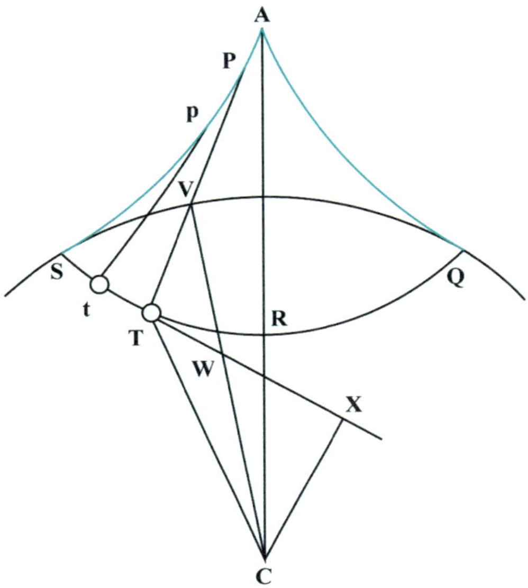

힘에 비례하니, 각각의 순간에 TX의 길이에 비례함이 명백하다. 그러니까 (CV, WV가 주어졌고, TX, TW가 이들에 비례하니) TW의 길이에 비례한다. 그러므로 (법칙 49, 딸린 법칙 1에 따라서) 사이클로이드의 호 TR의 길이에 비례한다.

그러므로 두 진자들 APT, Apt를 수직선 AR로부터 거리가 다르도록 당겼다가 동시에 놓으면, 이들의 가속들은 항상 그려야 할 호들 TR, tR에 비례한다. 그런데 (운동의) 시작 순간에 그린 부분들은 가속들에 비례한다. 그러니까 시작 순간에 그려야 할 전체들에 비례한다. 그러므로 그려야 할 나머지 부분들도, 그리고 이후의 가속들도, 이 부분들에 비례하며, 이들은 또한 전체들에 비례한다. 그리고 이렇게 계속된다.

그러므로 그 가속들, 그리고 따라서 생성된 속력들, 그 속력들이 그린 부분들, 그려야 할 부분들, 항상 전체에 비례한다. 그러니 따라서, 그려야 할 부분들이, 서로 간에 주어진 비율을 유지하면서, 동시에 사라진다. 그러니까 진동하는 두 물체들은 동시에 수직선 AR에 도달하게 된다.

그리고 한편, 최저점 R에서부터의 진자의 상승은, 같은 사이클로이드

호들을 따라서 역의 운동으로 행해지며, 각각의 위치에서 하강을 가속시키던 같은 힘에 의해서 감속이 된다. 그러니 같은 호들에서 만들어지는 상승 그리고 하강의 속력들이 같음이 명백하다. 그러므로 그것들은 같은 시간들에 행해진다. 그러므로, 사이클로이드의 두 부분들 RS 그리고 RQ가 수직선의 양쪽 편에 닮은꼴이며 같은 크기로 놓여 있으니, 진자는 두 진동들을, 전체 그리고 절반 둘 다, 항상 같은 시간들에 수행한다. [증명 끝]

딸린법칙 사이클로이드의 임의의 위치 T에서 물체 T를 가속 또는 감속시키는 힘은, 같은 물체가 가장 높은 위치 S 또는 Q에 있을 때의 전체 무게와의 비율이, 사이클로이드의 호 TR 대 같은 호 SR 또는 QR과 같다.

법칙 52, 문제 34

각각의 위치들에서 진자들의 속력들을 구하시오. 그리고 전체 진동들, 그 다음에 한 부분의 진동을 수행하는 시간들을 구하시오.

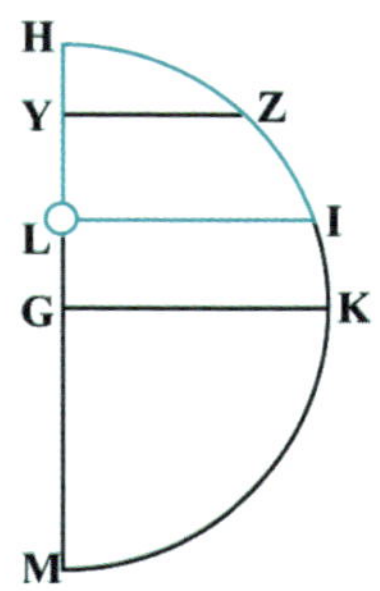

임의의 G를 중심으로, 사이클로이드의 호 RS와 같은 길이인 GH를 반지름으로, 반원 HKM을 그려라. 반지름 GK를 그어서, 이 반원을 이등분해라. 중심으로부터 그 위치들의 거리들에 비례하는 구심력이 중심 G를 향해서 작용한다고 하고, 둘레 HIK에서 이 구심력은, 공 QOS의 경계에서 중심을 향해서 작용하는 구심력과 크기가 같다고 하자.

진자 T를 가장 높은 위치 S에서 놓아주고, 그와 동시에, 어떤 물체 L이 H에서 G로 낙하하도록 해라. 그러면 시작할 때 물체들에게 가해지는 힘들이 크기가 같고, 그려야 할 거리들 TR, LG에 항상 (힘들이) 비례하니, 만약 TR과 LG가 길이가 같으면, 위치들 T와 L에서 힘들도 같게 된다. 그러니 이 물체들이 시작하고 그린 거리들 ST, HL도 같고, 따라서 그 이후에도 계속 같은 힘들이 가해지며, 같은 거리들을 그리게 됨이 명백하다.

그러므로 (법칙 38에 따라서) 물체가 호 ST를 그리는 시간 대, 한 번 진동의 시간의 비율은, 물체 H가 L에 도착하기까지의 시간인 호 HI 대, 물체 H가 M에 도착하기까지의 시간인 반원 HKM의 비율과 같다. 그리고 위치 T에서의 진자의 속력 대, 가장 낮은 위치 R에서의 속력의 비율은, (그러니까 물체 H의 위치 L에서의 속력 대 위치 G에서의 그 속력의 비율, 또는 호들 HI, HK가 같은 유입으로 증가할 때, 직선 HL의 순간적인 증가 대, 직선 HG의 순간적인 증가의 비율은) 세로 좌표 LI 대 반지름 GK의 비율, 또는 $\sqrt{SR^2 - TR^2}$ 대 SR의 비율과 같다.

그런데 (진폭이) 다른 진동들에서, 전체 진동의 호들에 비례하는 호들을 같은 시간들 동안 그리니, 주어진 시간들로부터, 일반적인 진동들에서 그 속력들 그리고 그리는 호들을 구할 수 있다. 이것이 먼저 구하려던 것이다.

이제 다른 (크기의) 공들 속에, 절대적 힘들도 역시 다르고, 그려 놓은 다른 사이클로이드 곡선들을 따라서, 진자의 물체가 진동한다고 하자. 그리고 만약 임의의 공 QOS의 절대적 힘을 V라 부르면, 진자가 이 공의 원주에 있을 때 가해지는 가속의 힘은, 그 중심을 향하여 똑바로 움직이기 시작하였을 때, 그 중심에서부터 진자의 물체까지 거리 그리고 공의

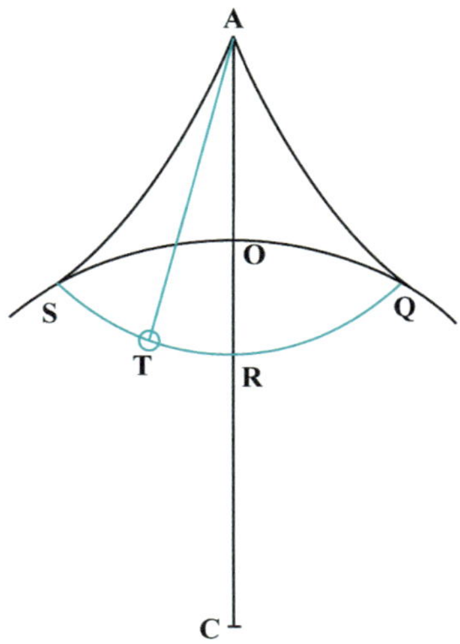

절대적 힘을 결합한 것에 비례한다. 그러니까 CO×V에 비례한다.

그러므로 이 가속의 힘 CO×V에 비례하는, 직선의 원소 HY를, 주어진 시간 동안 그리게 된다. 그리고 만약 법선 YZ를 세워서, 원둘레와 만나는 점을 Z라 하면, 한없이 작은 호 HZ는 그 주어진 시간을 나타낸다.

그런데 이 한없이 작은 호 HZ는 직사각형 GH×HY의 반곱에 비례하니, 따라서 $\sqrt{GH \times CO \times V}$ 에 비례한다. 그러므로 사이클로이드 QRS에서 완전한 진동 시간은 (완전한 진동을 나타내는 반원 HKM에 바로 비례하고, 비슷하게 주어진 시간을 나타내는 호 HZ에 역으로 비례하니) GH에 바로 비례하고, $\sqrt{GH \times CO \times V}$ 에 역으로 비례할 것이다. 그러니까, GH와 SR은 길이가 같으니, $\sqrt{\frac{SR}{CO \times V}}$ 에 비례한다. 또는 (법칙 50, 딸린 법칙에 따라서) $\sqrt{\frac{AR}{AC \times V}}$ 에 비례한다.

그러므로 모든 공들 그리고 사이클로이드에서, 임의의 절대적 힘들에 의해서 만들어진 진동들은, 줄의 길이의 제곱근의 비율을 바로, 그리고 줄을 매단 지점과 공의 중심 사이 거리의 제곱근의 비율을 역으로, 공의 절대적 힘의 제곱근의 비율을 역시 역으로, 결합한 비율이 된다. [증명 끝]

딸린법칙 1 그러므로 물체들의 진동들, 낙하들 그리고 회전들의 시간들을 역시 서로 간에 비교할 수 있다. 왜냐 하면 만약 공의 안쪽에서 사이클로이드를 그리는 바퀴의 지름을 공의 반지름과 같도록 놓으면, 사이클로이드는 공의 중심을 지나는 직선이 된다. 그리고 진동은 이제 그 직선을 따라서 하강 그리고 다음에 상승이 된다.

그러므로 임의의 위치에서부터 중심까지 하강의 시간과, 게다가 그와 같은 시간으로, 물체가 공의 중심의 둘레를 임의의 거리 떨어져서 일정하게 회전하여 사분원을 그리는 시간을 준 것이다. 왜냐 하면 이 시간대 (예 2에 따라서) 임의의 사이클로이드 QRS에서의 반진동의 시간의 비율은, 1 대 $\sqrt{\frac{AR}{AC}}$ 이기 때문이다.

딸린법칙 2 그러므로 크리스토퍼 렌 경과 하위헌스가 보통의 사이클로이드에 대해서 발견한 결과들도 이것으로부터 나온다. 왜냐 하면 만약 공의 지름이 무한대로 증가하면, 그 구의 표면이 평면으로 변화하며, 구심력은 이 평면에 수직인 직선들을 따라서 일정하게 작용한다. 그리고 우리의 사이클로이드들은 보통의 사이클로이드로 바뀌게 된다.

이 경우에는, 이 평면과 (사이클로이드를) 그리는 점 사이 사이클로이드의 호의 길이는, 이 동일한 평면과 그리는 점 사이 바퀴의 호의 절반의 버스트사인의 네 배와 같다. 이것은 크리스토퍼 렌 경이 발견하였다. 그리고 이러한 두 사이클로이드들 사이에서 진동하는 진자는, 닮은꼴이며 크기가 같은 사이클로이드에서 같은 시간들에 진동하게 된다. 이것은 하위헌스가 증명하였다. 그런데 또한 한 번 진동의 시간 동안, 무거운 물체들의 하강도, 하위헌스가 나타낸 그대로이다.

우리가 증명한 법칙들은, 지구의 진정한 구조에 적합하게 되어 있다. 바퀴들이 대원을 따라 굴러가면, 그 둘레들에 박아 놓은 못들은 그 운동으로 공의 바깥의 사이클로이드들을 그린다. 광산들 그리고 동굴들 속에 매달아 놓은 지하의 진자들은, 공 안쪽의 사이클로이드들을 따라서 진동하도록 만들어야만, 모든 진동들이 등시(isochronic)에 행해진다. 왜냐 하면 중력은 (제 3권에서 증명하겠지만) 지구의 표면에서 멀어지면 감소하는데, 위로 가면 그 중심으로부터 거리의 제곱의 비율로, 아래로 가면 단순한 비율로 감소한다.

법칙 53, 문제 35

곡선 도형들의 넓이를 구할 수 있다고 하자. 주어진 곡선들을 따라서, 물체가 항상 등시의 진동들을 행하도록 만드는 힘들을 구하시오.

물체 T가 주어진 임의의 곡선 STRQ를 따라서 진동하며, 그 축 AR은 힘의 중심 C를 지난다고 하자. 물체 T의 임의의 위치에서 그 곡선에 접하도록 TX를 긋고, 이 접선 TX에서 호 TR과 길이가 같도록 TY를 잡아라. 그 호의 길이는, 곡선 도형의 넓이를 구하는 일반적인 방법들로 구할 수 있다. 점 Y에서 접선에 수직이 되도록 직선 YZ를 그어라. CT를 긋고, 그 수직선과 만나는 점을 Z라 하자. 그러면 구심력이 직선 TZ에 비례하면 됨을 보이겠다.

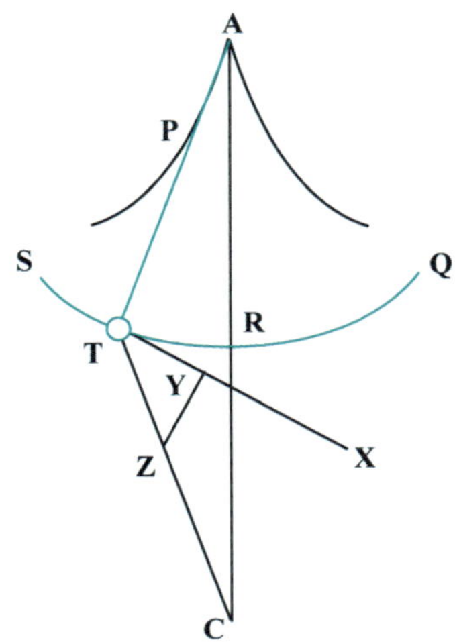

물체를 T로부터 C를 향해 당기는 구심력을 직선 TZ로 나타내고, 이에 비례하도록 잡으면, 이것은 힘들 TY, YZ로 분해할 수 있다. 그 중 YZ는

실 PT의 길이 방향을 따라서 당기니, 그 운동을 전혀 바꾸지 않으며, 다른 힘 TY는 곡선 STRQ를 따라서 운동을 바로 가속 또는 감속시킨다.

그런데 이 힘이 그려야 할 거리 TR에 비례하니, 두 진동들에서 (크고 그리고 작은) 비례하는 부분들을 그림에 있어서, 물체의 가속들 또는 감속들이 항상 그 부분들에 비례한다. 그러니 따라서 그 부분들을 동시에 그리도록 초래한다. 그런데 물체들이 전체에 비례하는 부분들을 항상 동시에 그리면, 전체도 동시에 그리게 된다. [증명 끝]

딸린법칙 1 그러므로 만약 물체 T가, 중심 A로부터 직선인 실 AT에 매달려서, 원둘레 호 STRQ를 그리면, 그리고 그 동안 평행한 직선들을 따라서 아래로 어떤 힘이 가해지는데, 그 힘 대 일정한 중력의 힘과의 비율이, 호 TR 대 그 사인(sine) TN의 비율과 같으면, 각각의 진동들은 (진폭에 상관없이) 시간들이 같다.

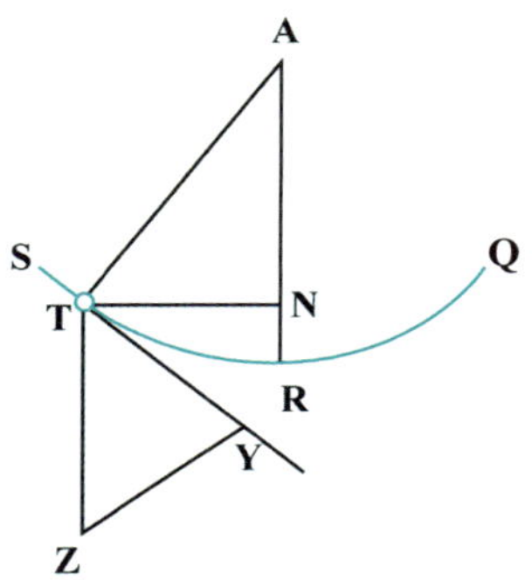

왜냐 하면 TZ, AR이 평행하니, 삼각형들 ATN, ZTY는 닮은꼴이다. 그러므로 TZ 대 AT는 TY 대 TN과 같다. 그러니까 일정한 중력의 힘을 주어진 길이 AT로 나타내면, 진동들이 등시가 되도록 만들 힘 TZ는, 중력의 힘 AT와의 비율이, TY와 길이가 같은 호 TR 대, 그 호의 사인 TN과의 비율과 같다.

딸린법칙 2 그러므로 (진자) 시계들에서, 어떤 장치로 진자에 힘을 가해, 그 운동을 유지하면서, 중력의 힘과 결합하여서, 전체 힘이 항상 아래로 향하되, 그 힘이 항상 호 TR 그리고 반지름 AR로 만든 직사각형을 사인 TN으로 나눈 것에 비례하면, 모든 진동들은 등시가 된다.

법칙 54, 문제 36

곡선 도형들의 넓이를 구할 수 있다고 하자. 물체들이 임의의 구심력에 의해서, 힘의 중심을 지나는 평면에 그려져 있는 임의의 곡선을 따라서 상승 그리고 하강하는 데 걸리는 시간들을 구하시오.

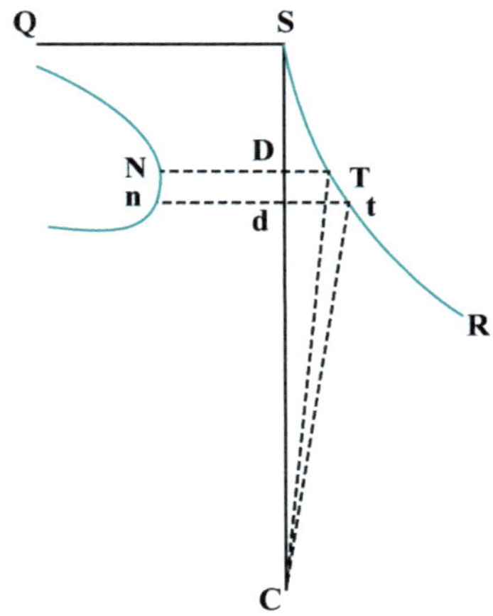

물체가 임의의 위치 S에서부터, 힘의 중심 C를 지나는 평면에 놓여 있는 임의의 곡선 STtR을 따라서 하강한다고 하자. CS를 연결하고, 이것을 같은 크기의 무한히 많은 부분들로 분할하고, Dd는 그 임의의 부분이라고 하자.

C를 중심으로, CD, Cd를 반지름들로 해서, 원들 DT, dt를 그리고, 곡선 STtR과 만나는 점들을 T, t라 하자. 그리고 주어진 구심력의 규칙으로부터, 또한 물체가 낙하하는 주어진 고도 CS로부터, 다른 임의의 고도 CT에서의 물체의 속력이 (법칙 39에 따라서) 주어지게 된다.

그런데 물체가 직선의 원소 Tt를 그리는 데 걸리는 시간은, 이 직선의 원소의 길이에 비례하고, 그러니까 각 tTC의 시컨트(secant)에 바로 비례하고, 그리고 속력에 역으로 비례한다. 이 시간에 비례하도록 세로좌표 DN을, 점 D에서 CS에 수직이 되도록 세워라. 그러면 Dd가 주어졌으니, 직사각형 Dd×DN은, 그러니까 넓이 DNnd는, 이 같은 시간에 비례한다. 그러므로 점 N이 계속해서 그려나가는 곡선을 PNn이라 하면, 그리고 그 점근선이 되도록 직선 SQ를 직선 CS에 수직으로 그으면, 넓이 SQPND는 물체가 하강하면서 직선 ST를 그린 시간에 비례한다. 그러므로

이 넓이를 구하면, 시간이 주어지게 된다. [증명 끝]

법칙 55, 정리 19

물체가 임의의 곡면에서 움직이는데, 이 곡면의 축은 힘의 중심을 지난다고 하자. 물체로부터 축으로 수직선을 긋고, 이에 평행하고 길이가 같도록, 축의 주어진 임의의 점에서부터 직선을 그어라. 그러면 그 평행선이 시간에 비례해서 넓이를 그리게 된다.

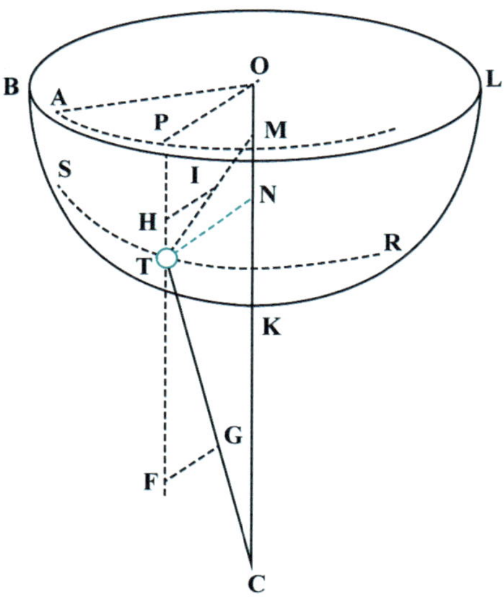

BKL을 곡면이라 하고, 물체 T가 거기에서 회전하며, STR은 그 물체가 바로 거기에서 그리는 궤적이고, S는 궤적의 시작점, OMK는 곡면의 축, TN은 물체로부터 축으로 수직이 되도록 그은 직선, OP는 그에 평행하고 길이가 같은데, 축의 주어진 점 O에서부터 그었다고 하자. AP는 회전하는 직선 OP의 평면 AOP에서 점 P의 자취인 궤적, A는 시작점 S에 대응하는 자취라 하자.

TC는 물체로부터 중심으로 그은 직선이다. 거기에서 부분 TG를 잡되, 물체가 중심 C를 향해서 강제되는 구심력에 비례하도록 해라. TM은 곡면에 수직인 직선이라 하자. 거기에서 부분 TI는, 물체가 곡면을 강제하는 그리고 역으로 물체가 M을 향해서 곡면에 의해서 강제되는, 압력에 비례한다고 하자. 직선 PTF는 축에 평행하고 물체를 지나며, 그리고 직선들 GF, IH는 점들 G, I에서 평행선 PHTF로 내리그은 수직선들이라고 하자. 그러면 이제, 반지름 OP가 운동의 시작부터 그은 넓이 AOP는 시간에 비례함을 보이겠다.

왜냐 하면 힘 TG는 (운동 법칙들에 딸린 법칙 2를 써서) 힘들 TF, FG로, 그리고 힘 TI는 힘들 TH, HI로 분해할 수 있다. 그런데 힘들 TF, TH는 직선 PF를 따라서, 평면 AOP에 수직으로 작용하니, 물체의 운동 중에 이 평면에 수직인 부분만을 바꿀 수 있다. 그러므로 그 운동은, 그것이 평면의 위치를 따라서 이루어진다면, 그러니까 점 P의 운동이, 이 평면에서 그리는 궤적의 흔적은, 힘들 TF, TH를 제거하고, 힘들 FG, HI만이 물체에게 작용하는 것과 마찬가지이다.

그러니까 물체가 평면 AOP에서, 힘들 FG, HI의 합과 같은 크기의, 중심 O를 향하는 구심력에 따라서, 곡선 AP를 그리는 것과 같다. 그런데 그러한 힘에 의해서 그리는 넓이 AOP는 (법칙 1에 따라서) 시간에 비례한다. [증명 끝]

딸린법칙 마찬가지 추론에 따라서, 주어진 임의의 직선에 놓여 있는 두 개 또는 다수의 중심들을 향한 힘들의 작용 하에, 물체가 자유로운 공간에서 임의의 곡선 ST를 그리면, 넓이 AOP는 항상 시간에 비례하게 된다.

법칙 56, 문제 37

곡선 도형들의 넓이를 구할 수 있다고 하자. 그 다음에 주어진 중심을 향하는 구심력의 규칙이 주어지고, 그 다음에 그 중심을 지나는 축을 가지는 곡면이 주어졌다고 하자. 물체가 주어진 위치에서, 주어진 속력으로, 그 곡면 속의 주어진 방향으로 출발하였을 때, 물체가 바로 그 곡면에서 그릴 궤적을 구하시오.

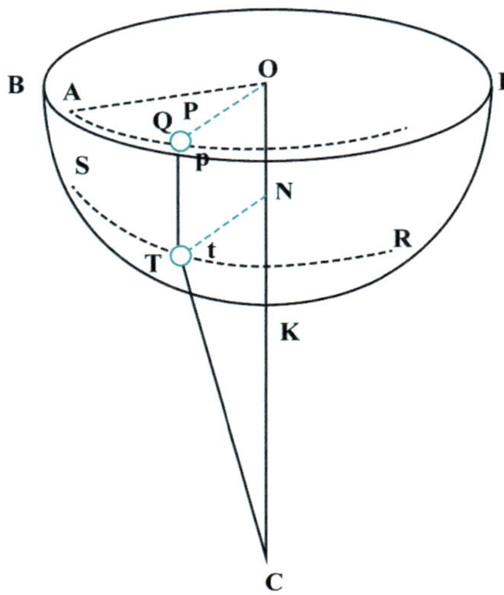

앞의 법칙에서 작도한 것들을 유지하면서, 물체 T가 주어진 위치 S에서부터, 주어진 위치의 직선을 따라서 움직여서, 구하려는 궤적 STR을 그리더라고 하자. 평면 BDO에서 이것의 자취(사영)를 AP라고 하자.

(번역자 주) 원서에 plano BLO라고 되어 있으나 이는 오기이며, plano BDO가 맞다.

그리고 물체의 속력이 고도 SC에서 주어진 것으로부터, 다른 임의의 고도 TC에서의 그 속력도 주어지게 된다. 이렇게 주어지는 속력으로, 한없이 짧은 시간 동안, 물체가 궤적의 원소 Tt를 그린다고 하자. 그리고 Pp는 평면 AOP에다 그것의 자취(사영)를 그린 것이라고 하자.

Op를 연결하여라. T를 중심으로 Tt를 반지름으로 해서, 그 곡면에 원을 그리고, 평면 AOP에서 이것의 사영을 타원 pQ라고 하자. 작은 원 Tt의 크기가 주어졌고, 축 CO로부터 그 거리 TN 또는 PO가 주어졌으니, 타원 pQ의 종류 그리고 크기도 주어지게 되며, 직선 PO에 대한 그 위치도 또한 주어지게 된다.

그런데 넓이 POp는 시간에 비례하니, 그러므로 주어진 시간으로부터 그것도 주어지게 되며, 각 POp가 주어지게 된다. 그러므로 타원과 직선 Op의 공통 교점 p가 주어지게 되며, 각 OPp도 더불어 주어진다. 이 각은 궤적의 사영 APp가 직선 OP를 자르는 각이다.

그러니 따라서 (법칙 41과 그에 딸린 법칙 2를 참조하면) 곡선 APp를 결정하는 방법이 쉽게 떠오른다. 그 다음에, 자취(사영)의 각각의 점들 P로부터, 평면 AOP에 대한 수직선 PT를 세워서, 곡면과 만나는 점을 T라 하면, 궤적의 각각의 점들 T가 주어지게 된다. [증명 끝]

제 11 장

구심력들에 의해서 서로 당겨지는 물체들의 운동

나는 지금까지, 고정된 중심을 향해서 당겨지는 물체들의 운동들을 설명하였지만, 그러한 것들은 아마 자연계에 존재하지 않을 것이다. 왜냐 하면 당김들은 항상 물체들을 대상으로 행해지며, 물체들의 당겨짐 그리고 당기는 작용은, 운동 법칙 3에 따라서, 항상 서로 상호적이며 크기가 같기 때문이다. 그러니 만약 두 물체들이 있으면, 당기는 물체이든 당겨지는 물체이든 정지해 있을 수 없으며, 둘 다 (운동 법칙들에 딸린 법칙 4에 따라서) 서로 당겨져서, 공통 무게중심의 둘레를 회전하게 된다. 그리고 만약 다수의 물체들이 있다면, 하나의 동일한 물체에 의해서 당겨지든, 또는 모든 것들이 서로 간에 당기든, 이들 서로 간의 움직임은, 공통 무게중심이 정지해 있거나, 또는 직선을 따라서 일정하게 움직여야 한다.

이 이유 때문에, 나는 이제 서로 당기는 물체들의 운동을 설명하도록 하겠으며, 구심의 힘들을 당김이라고 고려하겠다. 그렇지만 어쩌면, 만약 물리학적으로 엄밀하게 말하면, 이것들을 (외부의) 충격이라고 불러야 할 것이다. 하지만 우리들은 이미 수학적으로 논하고 있다. 그러므로 물리학적 토론들을 제쳐 두고, 수학적 독자들이 쉽게 이해할 수 있도록 용어들을 사용하겠다.

법칙 57, 정리 20

서로 당기는 두 물체들은 공통 무게중심에 대해서, 그리고 서로에 대해서, 닮은꼴 도형들을 그린다.

공통 무게중심으로부터 물체들의 거리들은 그 질량들에 역으로 비례한다. 그러므로 서로 간에 주어진 (일정한) 비율이 된다. 이 비례식을 더하면, 물체들 사이의 전체 거리와도 주어진 (다른 어떤 일정한) 비율이 된다.

게다가 이 거리들은 그들의 공통 끝점에 대해서, 같은 각운동으로 회전한다. 왜냐 하면 이들은 한 직선에 놓여 있어서, 서로를 향한 기울기가 바뀌지 않기 때문이다. 그런데 직선들이 서로 간에 (길이들이) 주어진 비율이면서, 그들의 끝점들의 둘레를 같은 각운동으로 회전하면, 그들은 평면에서 같은 끝점들 둘레에서 완전히 닮은꼴인 도형들을 그리며, 그 평면은 끝점들과 더불어 정지해 있거나, 또는 각운동이 아닌 임의의 운동으로 움직인다. 그러므로 이 거리들이 회전에 의해서 그리는 도형들은 서로 닮은꼴이다. [증명 끝]

법칙 58, 정리 21

두 물체들이 임의의 구심력들로 서로 당기면서, 동시에 공통 무게중심의 둘레를 회전한다고 하자. 물체들이 서로 간의 둘레를 회전하면서 그리는 그 도형들은, 고정된 상대 물체의 둘레에서, 같은 크기의 힘들로, 닮은꼴이며 크기가 같도록 그릴 수 있다.

물체들 S, P가 공통 무게중심 C의 둘레를 회전하면서, S에서 T로, P에서 Q로 전진한다고 하자. 주어진 점 s로부터, SP, TQ와 길이가 같고 평행하도록 sp, sq를 계속해서 그어라. 그러면 점 p가 고정된 점 s의 둘레를 회전하면서 곡선 pqv를 그리는데, 이 곡선은 물체들 S, P가 서로 상대의 둘레에서 그리는 곡선들과 닮은꼴이며 크기가 같다. 그러므로 (정리 20에 따라서) 이 같은 물체들이 공통 무게중심 C의 둘레를 회전하면서 그리는 곡선들 ST, PQV와 닮은꼴이다. 이렇게 되는 까닭은, 직선들 SC, CP, 그리고 SP 또는 sp 서로 간의 비율들이 주어졌기 때문이다.

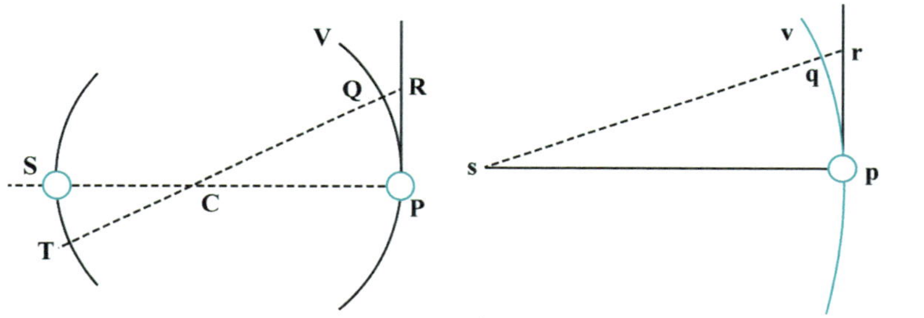

경우 1. 공통 무게중심 C는, 운동 법칙들에 딸린 법칙 4에 따라서, 고정되어 있거나, 또는 직선을 따라서 일정하게 움직인다. 우선 C가 고정되어 있다고 가정하자. 그리고 s, p에 두 물체들이 위치하는데, s의 물체는 고정, p의 물체는 움직이며, 물체들 S 그리고 P와 닮은꼴이며 크기가 같다고 가정하자.

그 다음에 직선들 PR, pr이 곡선들 PQ, pq를 점들 P, p에서 접하고, 그리고 CQ, sq를 길게 늘여서 R, r에 이르도록 해라. 그러면 도형들 CPRQ, sprq는 닮은꼴이니, RQ 대 rq는 CP 대 sp와 같으며, 그러니 주어진 비율이다. 그러므로 만약 물체 P를 물체 S 방향으로 당기는 힘, 그러니까 (결과적으로) 가운데 있는 중심 C 방향으로 당기는 힘이, 물체 p를 중심 s 방향으로 당기는 힘과의 비율이, 주어진 그 비율과 같으면, 같은 시간들 동안 이 힘들은 항상 물체들을 접선 PR, pr로부터 호들 PQ, pq로 당기며, 이들에 비례하는 구간들 RQ, rq를 통과한다. 그러므로 후자의 힘은 물체

p가 곡선 pqv를 따라서 회전하게 초래하며, 이 곡선은 곡선 PQV와 닮은꼴이며, 전자의 힘은 물체 P가 PQV를 따라서 회전하게 초래하며, 회전들은 같은 시간에 완결된다.

그런데 이러한 힘들은 서로 간의 비율이 CP 대 sp의 비율인 게 아니라, (물체들 S 그리고 s, P 그리고 p가 닮은꼴이며 크기가 같고, 그리고 거리들 SP, sp가 같으니까) 서로 크기가 같으며, 따라서 물체들은 같은 시간 동안 접선들로부터 같은 거리만큼 당겨진다. 그러므로 후자의 물체 p를 더 큰 구간 rq만큼 당기기 위해서, 더 긴 시간이 요구되며, 이것은 구간들의 제곱근의 비율이 된다. 왜냐 하면 (렘마 10에 따라서) 운동의 처음 시작 순간에 그린 거리들은 시간들의 제곱의 비율이기 때문이다.

그러므로 물체 p의 속력이 물체 P의 속력에 대한 비율이, 거리 sp 대 거리 CP의 비율의 제곱근과 같도록 하면, 그러면 호들 pq, PQ는 단순한 비율이니, 제곱근의 비율의 시간들에 이 호들을 그리게 된다. 그리고 물체들 P, p는 항상 같은 힘들에 의해서 끌리니까, 고정된 중심들 C, s의 둘레에서 닮은꼴 도형들 PQV, pqv를 그리며, 이들 중 후자인 pqv는, 물체 P가 움직이는 물체 S의 둘레에서 그리는 도형과 닮은꼴이며 크기가 같다.

경우 2. 이제 공통 무게중심이, 이 물체들이 서로 간에 움직이며 놓여 있는 공간과 더불어, 직선을 따라서 일정하게 전진한다고 가정하자. 그러면 (운동 법칙들에 딸린 법칙 6에 따라서) 이 공간에서 모든 운동들은 이전과 마찬가지로 행해지게 된다. 그러므로 물체들은 서로 간의 둘레에서 이전과 마찬가지 도형들을 그리며, 그러므로 그것은 도형 pqv와 닮은꼴이며 크기가 같다. [증명 끝]

딸린법칙 1 그러므로 두 물체들이 거리들에 비례하는 힘들로 서로 간에 당기면, 이들은 (법칙 10에 따라서) 공통 무게중심의 둘레에서, 그리고 서로의 둘레에서, 동심(concentric)의 타원들을 그린다. 그리고 역으로, 만약 이러한 도형들을 그리면, 힘들은 거리들에 비례한다.

딸린법칙 2 그리고 두 물체들이, 힘들이 거리의 제곱에 역으로 비례하면, 이들은 (법칙 11, 12, 13에 따라서) 공통 무게중심의 둘레에서, 그리고 서로의 둘레에서, 그 둘레에서 도형들을 그리는, 그 중심을 초점으로 가지는 원뿔곡선들을 그린다. 그리고 역으로, 만약 그러한 도형들을 그리면, 구심력들은 거리의 제곱에 역으로 비례한다.

딸린법칙 3 두 물체들이 공통 무게중심의 둘레를 회전하면, 중심으로 그은 반지름들 그리고 서로 간에 그은 반지름은 시간에 비례해서 넓이들을 그린다.

법칙 59, 정리 22

두 물체들 S 그리고 P가, 공통 무게중심 C의 둘레를 회전하면, 그 주기의 시간 대, 다른 물체 P가 다른 고정된 물체 S의 둘레를 회전하는 주기의 시간과의 비율이, 여기서 그리는 도형은, 물체들이 서로 간의 둘레에서 그리는 도형과 닮은꼴이며 크기가 같다고 하고, 다른 물체 S의 질량 대 물체들의 질량들의 합 S+P의 비율의 반겹(제곱근)과 같다.

왜냐 하면 앞의 법칙의 증명으로부터, 임의의 닮은꼴 호들 PQ, pq를 그리는 시간들은, 거리들 CP 대 SP 또는 sp의 비율의 반겹(제곱근)과 같다. 그러니까 물체 S 대 물체들의 합 S+P의 비율의 제곱근과 같다. 그리고 비례식들을 더하면, 모든 닮은꼴 호들 PQ, pq를 그리는 시간들의 합은, 그러니까 닮은꼴 도형들 전체를 그리는 전체 시간들은, 같은 비율의 제곱근이다. [증명 끝]

법칙 60, 정리 23

두 물체들 S 그리고 P가, 그들의 거리의 제곱에 역으로 비례하는 힘들로 서로 간에 당기며, 공통 무게중심의 둘레를 회전한다고 하자. 그러면 한 물체 P가 다른 S의 둘레에서 이 운동으로 그리는 타원의 주축은, 같은 물체 P가 다른 고정된 S의 둘레에서 같은 주기의 시간으로 그리게 되는 타원의 주축과의 비율이, 두 물체들의 합 S+P 대, 합 그리고 다른 물체 S 사이의 두 비례 중항들 중 첫째와의 비율과 같다.

왜냐 하면 만약 그린 타원들이 서로 합동이면, 주기의 시간들은 (위의 법칙에 따라서) 물체 S 대 물체들의 합 S+P의 비율의 제곱근과 같게 된다. 후자의 타원의 주기의 시간이 이러한 비율로 줄어들면, 주기의 시간들은 같아질 것이다. 그런데 타원의 주축은 (법칙 15에 따라서) 이 비율의 1.5승 비율로 줄어든다. 그러니까 이 비율의 3승이, S 대 S+P의 비율과 같다. 그러므로 이 타원의 주축 대 다른 타원의 주축의 비율은, S+P 그리고 S 사이의 두 비례 중항들 중 첫째 대 S+P의 비율과 같다. 그리고 역으로, 움직이는 물체의 둘레에서 그린 타원의 주축 대, 고정된 물체의 둘레에서 그린 타원의 주축의 비율은, S+P 대, S+P 그리고 S 사이의 두 비례 중항들 중 첫째의 비율과 같다. [증명 끝]

법칙 61, 정리 24

두 물체들이 임의의 힘들로 서로 간에 당기며, 그 이외에는 다른 어떠한 자극 또는 방해도 받지 않으면서, 어떻게든 임의로 움직인다고 하자. 이들의 운동들은, 이들이 서로 간에 당기지 않고, 공통 무게중심에 위치한 제 삼의 물체에 의해서, 같은 힘들로 이들 둘이 당겨지는 경우와 같다. 그리고 당기는 힘들의 규칙은, 그 공통 중심으로부터 물체의 거리에 대해서이든, 물체들 사이 전체 거리에 대해서이든, 같게 된다.

왜냐 하면 물체들이 서로 간에 당기는 그 힘들은, 물체들을 향하니, 중간의 공통 무게중심을 향하게 된다. 그러므로 중간에 놓여 있는 (제 삼의) 물체로부터 (힘들이) 발산되는 것과 마찬가지이다.

그리고 각각의 물체는 공통 무게중심으로부터의 거리 대 물체들 사이 거리의 비율이 주어졌으니, 한 거리의 임의의 거듭곱(승) 대, 다른 거리의 그와 같은 거듭곱(승)의 비율 역시 주어진다. 한 거리 그리고 주어진 어떤 양들로부터 유래된 임의의 양 대, 다른 거리 그리고 같은 개수의 주어진 양들로부터, 이 양들은 전자의 양들과의 비율이 주어진 거리들의 비율과 같고, 같은 방법으로 유래된 다른 어떤 양의 비율도 역시 주어진다.

그러므로 만약, 한 물체가 다른 물체에 의해서 당겨지는 힘이, 물체들 서로 간의 거리에 바로 또는 역으로 비례하든, 또는 이 거리의 임의의 승(제곱)에 비례하든, 또는 마지막으로 이 거리 그리고 주어진 어떤 양들로부터 어떠한 (임의의) 방법으로 유래한 양에 비례하든 간에, 같은 힘에 의해서 같은 물체가 공통 무게중심을 향해서 끌리며, 공통 무게중심으로부터 그 끌리는 물체의 거리에 바로 또는 역으로 비례하며, 또는 그 거리의 같은 승에 비례하며, 또는 마지막으로 그 거리 그리고 주어진 유사한 양들로부터 비슷한 방법으로 유래한 양에 비례하게 된다. 바꿔 말하면, 당기는 힘의 규칙은 두 거리들에 대해서 같게 된다. [증명 끝]

법칙 62, 문제 38

두 물체들이 거리의 제곱에 역으로 비례하는 힘들로 서로 간에 당기고 있으며, 주어진 위치들로부터 내려가도록 하였을 때, 그 운동들을 결정하시오.

물체들은 (마지막 법칙에 따라서) 공통 무게중심을 차지한 제 삼의 물체에 의해서 당겨져도 마찬가지로 움직이게 된다. 그리고 가정에 따라서 그 중심은 운동의 시작 순간에 고정되어 있으며, 그러므로 (운동 법칙들에 딸린 법칙 4에 따라서) 항상 고정되어 있다. 그러므로 물체들의 운동들은 (문제 25에 따라서) 그 중심을 향하는 힘들이 가해지는 것처럼 결정하면 된다. 그러면 서로 간에 당기는 물체들의 운동들을 얻게 된다. [증명 끝]

법칙 63, 문제 39

두 물체들이 거리의 제곱에 역으로 비례하는 힘들로 서로 간에 당기고 있으며, 주어진 위치들로부터, 주어진 직선들을 따라서, 주어진 속력들로 움직이도록 하였을 때, 그 운동들을 결정하시오.

시작 순간에 주어진 물체들의 운동들로부터, 공통 무게중심의 일정한 운동이 주어지며, 그 중심과 더불어 직선을 따라서 일정하게 움직이는 공간의 운동 또한 주어지며, 이 공간에 대해서 물체들의 맨 처음 운동들도 주어진다. 그런데 이 공간에서 차후에 일어날 운동들은 (운동 법칙들에 딸린 법칙 5, 그리고 마지막 법칙에 따라서) 이 공간이 공통 무게중심과 더불어 정지해 있고, 물체들이 서로 간에 당기는 게 아니라, 그 중심에 위치한 제 삼의 물체에 의해서 당겨지는 경우와 같다.

그러니 이 움직이는 공간에서, 주어진 위치로부터, 주어진 직선을 따라서, 주어진 속력으로 각각의 물체를 움직였을 때, 그리고 그 중심을 향하는 구심력에 의해서 당겨지면, 그 운동은 문제 9 그리고 26에 따라서 결정되며, 같은 중심의 둘레에서 다른 물체의 운동도 동시에 얻게 된다. 이 운동에다, 물체들이 그 속에서 회전하고 있는 공간 체계의 일정한 전진

운동을 위에서 구한 것을 합성하여라. 그러면 고정된 공간에서의 절대적 운동을 얻게 된다. [증명 끝]

법칙 64, 문제 40

물체들이 서로 간에 당기는 힘들이 그들의 중심들로부터의 거리의 단순한 비율로 증가한다고 하자. 다수의 물체들 서로 간의 운동들을 구하시오.

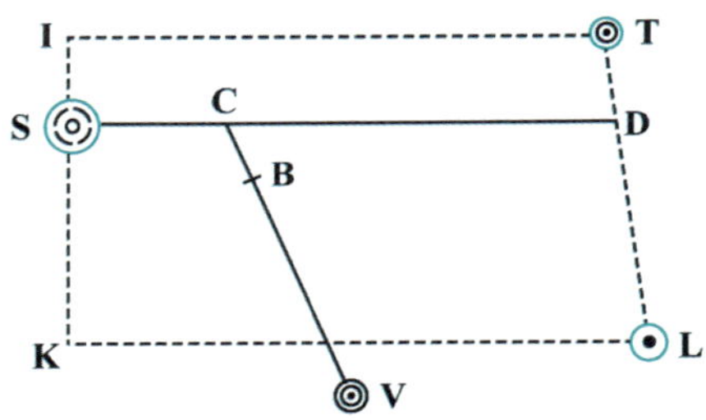

우선 두 물체들 T 그리고 L이 공통 무게중심 D를 가진다고 하자. 이들은 (법칙 21, 딸린 법칙 1에 따라서) D를 중심들로 가지는 타원들을 그리게 되며, 타원들의 크기는 문제 5로부터 알아 낼 수 있다.

이제 세 번째 물체 S가 처음 두 물체들 T, L을 가속의 힘들 ST, SL로 당기며, 역으로 그들에 의해서 당겨진다고 하자. 힘 ST는 (운동 법칙들에 딸린 법칙 2에 따라서) 힘들 SD, DT로, 그리고 힘 SL은 힘들 SD, DL로 분해할 수 있다.

힘들 DT, DL은 이들의 합인 TL에 비례한다. 그러므로 물체들 T 그리고 L이 서로 간에 당기는 가속의 힘들에 비례한다. 이것들에다 물체들 T 그리고 L의 힘들을, 전자는 전자에게 그리고 후자는 후자에게, 더해라. 결합된 힘들은 이전과 마찬가지로 거리들 DT 그리고 DL에 비례하는데, 그러나 이전의 힘들보다 더 크다. 그러므로 (법칙 10, 딸린 법칙 1, 그리고 법칙 4, 딸린 법칙 1, 8에 따라서) 이 힘들에 의해서 그 물체들은 이전처럼 타원들을 그리는데, 다만 더 빨리 운동한다.

나머지 가속의 힘들은 SD 그리고 SD이며, 구동력들 SD×T 그리고 SD×L의 작용에 의해서이다. 이 구동력들은 질량들에 비례하며, 그 물체들을 DS에 평행한 직선들 TI, LK를 따라서 동등하게 당긴다. 이 힘들은 그들 서로 간의 위치들을 바꾸지 않으며, 그들이 직선 IK를 향해서 동등하게 접근하도록 만들 뿐이다. 직선 IK는 물체 S의 가운데를 지나며, 직선 DS에 수직이라고 생각하자.

그렇지만 직선 IK를 향한 이 접근은, 물체들 T 그리고 L의 체계가 한쪽이 되고, 물체 S가 다른 한쪽이 되어서, 공통 무게중심 C의 둘레를 적당한 속력들로 회전하도록 초래하여서, 방해를 받게 된다. 그러한 운동으로 물체 S는, 구동력들 SD×T 그리고 SD×L의 합은 거리 CS에 비례하며 중심 C를 향하니, 같은 점 C의 둘레에서 타원을 그린다. 그리고 점 D는, CS, CD가 비례하니까, 이와 닮은꼴이며 정반대에 놓인 타원을 그리게 된다.

물체들 T 그리고 L은, 구심력들 SD×T 그리고 SD×L에 의해서, 전자는 전자에 의해서, 후자는 후자에 의해서, 평행한 직선들 TI 그리고 LK를 따라서, 앞에서 말한 것처럼 동등하게 당겨지며, 이들은 (운동 법칙들에 딸린 법칙 5, 6에 따라서) 움직이는 중심 D의 둘레에서, 이전처럼 타원들을 그리기를 계속한다.

이제 네 번째 물체 V를 추가해 보자. 그러면 마찬가지 추론으로, 이 물체와 점 C는 모두의 공통 무게중심 B의 둘레에서 타원들을 그린다는 결론이 나오게 된다. 이전의 물체들 T, L 그리고 S의 운동들은 중심들 D 그리고 C의 둘레에 여전히 머무르지만, 그러나 가속이 된다. 그리고 같은 방법으로, 다수의 물체들을 추가할 수 있다.

비록 물체들 T 그리고 L이 서로 간에 당기는 가속의 힘들이, 이들이 다른 물체들을 그 거리들의 비율로 당기는 것들보다 더 크든 또는 더 작든 간에, 이 사항들은 이러하다. 상호 간의 모든 가속력의 인력들이 서로 간의 비율이, 거리에다 당기는 물체들을 곱한 것에 비례한다고 하자. 그러면 앞의 내용들에 따라서, 모든 물체들은 모두의 공통 무게중심 B의 둘레에서, 고정된 평면에서, 동일한 주기의 시간들로, 다양한 타원들을 그릴 것임을 쉽게 추론할 수 있다. [증명 끝]

법칙 65, 정리 25

다수의 물체들이, 그 힘들이 그들의 중심들로부터 거리들의 제곱의 비율로 감소하면, 그들 사이에 타원들로 움직이는 것이 가능하며, 초점으로 그은 반지름들은, 시간에 거의 비례해서 넓이들을 그리게 된다.

위의 법칙에서, 다수의 운동들이 정확하게 타원들을 따라서 행해지는 경우를 증명하였다. 힘들의 규칙이 거기에서 가정하였던 규칙으로부터 멀어질수록, 물체들은 서로의 운동들을 더 많이 방해하게 된다. 여기에서 가정한 규칙에 따라서, 서로 간에 당기면, 물체들은 정확하게 타원들을 따라서 움직이는 것이 불가능하다. 예외적으로, 그 거리들이 서로 간에 고정된 비율들을 유지하면 가능하다. 그렇지만 다음 경우들은 타원들에서 그리 벗어나지 않는다.

경우 1. 다수의 작은 물체들이 어떤 거대한 물체의 둘레에서, 그것으로부터 다양한 거리들에서 회전한다고 하자. 그리고 각각의 물체에게, 그 물체의 질량에 비례하는 절대적 힘이 전달된다고 하자. 그리고 모두의 공통 무게중심은(운동 법칙들에 딸린 법칙 4에 따라서) 정지해 있거나 또는 직선을 따라서 일정하게 움직이는데, 작은 물체들은 아주 작아서,

거대한 물체는 공통 무게중심에서 거의 벗어나지 않는다고 하자. 그러니 그 거대한 물체는 정지해 있거나, 또는 직선을 따라서 일정하게 움직이며, 오차는 거의 감지할 수 없다.

작은 물체들은 이 거대한 물체의 둘레에서 타원들을 따라서 회전하며, 그것을 향해서 그은 반지름들은 시간들에 비례해서 넓이들을 그린다. 그렇지만 약간의 오차들이 초래될 수 있는데, 거대한 물체가 공통 무게중심으로부터 벗어나는 오차, 또는 작은 물체들 서로 간의 작용들에 따른 오차이다. 그렇지만 작은 물체들을 더욱 작아지도록 하면, 이 오차 그리고 상호 작용들이 주어진 어떠한 값보다도 더 작아지도록 만들 수 있다. 그러므로 그 궤도들이 타원들과 맞아떨어지고, 넓이들이 시간들에 비례하고, 주어진 어떠한 값보다도 작지 않은 오차는 없을 것이다.

경우 2. 방금 설명한 것처럼 작은 물체들의 체계가 거대한 물체의 둘레를 회전하는 것을, 또는 임의의 두 물체들이 서로 간에 회전하는 체계가, 직선을 따라서 일정하게 전진하는 것을 이제 상상하자. 그리고 동시에, 매우 먼 거리에 위치한 매우 거대한 다른 물체의 힘에 의해서, 옆으로 당겨진다고 하자.

그러면 그 물체들에게 평행한 직선들을 따라서 같은 가속의 힘들이 가해지니, 물체들 서로 간의 위치는 변화하지 않으며, 다만 전체 체계가, 그 부분들 서로 간의 운동들을 보전하면서, 동시에 이동하도록 만든다. 그러므로 매우 거대한 물체의 당김에 의해서, 당겨지는 물체들 서로 간의 운동들의 변화는 전혀 생겨나지 않음이 명백하다. 서로 다른 가속의 인력들이나, 또는 그 인력들이 만들어지는 방향들의 직선들이 서로 기울어져서 (변화를) 초래하지 않는다면 말이다.

그러므로 매우 거대한 물체를 향한 모든 가속의 인력들이 그들의 거리들의 제곱들에 역으로 비례한다고 가정하고, 매우 거대한 물체와의 거리를 증가시켜서, 이것으로부터 다른 것들로 그은 직선들이, 그들의 길이들 그리고 기울기들에 대한 차이들이, 주어진 어떠한 값보다도 작아지도록 해라. 그러면 그 체계의 부분들의 운동들은 서로 간에, 주어진 어떠한 값보다도 작지 않은 오차는 없이 유지될 것이다.

그리고 그 부분들은 서로 간의 거리가 매우 짧으니, 전체 체계가 마치 하나의 물체인 것처럼 당겨지며, 그 체계는 이 당기는 힘에 의해서 마치 하나의 물체인 것처럼 운반될 것이다. 그러니까 그 무게중심은 매우 거대한 물체의 둘레에서 어떤 원뿔곡선을 (당기는 힘이 약하면 쌍곡선 또는 포물선을, 강하면 타원을) 그리게 된다. 그리고 매우 거대한 물체로 그은 반지름은 시간에 비례해서 넓이를 그리게 되며, 오차는 없지만, 부분들의 거리에 따라서 약간 생성될 수 있다. 실로 매우 작으며, 얼마든지 작아지도록 할 수 있다. [증명 끝]

마찬가지로 추론을 계속하여서, 더욱 복잡한 경우들도 끝없이 다룰 수 있다.

딸린법칙 1 경우 2에서, 가장 거대한 물체가 둘 또는 다수의 물체들의 체계에 가까워질수록, 그 체계의 부분들 서로 간의 운동들은 더 크게 방해를 받는다. 왜냐 하면 가장 큰 물체로부터 이들에게로 그은 직선들 서로 간의 기울기가 이미 커지고, 그리고 (길이) 비율의 차이도 커지기 때문이다.

딸린법칙 2 교란이 가장 큰 경우는, 가장 거대한 물체를 향한 그 체계의 부분들의 가속의 인력들이, 가장 거대한 물체로부터 거리들의 제곱들에 역으로 비례하지 않을 때이다. 이 비율의 불균형이 가장 거대한 물체로부터 거리들의 비율의 불균형보다 더 클 때 특히 그러하다.

왜냐 하면 만약 가속의 힘이, 평행한 직선들을 따라서 동일하게 작용하면, 서로 간의 운동을 전혀 교란하지 않는다. 그 작용에 필수적으로 불균형이 있어야만, 교란이 생겨나며, 불균형이 크냐 또는 작으냐에 따라서, 교란은 크게 또는 작게 생겨난다. 더 큰 추진력의 여분이 어떤 물체들에게 작용하고, 다른 어떤 물체들에게 작용하지 않으면, 필연적으로 그들 서로 간의 위치들을 바꾸게 된다. 그리고 이 교란이, 직선들의 (길이의) 차이들 그리고 기울어짐으로부터 생겨나는 교란들에 더해지면, 전체 교란은 더욱 커질 것이다.

딸린법칙 3 그러므로 만약 이 체계의 부분들이 타원들 또는 원들을 따라서 움직이며, 교란이 그다지 없다면, 이들은 다른 물체들을 향하는 가속의 힘들이 가해지지 않거나, 또는 매우 약하게 가해지거나, 또는 평행선에 매우 가까운 직선들을 따라서 동일하게 가해짐이 명백하다.

법칙 66, 정리 26

세 물체들이, 거리의 제곱에 역으로 비례하는 힘으로, 서로 간에 당긴다고 하자. 그리고 임의의 두 물체들의 세 번째를 향한 가속의 인력들은 그들의 거리들의 제곱들에 역으로 비례한다고 하자. 작은 것들이 큰 물체의 둘레를 회전한다고 하자. 그러면 가장 큰 물체가 이 인력들에 의해서 들썩거리는 경우에, 안쪽의 회전하는 물체로부터 가장 안쪽의 가장 큰 물체에게로 내리그은 반지름들은, 시간들에 더욱 정확하게 비례하여 넓이들을 그리고, 도형은 반지름들이 만나는 점을 초점으로 가지는 타원에 더욱 접근한다. 가장 큰 물체가 작은 것들로부터 당겨지지 않아서 정지해 있는 경우보다, 또는 더 작게 또는 더 크게 당겨져서, 또는 더 작게 또는 더 크게 들썩거리는 경우보다 그러하다.

이것은 앞의 법칙의 딸린 법칙 2의 증명으로부터 거의 명백하다. 그렇지만 다음과 같이 더욱 뚜렷하고 더욱 확신할 수 있는 추론으로 밝혀 놓겠다.

경우 1. 작은 물체들 P 그리고 S가 같은 평면에서 가장 큰 물체 T의 둘레를 회전한다고 하자. 이들 중 P는 안쪽의 궤도 PAB를 그리고, S는 바깥쪽의 궤도 ESE를 그린다고 하자. 물체들 P 그리고 S의 평균 거리를 SK라 하자. 그리고 그 평균 거리에 있을 때, 물체 P의 S를 향한 가속의 인력을 같은 직선 SK로 나타내자. SL 대 SK가, SK 대 SP의 비율의 제곱과 같도록 잡아라. 그러면 임의의 거리 SP일 때 물체 P의 S를 향한 가속의 인력이 SL이다.

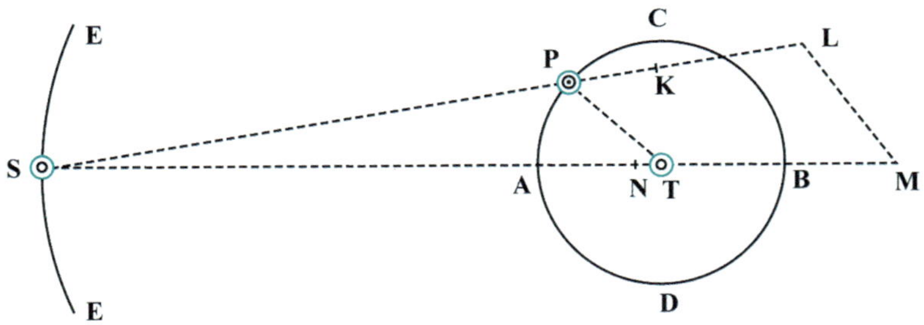

PT를 연결하고, 이것에 평행하도록 LM을 그어서, ST와 만나는 점을 M이라 하자. 그러면 인력 SL은 (운동 법칙들에 딸린 법칙 2를 써서) 인력들 SM, LM으로 분해할 수 있다. 그러므로 물체 P에는 세 종류의 가속의 힘이 가해진다. 한 힘은 T를 향하며, 물체들 T 그리고 P의 상호 인력으로부터 생겨난다. 이 힘만 있다면, 물체 P는 물체 T의 둘레에서, 물체 T가 정지해 있든 또는 이 인력에 의해서 들썩거리든 간에, 물체 T의 중심을 초점으로 가지는 타원을 그리게 되며, 반지름 PT는 시간들에 비례해서 넓이들을 그리게 된다. 이것은 법칙 11, 그리고 정리 21의 딸린 법칙 2, 3으로부터 명백하다.

다른 힘은 인력 LM인데, 이것은 P에서 T를 향하니, 앞의 힘에 중첩되어서 그것과 일치하게 된다. 그리고 정리 21, 딸린 법칙 3에 따라서, 여전히 시간들에 비례해서 넓이들을 그리도록 초래한다. 그렇지만 이 힘은 거리 PT의 제곱에 역으로 비례하지 않으니, 이 힘을 앞의 힘에다 더하면, 합성된 힘은 이 비율로부터 벗어난다. 여타 사항들이 같을 때, 이 힘 대 앞의 힘의 비율이 크면 클수록, 더 크게 벗어난다.

그런데 (법칙 11, 정리 21에 딸린 법칙 2에 따라서) 초점 T의 둘레에서 타원을 그리게 하는 힘은, 반드시 그 초점을 향해서 작용해야 하니까, 그리고 거리 PT의 제곱에 역으로 비례해야 하니까, 그 합성된 힘이 이 비율로부터 벗어나면, 궤도 PAB가 T를 초점으로 가지는 타원의 형태로부터 벗어나도록 초래한다. 이 비율로부터 더 크게 벗어날수록 더욱 그렇게 된다. 그러므로 여타 사항들이 같을 때, 두 번째 힘 LM 대 앞의 힘의 비율이 크면 클수록 그러하다.

그러나 이제 세 번째 힘 SM이, 물체 P를 ST에 평행한 직선을 따라서 당기고 있으며, 앞의 힘들과 더불어 합성된 힘은 더 이상 P에서 T로 작용하지 않는다. 여타 사항들이 같을 때, 이 세 번째 힘 대 앞의 힘들의 비율이 크면 클수록, 이 방향으로부터 더 크게 벗어나게 된다. 그러므로 물체 P가 반지름 TP를 가지고 그리는 넓이가 더 이상 시간에 비례하지 않도록 초래한다. 그리고 이 세 번째 힘 대 다른 힘들의 비율이 크면 클수록, 이 비율로부터 더 크게 벗어나게 된다. 그런데 세 번째 힘이 궤도 PAB가 타원의 형태로부터 벗어남을 증가시키는 것은 두 가지 원인을 통해서이다. 힘이 P에서 T로 향하지 않아서, 그리고 또한 힘이 거리 PT의 제곱에 역으로 비례하지 않아서.

이러한 사항들을 이해하고 나면, 넓이들이 시간들에 최대한 비례하도록 만들려면, 다른 힘들이 그대로 유지될 때, 세 번째 힘이 최소가 되어야 함이 명백하다. 그러므로 첫 번째 힘이 유지될 때, 두 번째 힘과 세 번째 힘이 둘 다, 특히 세 번째 힘이 최소가 되어야, 궤도 PAB가 위에서 언급한 타원의 형태에 가장 근접한다.

물체 T의 S를 향한 가속의 인력을 직선 SN으로 나타내자. 그리고 만약 가속의 인력들 SM, SN이 같으면, 이 물체들 T 그리고 P를 평행한 직선들을 따라서 같게 당기니, 그들 서로 간의 위치는 전혀 바뀌지 않는다. 이제 그 물체들 서로 간의 운동들은 (운동 법칙들에 딸린 법칙 6에 따라서) 이 인력들을 제거한 것과 마찬가지이다.

그리고 같은 이유로, 만약 인력 SN이 인력 SM보다 더 작으면, 인력 SM 자신에서 SN 부분을 제거하고, MN 부분만이 남아서, 이것에 의해서 시간들과 넓이들 사이의 비례 관계들 그리고 궤도의 타원 형태가 교란되게 된다. 그리고 마찬가지로, 만약 인력 SN이 인력 SM보다 더 크면, 그 차이 MN만에 의해서 비례 관계들 그리고 궤도의 교란이 생겨난다.

그러니 위의 세 번째 인력 SM은 항상, 인력 SN에 의해 감소되어서, 인력 MN이 되며, 첫 번째 그리고 두 번째 인력들은 전혀 변화하지 않고 유지된다. 그러므로 넓이와 시간의 비례 관계 그리고 궤도 PAB의 타원 형태가 가장 정확하려면, 인력 MN이 영이 되거나 또는 가능한 한 최소가 되어야 한다. 그러니까 물체 Q를 향해서 만들어지는 물체들 P 그리고 T의 가속의 인력들이, 가능한 한 같아져야 한다. 그러니까 인력 SN이 영이거나, 또는 모든 인력들 SM의 최솟값보다 더 작은 경우보다, 모든 인력들 SM의 최솟값과 최댓값 사이의 평균이 되는 경우가 좋다. 그러니까 인력 SK보다 그다지 더 크거나 더 작지 않아야 한다.

경우 2. 이제 작은 물체들 P, S가 가장 큰 물체 T의 둘레에서, 다른 평면들에서 회전한다고 하자. 그러면 힘 LM은, 궤도 PAB의 평면에 놓여 있는 직선 PT를 따라서 작용하며, 이전과 같은 효과를 낳고, 물체 P가 그 궤도의 평면에서 벗어나게 하지도 않는다.

그렇지만 다른 힘 NM은, ST에 평행한 직선을 따라서 작용하며(그러므로 물체 S가 교점(node)들을 잇는 직선에 놓여 있지 않으면, 궤도 PAB의 평면에 대해 기울어져 있다), 위에서 이미 설명한 것처럼 경선으로 운동을 교란할 뿐만 아니라, 물체 P를 그 궤도의 평면으로부터 당김으로써, 위선으로도 운동의 교란을 도입한다. 그리고 이 교란은, 물체들 P 그리고 T가 서로 간에 주어진 임의의 위치에 있을 때, 생성하는 힘 MN에 비례하게 된다. 그러니 힘 MN이 가장 작을 때 가장 작게 된다. 그러니까 (방금 설명한 것처럼) 인력 SN이 인력 SK보다 그다지 더 크거나 더 작지 않아야 한다. [증명 끝]

딸린법칙 1 그러므로 이것으로부터, 만약 다수의 작은 물체들 P, S, R, …이 가장 큰 물체 T의 둘레를 회전하면, 가장 안쪽 물체 P의 운동이 바깥의 물체들의 인력들에 의해서 가장 작게 교란되는 경우는, 가장 큰 물체 T가 다른 물체들에 의해서, 다른 물체들 서로 간처럼, 가속의 힘들의 비율에 따라서 당겨지고 들썩여지는 경우임을, 쉽게 추론할 수 있다.

딸린법칙 2 세 물체들 T, P, S의 체계에서, 임의의 둘의 세 번째를 향한 가속의 인력들은, 서로 간에 거리들의 제곱들에 역으로 비례한다고 하자. 물체 P가 물체 T의 둘레에서 반지름 PT를 가지고 그리는 넓이는, 합(conjunction) A 그리고 충(opposition) B 근처에서, 직각(quadrature) C,

D 근처에서보다, 더 빨리 그린다.

왜냐 하면 물체 P에만 가해지고 물체 T에는 가해지지 않는 힘, 그리고 직선 PT를 따라서 작용하지 않는 힘은 모두, 그 방향이 물체의 진행 방향과 같으냐 또는 다르냐에 따라서, 넓이를 그리는 것을 가속 또는 감속시킨다. 힘 NM이 바로 그러하다. 물체 P가 C에서 A로 가는 동안, 이 힘은 진행 방향과 같으며, 운동을 가속시킨다. 그 다음에 D까지 반대 방향이며, 운동을 늦춘다. 그 다음에 B까지 방향이 같으며, 마지막으로 B에서 C까지 반대 방향이다.

딸린법칙 3 그리고 같은 추론에 따라서, 물체 P는, 여타 사항들이 같을 때, 직각(quadrature) 위치에서보다 합 그리고 충에서 더 빨리 움직임이 명백하다.

딸린법칙 4 물체 P의 궤도는, 여타 사항들이 같을 때, 합 그리고 충에서보다 직각 위치에서 더 많이 굽어 있다. 왜냐 하면 빠른 물체들은 직선 경로에서 적게 굽기 때문이다. 뿐만 아니라 힘 KL 또는 NM은, 합 그리고 충에서, 물체 T가 물체 P를 당기는 힘과 반대가 되며, 따라서 그 힘을 감소시킨다. 그런데 물체 P는 물체 T를 향해서 가해지는 힘이 작을수록, 직선 경로에서 적게 벗어난다.

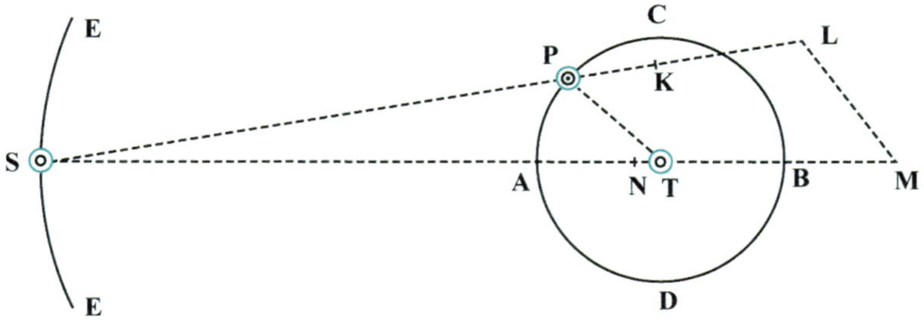

딸린법칙 5 그러므로 물체 P는, 여타 사항들이 같을 때, 합 그리고 충에서

보다, 직각 위치에서 물체 T로부터 더 멀리 벗어난다. 그러나 이것은 운동의 이심률을 고려하지 않았다. 왜냐 하면 만약 물체 P의 궤도가 이심률이 있으면, (잠시 뒤 딸린 법칙 9에서 보이겠지만) 원근점들이 삭망(syzygies)에 위치할 때 이심률이 가장 커진다. 그러니 물체 P가 (삭망에서) 원점에 도달하면, 직각 위치보다 삭망에서 물체 T로부터 더 멀어질 수도 있다.

딸린법칙 6 가운데 물체 T의 구심력은, 이것에 의해서 물체 P는 그 궤도를 유지하는데, 직각 위치에서 힘 LM을 더하였기 때문에 증가하며, 삭망에서는 힘 KL을 빼게 되니 감소한다. 그리고 힘 KL의 크기 때문에 (LM보다 더 크니) 증가보다 감소가 더 크다.

그런데 그 구심력의 비율은 (법칙 4, 딸린 법칙 2에 따라서) 반지름 TP의 단순한 비율을 바로 그리고 주기의 시간의 제곱의 비율을 역으로 결합한 것이니, 이 결합한 비율은 힘 KL의 작용에 의해서 감소하게 됨이 명백하다. 그러므로 만약 궤도의 반지름 TP가 그대로 유지되면, 주기의 시간은 증가하며, 이것은 구심력이 감소하는 비율의 제곱근의 비율이 된다. 그러므로 이 반지름이 증가 또는 감소하면, (법칙 4, 딸린 법칙 6에 따라서) 주기의 시간은 반지름의 1.5승의 비율보다 더 크게 증가 또는 더 작게 감소하게 됨이 명백하다.

만약 가운데 물체의 그 힘이 점점 줄어들면, 물체 P는 항상 더 약하게 그리고 더 약하게 당겨지니, 중심 T로부터 계속해서 더 멀어지게 된다. 그리고 반대로, 만약 그 힘이 증가하면, 가까워지게 된다. 그러므로 만약 먼 물체 S의 작용이 번갈아 증가하고 그리고 감소하면, 그에 의해서 그 힘이 감소하니, 반지름 TP도 그와 동시에 번갈아 증가하고 그리고 감소한다. 그리고 주기의 시간은 증가하고 그리고 감소하는데, 반지름의 비율의 1.5승과, 먼 물체 S의 작용이 증가 또는 감소함에 따라서, 가운데 물체 T의 구심력이 감소 또는 증가하는 비율의 제곱근을 결합한 비율에 따른다.

딸린법칙 7 앞의 내용들에 따라서 다음이 나온다. 물체 P가 그리는 타원의 축, 또는 원근점들의 직선은, 그 각운동이 전진 그리고 후진을 번갈아 하지만, 그러나 전진이 더 크며, 그러니 전진의 초과분에 의해서 전방으로 운반된다.

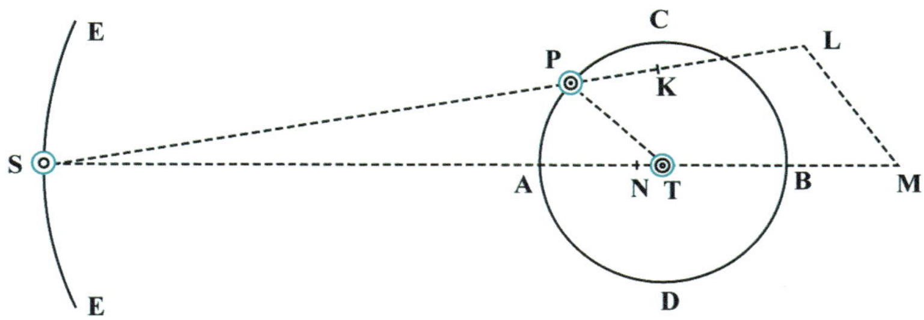

왜냐 하면 직각 위치에서 물체 P에게 물체 T를 향해 가해지는 힘은, 힘 MN이 사라질 때, 힘 LM 그리고 물체 T가 물체 P를 당기는 구심력으로 구성된다. 만약 거리 PT가 증가하면, 전자의 힘 LM은 이 거리와 거의 같은 비율로 증가하며, 그리고 후자의 힘은 그 제곱의 비율로 감소한다. 그러므로 이 힘들의 합은, 거리 PT의 제곱의 비율보다 감소가 더 작다. 그러므로 (법칙 45, 딸린 법칙 1에 따라서) 축 또는 원점이 후진하도록 초래한다.

그렇지만 합과 충에서, 물체 P에게 물체 T를 향해 가해지는 힘은, 물체 T가 물체 P를 당기는 힘 그리고 힘 KL 사이의 차이이다. 그리고 그 차이는, 힘 KL이 거의 거리 PT의 비율로 증가하니, 거리 PT의 제곱의 비율보다 더 크게 감소한다. 그러므로 (법칙 45, 딸린 법칙 1에 따라서) 그 축이 전진하도록 초래한다.

삭망 그리고 직각 사이의 위치들에서, 원점의 운동은 이 두 원인들을 결합한 것에 따르니까, 이것 또는 저것의 초과분에 따라서 전진 또는 후진한다. 그런데 삭망에서 힘 KL은, 직각 위치의 힘 LM에 비해서 거의 두 배이니, 초과분은 힘 KL 편이며, 따라서 축을 앞으로 운반한다.

이것 그리고 앞의 딸린 법칙들이 사실임은, 두 물체들 T, P의 체계의 둘레에 궤도 ESE를 따라서 다수의 물체들 S, S, S, …가 사방에 놓여 있다고 상상하면 쉽게 이해할 수 있다. 왜냐 하면 이 물체들의 작용들에 의해서, T 자신의 작용은 모든 곳에서 감소되며, 거리의 제곱보다 더욱 큰 비율로 감소하게 되기 때문이다.

딸린법칙 8 그런데 원근점들의 전진 또는 후진은, 물체가 근점에서 원점으로 진행할 때, 구심력의 감소가 거리 TP의 비율의 제곱보다 크냐 또는 작으냐에 달려 있으며, 또한 근점으로 돌아올 때 비슷한 증가에 달려 있다. 그러므로 원점에서의 힘 대 근점에서의 힘의 비율이, 거리 비율의 제곱의 역에서 멀면 멀수록 더욱 커진다.

그러므로 뺀 힘 KL 또는 NM-LM에 따라서, 원근점들은 삭망의 위치에서 빨리 전진하게 되며, 더한 힘 LM에 따라서, 직각의 위치에서 더 느리게 후진하게 됨이 명백하다. 그런데 빠른 전진 또는 느린 후진이 계속되는 시간이 지속적이기(길기) 때문에, 이 차이는 매우 커지게 된다.

딸린법칙 9 임의의 물체가 중심으로부터 거리의 제곱에 역으로 비례하는 힘에 따라서, 그 중심의 둘레에서 타원을 따라서 회전한다고 하자. 그리고 원점에서 근점으로 하강을 시작한 직후부터, 그 힘에다 어떤 새로운 힘이 계속해 더해져서, 거리의 제곱의 감소보다 더 큰 비율로(힘이) 증가한다고 하자. 그러면 이 물체는 타원 궤도의 안쪽에서 궤도를 그리게 되고, 근점에서 이전보다 더 중심에 가까워지게 된다. 그러므로 이 새로운 힘의 가세에 따라서, 이심률은 더욱 커지게 된다.

이제 그 힘이, 물체가 근점에서 원점으로 멀어지는 동안, 이전에 증가한 것과 같은 비율로 감소하면, 물체는 원래 거리로 되돌아갈 것이다. 그러므로 만약 그 힘이 더 큰 비율로 감소하면, 이제 더 약하게 당겨지는 물체는 더 먼 거리를 상승할 것이며, 그러니 궤도의 이심률은 더욱 커지게 된다. 그러므로 만약 구심력의 증가 그리고 감소의 비율이 각각의 회전마다 증가하면, 이심률은 항상 증가한다. 그리고 역으로, 그 비율이 감소하면, 이심률은 감소한다.

그러니 이제 물체들 T, P, S의 체계에서, 궤도 PAB의 원근점들이 직각 위치에 있을 때 증가 그리고 감소의 그 비율이 최소이고, 원근점들이 삭망에 있을 때 최대가 된다. 만약 원근점들이 직각 위치에 있으면, 그 거리들의 제곱의 비율보다, 원근점들 근처에서 그 비율이 더 작으며, 삭망 근처에서 더 크다. 그리고 그 큰 비율로부터, 이미 말한 것처럼, 원점의 전진 운동이 생겨난다.

하지만 만약 원근점들 사이에서 전진의 전체 증가 또는 감소의 비율을 고려하면, 이것은 거리의 제곱보다 더 작다. 근점에서의 힘 대 원점에서의 힘의 비율은, 타원의 초점에서부터 원점의 거리 대 같은 초점에서부터 근점의 거리의 비율의 제곱보다 더 작다.

그리고 역으로, 원근점들이 삭망에 위치하면, 근점에서의 힘 대 원점에서의 힘의 비율은, 거리의 비율의 제곱보다 더 크다. 왜냐 하면 직각 위치에서의 힘들 LM을 물체 T의 힘들에다 더하면, 합성된 힘은 더 작은 비율이 되고, 그리고 삭망에서의 힘들 KL을 물체 T의 힘들로부터 빼면, 남는 힘은 더 큰 비율이 되기 때문이다.

그러므로 원근점들 사이를 지나는 동안, 전체 감소 그리고 증가의 비율은, 직각 위치에서 최소, 삭망에서 최대이다. 그러므로 원근점들이 직각에서 삭망으로 진행하는 동안, 그것은 계속 증가하며, 타원의 이심률을 증가시킨다. 그리고 삭망에서 직각으로 진행하는 동안, 그것은 계속 감소하며, 이심률을 감소시킨다.

딸린법칙 10 위도에서의 오차를 설명하기 위해서, 궤도 EST의 평면이 고정되어 있다고 상상하자. 앞에서 설명해 놓은 오차의 원인에 따라서, 그 원인의 전부인 힘들 NM, ML 중에, 힘 ML은 항상 궤도 PAB의 평면을 따라서 작용하니, 위도에서의 운동을 전혀 교란하지 않음이 명백하다. 그리고 힘 NM도 만약 교점(node)들이 삭망에 있으면, 같은 궤도의 평면을 따라서 작용하니, 이 운동들을 교란하지 않는다.

그러나 만약 교점들이 직각 위치에 있으면, 가장 크게 교란하며, 물체 P를 궤도의 평면으로부터 계속 당겨서, 물체가 직각에서 삭망으로 진행하는 동안 평면의 기울기를 감소시키며, 다음 순서로 삭망에서 직각으로 진행하는 동안 그것을 증가시킨다. 그러니 만약 물체가 삭망에 존재하면, 경사가 가장 작으며, 물체가 다음 교점에 도착하면, 이전의 크기로 거의 되돌아가게 된다.

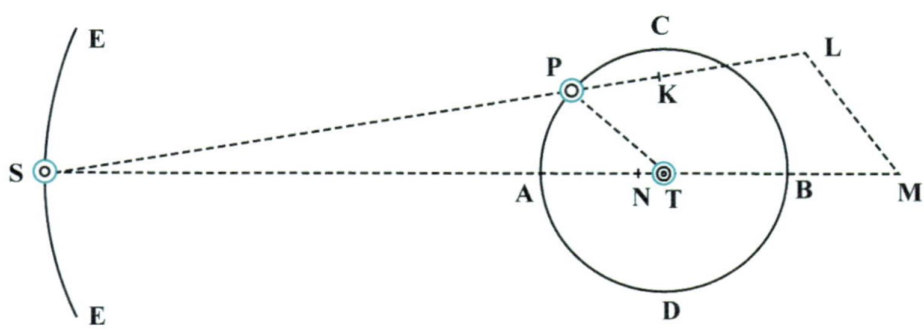

그러나 만약 교점들이 직각 다음의 팔분원 위치에 놓여 있으면, 그러니까 C와 A 사이, D와 B 사이, 방금 설명한 것에 따라서, 물체 P가 어느 한

교점에서부터 90도 위치로 진행하는 동안, 평면의 경사는 계속 감소한다. 그리고 그 다음 45도를 진행해 다음의 직각 위치에 이르는 동안, 경사는 증가한다. 그리고 그 다음 45도를 진행해 다음의 교점에 이르는 동안, 감소한다. 그러므로 경사의 감소가 증가보다 더 크며, 그러니 이전의 교점보다 이후의 교점에서 항상 더 작다. 비슷한 추론에 따라서, 만약 교점들이 A 그리고 D 사이, B 그리고 C 사이의 다른 팔분원 위치에 놓여 있으면, 경사의 증가가 감소보다 더 크다.

그러므로 경사는 교점들이 삭망에 있을 때 가장 크다. 삭망에서 직각으로 진행하면, 물체가 매번 교점에 근접(appulse)할 때마다 감소한다. 그리고 교점들이 직각에 있고 물체가 삭망에 있을 때, 가장 작아진다. 그 다음에 증가하는데, 이전에 감소한 것과 같은 정도이다. 교점들이 그 다음의 삭망에 근접하면, 이전의 크기로 되돌아간다.

딸린법칙 11 물체 P는, 교점들이 직각 위치에 있을 때, 그 궤도의 평면으로부터 계속 당겨진다. 물체가 교점 C에서부터 합 A를 지나 교점 D로 진행하는 동안, S를 향한 방향으로 당겨진다. 그리고 교점 D에서부터 충 B를 지나 교점 C로 진행하는 동안, 반대 방향으로 당겨진다.

그러니 물체는 교점 C를 떠난 이후 다음 교점에 이르기까지, 물체는 그 운동을 통해서, 그 궤도의 처음 평면 CD로부터 계속 멀어짐이 명백하다. 그러므로 이 교점은, 처음 평면 CD로부터 가장 멀리 떨어져 있으며, 궤도 EST의 평면을 지나게 되는데, 이전 평면의 다른 교점 D가 아니라, 물체 S에 가까운 점에서 지나게 된다. 그러니 교점의 새로운 위치는 이전보다 더 뒤쪽이 된다. 그리고 비슷한 추론으로, 물체의 진행에서 교점들은 이 교점에서 다음 교점으로 후퇴를 계속하게 된다.

그러므로 직각 위치에 놓인 교점들은 계속해서 후퇴한다. 삭망에서는, 위도의 운동에 전혀 교란이 없어서, 정지한다. 중간 위치들에서는, 두 조건들을 나누어 가지니, 느리게 후퇴한다. 그러므로 교점들은 항상, 후퇴하거나 또는 정지해 있으니, 각각의 회전마다 이들은 뒤로 운반된다.

딸린법칙 12 이 딸린 법칙들에서 설명해 놓은 모든 오차들은, 물체들 P, S가 합에 있을 때, 그들이 충에 있을 때보다 더 크다. 그 이유는, 생성시키는 힘들 NM 그리고 ML이 더 크기 때문이다.

딸린법칙 13 이 딸린 법칙들의 비율들은 물체 S의 크기에 의존하지 않으니, 물체 S가 매우 크다고 설정하여서, 두 물체들 P, T의 체계가 그 둘레를 회전하더라도, 앞의 모든 것들이 얻어진다. 그리고 물체 S의 증가로부터, 구심력 자체가 증가하니, 물체 P의 오차들이 생겨나며, 그 모든 오차들은, 거리들이 같을 때, 물체 S가 물체들 P, T의 체계의 둘레를 회전하는 다른 경우보다, 이 경우에 더 크다.

딸린법칙 14 그런데 물체 S가 매우 멀리 있으면, 힘들 NM, ML은 힘 SK 그리고 PT 대 ST의 비율을 결합한 것에 거의 비례한다. 그러니까 만약 거리 PT, 더불어 물체 S의 절대적 힘이 주어지면, ST^3 에 역으로 비례한다. 그리고 그 힘들 NM, ML은 앞의 딸린 법칙들에서 다룬 모든 오차들 그리고 효과들의 원인들이다. 그러니 이 모든 효과들은, 만약 물체들 T, P의 체계가 이전과 마찬가지이고, 거리 ST 그리고 물체 S의 절대적 힘만이 변화하면, 물체 S의 절대적 힘의 비율을 바로, 그리고 거리 ST의 세제곱의 비율을 역으로 결합한 것에 거의 비례할 것임이 명백하다.

그러니 만약 물체들 T, P의 체계가 매우 멀리 있는 물체 S의 둘레를 회전하면, 그 힘들 NM, ML 그리고 그들의 효과들은 (법칙 4, 딸린 법칙 2, 6에 따라서) 주기의 시간의 제곱에 역으로 비례하게 된다. 그러므로 만약 물체 S의 크기가 그 절대적 힘 자신에 비례하면, 그 힘들 NM, ML 그리고 그 효과들은, T에서 보았을 때 멀리 있는 물체 S의 겉보기 지름의 세제곱에 바로 비례한다. 그리고 역도 성립한다. 왜냐 하면 이 비율들은 앞에서 언급한 비율들의 결합과 같기 때문이다.

딸린법칙 15 그리고 만약 궤도들 ESE 그리고 PAB가 그 형태, 비율 그리고 서로 간의 경사를 그대로 유지하면서, 그 크기만 변화하면, 그리고 물체들 S, T의 힘들이 그대로 유지되거나, 또는 주어진 임의의 비율로 변화하면, 이 힘들은 (그러니까 물체 T의 힘, 이것에 의해서 물체 P는 직선 경로로부터 벗어나 궤도 PAB를 그린다. 그리고 물체 S의 힘, 이것에 의해서 같은 물체 P가 그 궤도로부터 벗어나게 된다.) 항상 같은 방법으로, 그리고 같은 비율로 작용하게 된다. 그러니 필연적으로, 모든 효과들은 닮은꼴이며 비례하게 된다. 그리고 효과들의 시간들도 비례하게 된다. 그러니까 직선적인 오차들은 모두 궤도들의 지름들에 비례하며, 각오차들(angular errors)은 이전과 같다. 그리고 닮은꼴인 직선적 오차들의 시간들, 또는 같은 각오차들의 시간들은, 궤도의 주기의 시간들에 비례한다.

딸린법칙 16 그러므로 만약 궤도들의 형태들 그리고 서로 간의 기울기가 주어지고, 그리고 물체들의 크기들, 힘들 그리고 거리들이 임의로 변화하면, 한 경우의 주어진 오차들 그리고 주어진 시간들의 오차들로부터, 다른 임의의 경우의 오차들 그리고 시간들의 오차들을 거의 정확하게 구할 수 있다. 그러나 다음 방법은 더 빠르다.

힘들 NM, ML은, 여타 사항들이 그대로이면, 반지름 TP에 비례한다. 그리고 그들의 주기적인 효과들은 (렘마 10, 딸린 법칙 2에 따라서) 그 힘들 그리고 물체 P의 주기의 시간의 제곱을 결합한 것에 비례한다.

이것들은 물체 P의 직선적 오차들이다. 그러므로 중심 T에서 보았을 때 각오차들은 (그러니까 원근점들 그리고 교점들의 운동들과 길이 그리고 폭에서의 모든 겉보기 오차들은) 물체 P의 각각의 회전에서 회전 시간의 제곱에 거의 비례한다.

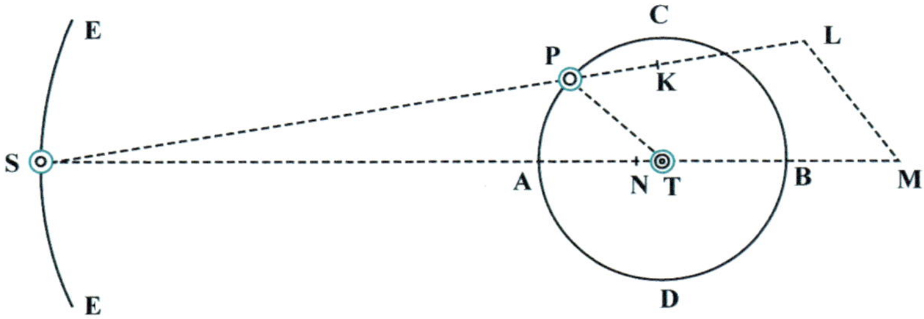

이 비율들을 딸린 법칙 14의 비율들과 결합하여라. 그러면 물체들 T, P, S의 임의의 체계에서, P는 자신에 가까운 T의 둘레를 회전하고 있고, T는 아주 먼 거리에서 S의 둘레를 회전하고 있으면, 중심 T에서 보았을 때 물체 P의 각오차들은, 물체 P의 각각의 회전에서, 물체 P의 주기의 시간의 제곱에 바로 비례하고, 그리고 물체 T의 주기의 시간의 제곱에 역으로 비례한다.

그러므로 원점의 평균운동은 교점들의 평균운동에 대해서 주어진 비율이 된다. 그리고 각각의 운동은 물체 P의 주기의 시간에 바로 비례하고, 물체 T의 주기의 시간의 제곱에 역으로 비례한다. 궤도 PAB의 이심률 그리고 경사의 증가 또는 감소는, 원점과 교점들의 운동들에 감지할 수 있을 정도의 변화를 주지 않는다. 그것들이 매우 크다면 예외이다.

딸린법칙 17 그런데 직선 LM은 반지름 PT에 비해서 때로는 더 커지고 때로는 더 작아지니, 힘 LM의 평균을 그 반지름 PT로 나타내자. 그러면 이 평균힘 대 힘 SK 또는 SN의 평균(이것은 ST로 나타낼 수 있다)과의 비율은, 길이 PT 대 길이 ST의 비율과 같다.

그런데 평균힘 SN 또는 ST는, 이것에 의해서 물체 T는 S 둘레의 그 궤도를 유지하며, 물체 P가 T 둘레의 궤도를 유지하게 하는 힘과의 비율이, 반지름 ST 대 반지름 PT의 비율과, 물체 P의 T 둘레에서의 주기의 시간 대 물체 T의 S 둘레에서의 주기의 시간의 비율의 제곱을 결합한 것과 같다. 그리고 비례식의 같음에 따라서, 평균힘 LM 대, 물체 P가 T의 둘레의 그 궤도를 유지하게 하는 힘(또는 같은 물체 P가 거리 PT에서, 같은 주기의 시간으로, 임의의 고정된 점 T의 둘레를 회전하게 하는 힘)과의 비율은, 주기의 시간들의 비율의 제곱과 같다. 그러므로 거리 PT와 더불어 주기의 시간들이 주어지면, 평균힘 LM이 주어지게 된다. 그리고 이것이 주어지면, 직선들 PT, MN의 비율에 따라서, 힘 MN도 역시 매우 가깝게 주어지게 된다.

딸린법칙 18 물체 P가 물체 T의 둘레를 회전하는 것과 같은 규칙들에 따라서, 다수의 유체의 물체들이 같은 물체 T의 둘레를 그로부터 같은 거리에서 회전한다고 하자. 이 인접한 유체들이, 물체 T에 대해서 동심(concentric)의 유체의 고리(ring)를 형성한다고 하자. 그리고 고리의 각각의 부분은, 그 운동이 모두 물체 P의 운동 규칙에 따라서 수행된다고 하자. 그 자신들 그리고 물체 S의 합과 충의 위치에서, 직각 위치에서보다, 이들은 물체 T에 더 가까워지고, 그리고 더 빨리 움직이게 된다.

그리고 이 고리의 교점(node)들은, 그러니까 물체 S 또는 T의 궤도의 평면과 이들의 교점(intersection)들은, 삭망에서는 정지하게 된다. 그러나 삭망의 바깥에서는, 이들은 후진으로 움직이게 되며, 직각 위치에서 가장 빠르고, 다른 위치들에서는 그보다 느리게 된다. 고리의 경사도 역시 변화하게 되며, 각각의 회전마다 그 축이 진동하게 된다. 완전히 회전하고 나면, 그 원래 위치로 되돌아가게 된다. 그렇지만 교점(node)들의 세차(precession) 때문에 약간 회전한 게 된다.

딸린법칙 19 이제 구(공, globe) 모양의 물체 T가 있어서, 유체가 아닌 물질로 구성되어 있고, 커지고 확장되어서 이 고리에 이르며, 그 둘레에 해협을 파서 물을 담고 있으며, 그 축의 둘레를 같은 주기의 운동으로 일정하게 회전한다고 상상하자. 이 물은 번갈아가며 (바로 앞의 딸린 법칙에서처럼) 가속이 되고 그리고 감속이 되어서, 구의 표면에 비해서 삭망에서는 더 빠르고, 직각에서는 더 느리다. 그러므로 바닷물처럼 해협에서 앞으로 뒤로 흐를 것이다.

만약 물체 S의 인력을 제거해 버리면, 물은 고정된 공의 중심의 둘레를 회전하게 되며, 밀물 그리고 썰물의 운동을 전혀 획득하지 않게 된다. 이것은 구가 직선을 따라서 일정하게 전진하면서, 그와 동시에 그 중심의 둘레를 회전하는 경우와 (운동 법칙들에 딸린 법칙 5에 따라서) 같으며, 그리고 구가 직선 경로로 일정하게 당겨지는 경우와도 (운동 법칙들에 딸린 법칙 6에 따라서) 역시 같다.

하지만 물체 S가 접근하면, 같지 않는 인력에 따라서 물이 교란될 것이다. 가까운 물은 강하게 당겨지고, 멀리는 약하게 당겨지기 때문이다. 그런데 힘 LM은 직각 위치의 물을 아래로 당겨서, 삭망을 향해 하강하도록 초래한다. 그리고 힘 KL은 같은 물을 삭망 위치에서 위로 당겨서, 하강을 유예시키며, 직각 위치에까지 상승하도록 초래한다. 그렇지만 밀물, 썰물의 운동은 해협의 물에 의해서 유도되며, 마찰에 의해서 약간 늦춰진다.

딸린법칙 20 만약 고리가 단단해지고, 그리고 구가 작아지면, 밀물과 썰물 운동은 사라지게 된다. 그렇지만 경사가 진동하는 운동 그리고 교점(node)들의 세차(precession)는 그대로 남는다. 구가 고리와 같은 축을 가지고, 같은 시간에 회전을 완결하고, 그리고 그 표면이 고리의 안쪽에 접해서 달라붙어 있다고 하자.

그러면 구는 고리의 운동에 참여하여서, 둘의 전체가 진동하게 되며, 교점들은 후진하게 된다. 왜냐 하면 구는, 이제 곧 보이겠지만, 모든 영향들을 동등하게 받아들이기 때문이다.

구를 제거한 고리는, 교점들이 삭망에 있을 때 경사의 각이 최대가 된다. 거기서부터 교점들이 직각 위치로 진행하면, 그 경사를 감소시키려고 기동하며, 이 기동을 통해서 전체 구에 운동을 심어준다. 구는 심어준 운동을 유지하다가, 고리가 반대의 기동으로 이 운동을 제거하고, 반대 방향으로 새로운 운동을 심어주게 된다.

이러한 방법에 따라서, 경사의 감소의 최대 운동은 교점들이 직각 위치에 있을 때 만들어지며, 그리고 경사각이 최소가 되는 곳은 직각을 지나 팔분원 위치이다. 그 다음에 경사의 증가의 최대 운동은 교점들이 삭망 위치에 있을 때, 그리고 경사각이 최대가 되는 곳은 다음의 팔분원 위치이다. 그리고 구에 고리가 없다 하더라도, 극들에 비해서 적도 지역이 약간 더 높거나, 또는 밀도가 더 높은 물질로 구성되어 있으면, 이와 같은 경우가 된다. 왜냐 하면 적도 지역의 잉여분의 물질이 고리를 대치하기 때문이다.

그리고 비록, 이 구의 구심력을 임의로 증가시켜서, 그 모든 부분들이 아래로 향하는 경향이 있다고 가정하더라도, 지구의 부분들이 중력의 효과로 그러하듯이, 그럼에도 이 딸린 법칙 그리고 바로 앞의 딸린 법칙의 현상들은 거의 변화하지 않는다. 다만 물의 최고 그리고 최저 고도들의 위치들이 달라질 뿐이다. 왜냐 하면 물은 이제 그 구심력에 의해서가 아니라, 물이 흐르는 해협에 의해서 그 궤도에서 지탱되고 유지되기 때문이다. 그리고 게다가 힘 LM은 직각 위치에서 가장 강하게 아래로 당기며, 힘 KL 또는 NM-LM은 삭망의 위치에서 가장 강하게 위로 당긴다.

그리고 이 결합된 힘들은, 삭망 이전의 팔분원 위치에서, 물을 아래로 당기기를 멈추고 위로 당기기를 시작한다. 그리고 삭망 이후의 팔분원 위치에서, 물을 위로 당기기를 멈추고 아래로 당기기를 시작한다. 그러니 이로부터 물의 최고 고도는 삭망 이후의 팔분원 위치에서 생겨나며, 최저는 직각 이후의 팔분원 위치에서 생겨난다. 그렇지만 이 힘들에 의해서 물에 심어진 상승 또는 하강의 운동들이, 물의 관성의 힘에 의해서 조금 더 길게 보전되거나 또는 해협의 저항들에 의해서 조금 더 빨리 제거될 수 있다.

딸린법칙 21 같은 추론으로, 구의 적도 인근의 잉여 물질은 교점들이 후진하도록 만들며, 그러니 잉여분이 증가하면 후진도 증가하고, 감소하면 감소하고, 제거하면 없어진다. 만약 잉여 물질보다 더 많이 제거하면, 그러니까 적도 인근이 더 낮게 내려가도록 만들거나, 또는 극들 인근보다 밀도가 낮으면, 교점들의 운동은 전진으로 생겨난다.

딸린법칙 22 그러니 한편으로, 교점들의 운동으로부터 구의 구성을 알 수 있다. 예를 들어, 만약 구가 계속 같은 극들을 보존하면서, (교점들의) 운동이 후진으로 일어나면, 적도 인근의 물질이 초과된다. 만약 전진하면, 부족하다.

(구성 성분이) 일정하고 그리고 완벽하게 둥근 구가 자유로운 공간 속에 처음에 정지해 놓여 있었다고 가정하자. 그런데 임의의 충격이 그 표면에 비스듬히 가해져서, 그때부터 부분적으로 원운동(회전 운동), 부분적으로 직선운동을 지니게 되었다고 하자. 그런데 이 구는 중심을 지나는 모든 축들에 대해서 동등하게 대우하며, 어느 한 축, 또는 어느 위치

(기울기)의 한 축을, 다른 임의의 축보다 선호하지 않는다. 그러니 자신의 힘으로는, 그 축 그리고 축의 기울기를 절대 바꾸지 않을 것임이 명백하다.

이제 구에 임의의 새로운 충격을, 이전과 같은 표면의 부분에다, 비스듬하게 가하여라. 그런데 충격들이 먼저이든 또는 나중이든 영향(효과)은 전혀 달라지지 않으니, 연속적으로 가해진 이 두 충격들이, 동시에 가해졌다 하더라도 같은 운동을 생산하였을 것임이 명백하다. 그러니까 이 두 힘들을 (운동 법칙들에 딸린 법칙 2에 따라서) 결합한, 단순한 힘이 구에 가해진 것과 같다. 그러므로 주어진 기울기의 축의 둘레에서, 단순한 (회전) 운동을 한다.

그리고 처음 운동의 적도의 임의의 다른 위치에 두 번째 충격이 가해져도, 마찬가지 경우가 된다. 그러므로 처음의 충격 없이 두 번째 충격이 생성하였을 운동의 적도의 임의의 위치에 처음 충격이 가해져도 마찬가지이다. 그러므로 두 충격들이 임의의 어떠한 위치들에 가해져도 마찬가지이다. 이 두 충격들은, 이들 각각이 생성하였을 그 운동들의 적도들의 교점 위치에서 동시에 가해진 경우와, 같은 원운동을 낳을 것이다.

그러므로 (구성 성분이) 균일하고 완벽한 구는 다수의 다른 운동들을 가지지 않으며, 가해진 모든 운동들을 결합하여서, 하나로 줄인다. 그리고 그 자신에 한해서라면, 주어진 기울기를 항상 변화시키지 않는, 하나의 축의 둘레에서, 항상 단순하고 일정한 회전 운동을 한다.

그런데 구심력은 축의 기울기 또는 회전의 속력을 변화시키지 못한다. 만약 구를 그 중심을 지나는 임의의 평면으로, 힘은 그 중심을 향하여 관통하고, 두 반구들로 분할하였다고 생각하면, 그 힘은 항상 두 반구들에 동등하게 가해진다. 그러므로 그 구는, 회전 운동과 관련하여서,

어느 편으로든 기울지 않는다.

그러나 극 그리고 적도 사이의 어딘가에 새로운 물질을 산의 형태로 추가하면, 그것은 그 운동의 중심으로부터 멀어지려는 지속적인 시도로, 구의 운동을 교란하게 되며, 그 극들이 그 표면에서 배회하고, 그 점 그리고 그에 반대되는 점의 둘레에서 지속적으로 원들을 그리도록 초래한다.

이 거대한 유랑을 치유하려면, 두 극들 중의 어느 하나에 그 산을 위치시키는 방법, 이 경우는 (딸린 법칙 21에 따라서) 적도의 교점들이 전진한다. 또는 적도에, 이 경우는 (딸린 법칙 20에 따라서) 교점들이 후진한다. 또는 마지막으로 축의 다른 편에 새로운 물질을 더하는 방법, 그러면 산들이 그 운동에서 균형이 잡히며, 산 그리고 새로운 물질이 극에 가까우냐 또는 적도에 가까우냐에 따라서, 교점들은 전진 또는 후진을 한다.

법칙 67, 정리 27

같은 인력의 규칙들을 가정하고, 바깥쪽 물체 S로부터 안쪽 물체들 P, T의 공통 무게중심 O로 그은 반지름은 O의 둘레에서, 가장 안쪽의 가장 큰 물체 T로 그은 반지름이 T의 둘레에서 그리는 것보다, 시간에 더 (정확하게) 비례하여 넓이들을 그리며, 그 궤도는 그 무게중심을 초점으로 하는 타원에 더 가까이 접근한다.

왜냐 하면 물체들 T 그리고 P를 향해 물체 S를 당기는 인력들은, (덧셈을 하면) 그 절대적 인력을 구성하며, 이것은 가장 큰 물체 T보다 물체들 T 그리고 P의 공통 무게중심 O를 더 향하고 있으며, 그리고 거리 ST의 제곱의 역보다 거리 SO의 제곱의 역에 더 (정확하게) 비례하기 때문이다. 약간만 고려해 보면 명백하다.

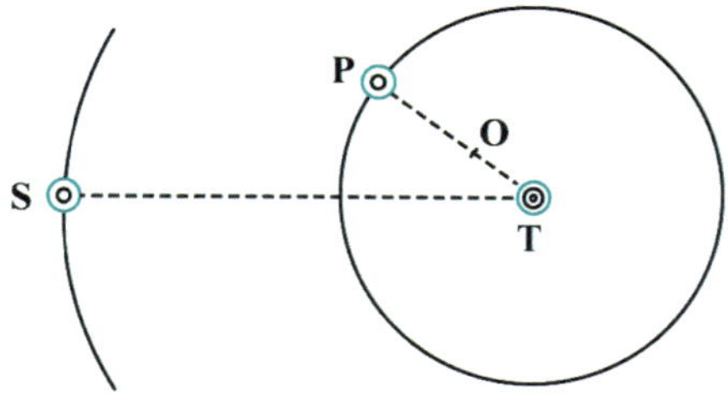

법칙 68, 정리 28

같은 인력의 규칙들을 가정하고, 바깥쪽 물체 S로부터 안쪽 물체들 P 그리고 T의 공통 무게중심 O로 그은 반지름은 O의 둘레에서, 만약 가장 안쪽의 가장 큰 물체가 이 인력들에 의해서 다른 물체들과 마찬가지로 들썩거리면, 그것이 당겨지지 않아서 정지해 있는 것보다, 또는 더 또는 덜 당겨져서 더 또는 덜 들썩거리는 것보다, 시간에 더 (정확하게) 비례하여 넓이들을 그리며, 그 궤도는 그 무게중심을 초점으로 하는 타원에 더 가까이 접근한다.

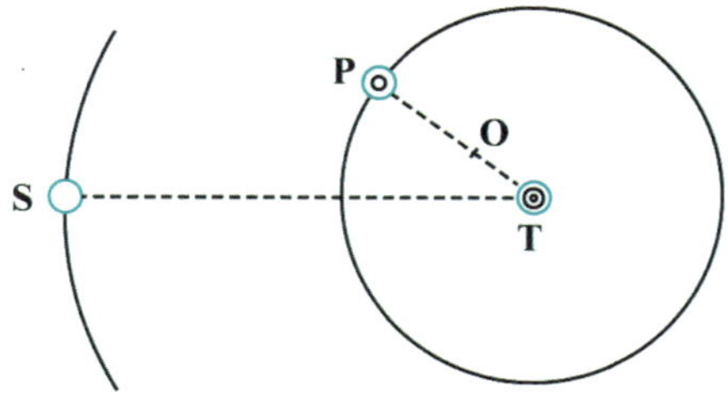

이것은 법칙 66과 거의 같은 방법으로 증명할 수 있다. 그러나 추론이 너무 길어지니, 생략하겠다. 다음과 같이 고려해 보면 충분하다. 앞의 법칙의 증명으로부터, 두 힘들의 결합에 의해서 물체 S에게 강제되는 중심은, 두 물체들의 공통 무게중심과 매우 가까움이 명백하다.

만약 이 중심이 그 공통 무게중심과 일치하면, 그리고 세 물체들의 공통 무게중심이 정지해 있으면, 물체 S는 어느 한쪽에서, 다른 둘의 공통 무게중심은 다른 한쪽에서, 정지해 있는 이들 모두의 공통 무게중심의 둘레에서, 정확한 타원들을 그리게 된다. 이것은 법칙 58, 딸린 법칙 2를 법칙 64, 65에서 증명한 내용들과 비교하면 명백하게 나온다.

이 (정확한) 타원 운동은, 둘의 무게중심이, 세 번째 물체 S를 당기는 중심으로부터 벗어난 거리에 따라서 살짝 교란된다. 게다가 셋의 공통 무게중심의 운동이 주어지면, 교란은 증가한다. 따라서 셋의 공통 무게 중심이 정지해 있으면, 교란은 최소이다. 그러니까 가장 안쪽의 가장 큰 물체 T가 나머지와 같은 규칙에 의해서 당겨질 때이다. 그리고 셋의 그 공통 무게중심이, 물체 T의 운동의 감소에 따라서, 움직이기 시작하고, 더 많이 더 많이 들썩일수록, 더 크게 교란된다.

딸린법칙 그러므로 만약 다수의 작은 물체들이 가장 큰 물체의 둘레를 회전할 때, 모든 물체들이 그들의 절대적 힘들에 바로 비례하고, 거리의 제곱에 역으로 비례하는, 가속의 힘들로 서로 간에 당기고 자극을 주면, 그리고 각각의 궤도의 초점은 안쪽 모든 물체들의 공통 무게중심에 (그러니까 가장 안쪽 첫 번째 궤도의 초점은 가장 큰 가장 안쪽 물체의 무게중심에, 두 번째 궤도의 초점은 가장 안쪽 두 물체들의 공통 무게중심에, 세 번째 궤도의 초점은 안쪽 세 물체들의 공통 무게중심에, 이런 식으로 계속) 위치하여야, 가장 안쪽 물체가 정지해 있고 모든 궤도들의 공통 초점으로 확립된 경우보다, 그리는 궤도들이 타원들에 더욱 가깝게 되고, 그리는 넓이들이 더욱 일정하게 됨을 유추할 수 있다.

법칙 69, 정리 29

다수의 물체들 A, B, C, D, …의 체계에서, 만약 임의의 물체 A가 나머지 모든 물체들 B, C, D, …를 당겨지는 물체로부터 거리의 제곱들에 역으로 비례하는 가속의 힘들로 당기고, 그리고 다른 물체 B가 역시 나머지 물체들 A, C, D, …를 당겨지는 물체로부터 거리의 제곱들에 역으로 비례하는 가속의 힘들로 당긴다고 하자. 그러면 당기는 물체들 A, B의 절대적 힘들은 서로 간에, 그 힘들이 속해 있는 그 물체들 A, B 자신들의 (질량들의) 비율과 같다.

왜냐 하면 모든 물체들 B, C, D의 A를 향한 가속의 인력들은, 가정에 따라서, 같은 거리들에서 서로 간에 같다. 그리고 마찬가지로, 모든 물체들의 B를 향한 가속의 인력들은, 같은 거리들에서 서로 간에 같다. 그런데 물체 A의 절대적 당기는 힘 대 물체 B의 절대적 당기는 힘의 비율은, 모든 물체들의 A를 향한 가속의 인력 대, 같은 거리들에서, 모든 물체들의 B를 향한 가속의 인력의 비율과 같다. 그리고 물체 B의 A를 향한 가속의 인력 대, 물체 A의 B를 향한 가속의 인력의 비율도 역시 이와 같다.

그런데 물체 B의 A를 향한 가속의 인력 대 물체 A의 B를 향한 가속의 인력의 비율은, 물체 A의 질량 대 물체 B의 질량과 같다. 왜냐 하면 동인력은 (정의 2, 7, 8에 따라서) 가속의 힘들 그리고 당겨지는 물체들에 공동으로 비례하며, 지금 여기서는 (운동법칙 3에 따라서) 서로 같기 때문이다. 그러므로 물체 A의 절대적 당기는 힘 대 물체 B의 절대적 당기는 힘의 비율은, 물체 A의 질량 대 물체 B의 질량과 같다. [증명 끝]

딸린법칙 1 그러므로 만약 물체들 A, B, C, D, …의 체계의 각각이, 따로따로 고려할 때, 나머지 모두를 당기는 물체로부터 거리들의 제곱들에 역으로 비례하는 가속의 힘들로 당기면, 그 모든 물체들의 절대적 힘들은 서로 간에 그 질량들의 비율과 같다.

딸린법칙 2 같은 추론에 따라서, 만약 물체들 A, B, C, D, …의 체계의 각각이, 따로따로 고려할 때, 나머지 모두를 가속의 힘들로 당기는데, 그것이 당기는 물체로부터 거리의 임의의 승(제곱)에 역으로 비례하거나 또는 바로 비례하거나, 또는 당기는 물체로부터 각각의 거리들에 따른 어떤 공통된 규칙에 의해서 정의된다고 하면, 그 물체들의 절대적 힘들은 서로 간에 그 물체들의 (질량들의) 비율과 같음이 명백하다.

딸린법칙 3 그 힘들이 거리들의 제곱들에 비례하여 감소하는 물체들의 체계에서, 작은 것들이 가장 큰 것의 둘레에서 타원들을 따르고, 그들이 가지는 공통 초점이 그 큰 것의 중심에 놓이고, 가능한 한 정확하게 (타원들을 따라서) 회전하며, 가장 큰 것에게로 그은 반지름들이 시간들에 최대한 (정확하게) 비례하여 넓이들을 그린다고 하자. 그러면 그 물체들의 절대적 힘들은 서로 간에, 정확하게 또는 가능한 한 가깝게, 그 물체들의 (질량들의) 비율이 된다. 그리고 역도 성립한다. 이것은 법칙 48에 딸린 법칙을 이 법칙에 딸린 법칙 1과 비교해 보면 명백하다.

설명 이 법칙들로부터, 구심의 힘들 그리고 그 힘들이 향하는 중심 물체들의 유사성으로 인도된다. 왜냐 하면 자석들의 경우처럼, 물체들을 향하는 그 힘들은, 물체들의 본성 그리고 양에 의존함이 공감대가 형성되기 때문이다. 그리고 이러한 경우들이 생겨날 때마다, 물체들의 인력들을 고려할 때, 각각의 입자들에게 제각각의 힘들을 부여하고, 그리고 그 힘들의 총합을 구해야 한다.

나는 여기서 '인력(attractionis)'이라는 단어를 일반적인 의미로 사용하였으며, 임의의 물체들이 서로 간에 접근하려는 노력을 가리킨다. 그것은 서로 간의 청원일 수도 있고, 또는 에테르나 공기, 또는 물질적이든 비물질적이든 임의의 매질의 작용에 의해서, 방출되는 기운들이 서로 간을 들썩여 놓아서, 떠 있는 물체들이 서로에게로 여하한 방법으로든 추진되는 것일 수도 있다.

나는 '충격(가한 힘, impulsus)'이라는 단어도 마찬가지로 일반적인 의미로 사용한다. 정의에서 설명해 놓은 것처럼, 힘들의 종류 그리고 물리적 성질들이 아니라, 수학적 비율들 그리고 양들만을 이 저서에서 고려할 것이다. 수학에서는 어떠한 조건들을 가정하든 간에, 그에 따른 힘들의 양들 그리고 그들의 비율들을 조사하는 것이 필요하다. 그 다음에, 물리학으로 내려가서, 그 비율들을 (자연의) 현상들과 비교하여서, 당기는 물체들 각각의 종류들에게 어떤 조건(규칙)들의 힘들이 적합한지 밝혀야 한다. 그러고 나면 마침내, 물리학에서의 힘들의 종류들, 원인들 그리고 비율들에 대해서, 더 안전하게 논의할 수 있게 될 것이다.

그러므로 우리는 앞에서 설명한 방법의 인력의 입자들로 구성된 구형 물체들이, 어떤 힘들로 서로 간에 작용하고, 그리고 어떤 종류의 운동들이 그로부터 초래되는지 알아보도록 하자.

제 12 장
구형 물체들의 당기는 힘들

법칙 70, 정리 30

만약 구의 표면의 각각의 점들을 향해서, 그 점들로부터 거리들의 제곱의 비율로 감소하는 동등한 구심의 힘들이 작용하면, 그 표면의 안쪽에 위치한 입자는, 이 힘들에 의해서 어느 방향으로도 당겨지지 않는다.

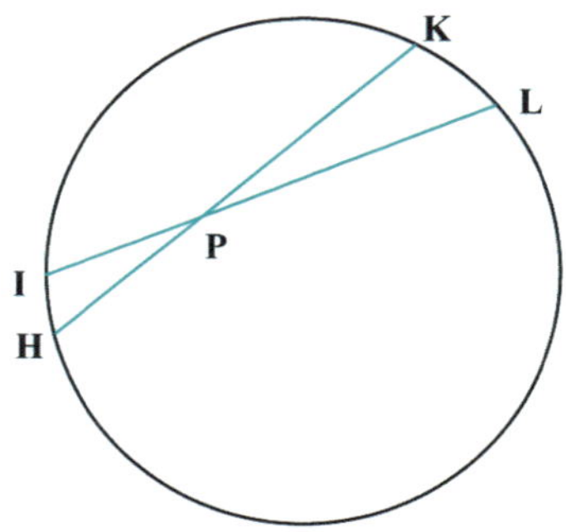

HIKL이 그 구의 표면이고, 그리고 입자 P가 그 속에 위치한다고 하자. 점 P를 지나고 이 표면에 닿도록 두 직선들 HK, IL을 그어서, 가장 작은 호들 HI, KL을 둘러싸도록 해라. 그러면 삼각형들 HPI, LPK가 (렘마 7, 딸린 법칙 3에 따라서) 닮은꼴이니, 그 호들은 거리들 HP, LP에 비례한다. 그리고 구의 표면의 HI, KL에 있는, 점 P를 지나는 직선들의 양쪽 끝들의 임의의 입자들은, 그 비율의 제곱이 된다.

그러므로 이 입자들이 물체 P에 가하는 힘들은 서로 간에 (크기가) 같다. 왜냐 하면 그것들은 입자들에 바로 비례하고, 그리고 거리들의 제곱들에 역으로 비례하기 때문이다. 그러니 이 두 비율들을 결합하면 같은 것들의 비율이 된다. 그러므로 인력들이, 반대 방향들로 같은 크기로 행해지니, 서로 간에 상쇄된다. 그리고 비슷한 추론으로, 전체 구의 표면의 모든 인력들은 반대되는 인력들에 의해서 상쇄된다. 그러므로 입자 P는 이 인력들에 의해서 어떠한 방향으로도 당겨지지 않는다. [증명 끝]

법칙 71, 정리 31

같은 가정들 하에, 구의 표면의 바깥쪽에 위치한 입자는, 구의 중심을 향해서, 바로 그 중심으로부터 그의 거리의 제곱에 역으로 비례하는 힘으로 당겨진다.

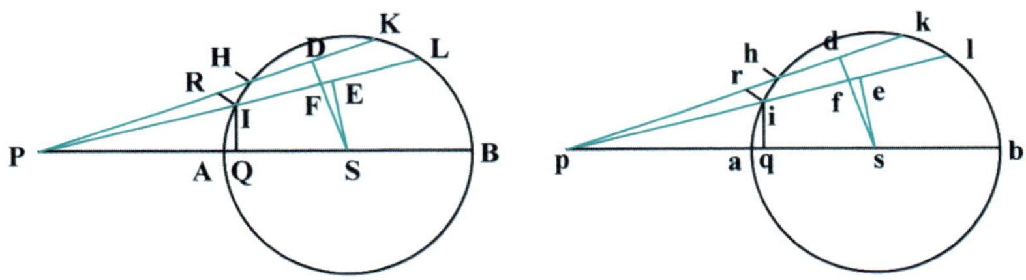

AHKB, ahkb는 두 개의 (서로) 같은 구의 표면들이며, 중심들 S, s에 대해서, 지름들 AB, ab로 그렸으며, 입자들 P, p는 바깥쪽에, 그 지름들의 연장선에 위치한다고 하자.

입자들로부터 직선들 PHK, PIL, phk, pil을 그어서, 이들이 대원들 AHB, ahb를 잘라서, (길이가) 같은 호들 HK, hk 그리고 IL, il을 만든다고 하자. 이 직선들로 수직선들 SD, sd; SE, se; IR, ir을 내리그어라. 이들 중에 SD, sd가 PL, pl을 자르는 점들을 F, f라 하자. 지름들로 수직선들 IQ, iq를 내리그어라.

각들 DPE, dpe가 한없이 작아지도록 해라. 그러면 (직선들) DS, ds 그리고 ES, es가 같으니, 직선들 PE, PF 그리고 pe, pf 그리고 직선의 원소들 DF, df는 같다고 간주해도 된다. 왜냐 하면 그 각들 DPE, dpe가 동시에 한없이 작아질 때, 그들의 궁극적 비율이 같은 것들의 비율이 되기 때문이다.

이러한 것들이 확립되고 나면, PI 대 PF는 RI 대 DF이고, 그리고 pf 대 pi는 df 또는 DF 대 ri이다. 그리고 비율들의 같음에 따라서, PI×pf 대 PF×pi는 RI 대 ri이다. 그러니까 (렘마 7, 딸린 법칙 3에 따라서) 호 IH 대 호 ih이다.

게다가 PI 대 PS는 IQ 대 SE이고, 그리고 ps 대 pi는 se 또는 SE 대 iq이다. 그리고 비율들의 같음에 따라서, PI×ps 대 PS×pi는 IQ 대 iq이다. 그리고 비율들의 결합에 따라서, $PI^2 \times pf \times ps$ 대 $pi^2 \times PF \times PS$는 HI×IQ 대 ih×iq이다. 그러니까 반원 AKB의 지름 AB에 대한 회전에 의해서, 호 IH가 그리는 둥그런 (띠 모양의) 표면의 넓이 대, 반원 akb의 지름 ab에 대한 회전에 의해서, 호 ih가 그리는 둥그런 (띠 모양의) 표면의 넓이의 비율과 같다.

그리고 이 표면들이 입자 P 그리고 입자 p를 이들을 향하는 직선들을 따라서 당기는 힘들은, (가정에 따라서) 표면들 자신들에 바로 비례하고, 물체들로부터 표면들의 거리들의 제곱들에 역으로 비례한다. 그러니까 pf×ps 대 PF×PS이다.

그리고 이 힘들 대, 이들의 비스듬한 성분들로서 (운동 법칙들에 딸린 법칙 2를 써서 힘들을 분해하여) 직선들 PS, ps를 따라서 중심들을 향하는 것들과의 비율은, PI 대 PQ, 그리고 pi 대 pq와 같다. 그러니까 (삼각형들 PIQ 그리고 PSF, piq 그리고 psf가 닮은꼴이니) PS 대 PF, 그리고 ps 대 pf와 같다.

그러므로 비율들의 같음에 따라서, 입자 P의 S를 향한 인력 대 입자 p의 s를 향한 인력의 비율은, $\frac{PF \times pf \times ps}{PS}$ 대 $\frac{pf \times PF \times PS}{ps}$ 이다. 그러니까 ps^2 대 PS^2이다. 그리고 비슷한 추론으로, 호들 KL, kl이

회전으로 그린 표면들이 입자들을 당기는 힘들은, ps^2 대 PS^2의 비율과 같다.

sd는 항상 SD와 같도록 잡고, se는 항상 SE와 같도록 잡으면, 각각의 구의 표면이 이렇게 분할된 모든 둥그런 (띠 모양의) 표면들의 힘들은, 이와 같은 비율이 된다. 그리고 결합에 따라서, 구의 전체 표면들이 입자들에게 행사하는 힘들은 이와 같은 비율이 된다. [증명 끝]

법칙 72, 정리 32

임의의 구의 각각의 점들을 향해서, 점들로부터 거리들의 제곱의 비율로 감소하는 동등한 구심의 힘들이 작용하고, 그리고 구의 밀도가 주어지고, 그리고 구의 지름 대 그 중심으로부터 입자의 거리의 비율이 주어졌다고 하자. 그러면 그 입자가 당겨지는 힘은, 구의 반지름에 비례한다.

두 입자들이 두 구들로 제각각, 하나는 하나에 의해서 그리고 다른 하나는 다른 하나에 의해서, 당겨지며, 구들의 중심들로부터 그 거리들은 구들의 지름들에 각각 비례하며, 구들을 닮은꼴인 알갱이들로, 입자들에 대해서 닮은꼴인 위치들이 되도록 분해하였다고 상상하자.

그리고 한 입자가 한 구의 각각의 알갱이들을 향해 만들어지는 인력들은, 다른 입자가 다른 구의 대응하는 알갱이들을 향해서 만들어지는 인력들과의 비율이, 알갱이들의 (질량들의) 비율을 바로 그리고 거리들의 제곱들의 비율을 역으로 결합한 비율이 된다. 그런데 알갱이들은 구들에 비례한다. 그러니까 지름의 세제곱의 비율이 된다. 그리고 거리들은 지름들에 비례한다. 그러므로 전자의 비율을 바로, 더불어 후자의 비율의 제곱을 역으로 결합하면, 지름 대 지름의 비율이 된다. [증명 끝]

딸린법칙 1 동등하게 인력을 구사하는 물질들로 구성된 구들의 둘레를, 입자들이 원들을 따라서 회전하며, 구들의 중심들로부터 그 거리들은 그들의 지름들에 비례한다고 하자. 그러면 주기의 시간들은 같게 된다.

딸린법칙 2 그리고 역으로, 만약 주기의 시간들이 같으면, 거리들은 지름들에 비례하게 된다. 이들 둘은 법칙 4, 딸린 법칙 3으로부터 나온다.

딸린법칙 3 닮은꼴이며 밀도가 같은 임의의 두 입체들이 있어서, 각각의 점들을 향하여 동등한 구심의 힘들이, 점들로부터 거리들의 제곱들의 비율로 감소하여 작용한다고 하자. 그러면 두 입체들에 대해서 닮은꼴로 위치한 입자들을, 그 입체들이 당기는 힘들은, 서로 간에 입체들의 지름들의 비율이 된다.

법칙 73, 정리 33

주어진 임의의 구의 각각의 점들을 향해서, 점들로부터 거리들의 제곱들에 비례하여 감소하는 동등한 구심의 힘들이 작용한다고 하자. 그러면 구의 안쪽에 위치한 입자는, 구의 중심으로부터 그 거리에 비례하는 힘으로 당겨진다.

중심 S에 대해서 그린 구 ABCD의 안쪽에 입자 P가 위치한다고 하자. 그리고 같은 중심 S에 대해서, 구간 SP로, 안쪽의 구 PEQF를 그린다고 생각하자. 그러면 구들의 차이 AEBF를 구성하는, 동심의 구의 표면들은 (법칙 70에 따라서) 그 인력들이 반대되는 인력들에 의해 파괴되어서, 입자 P에게

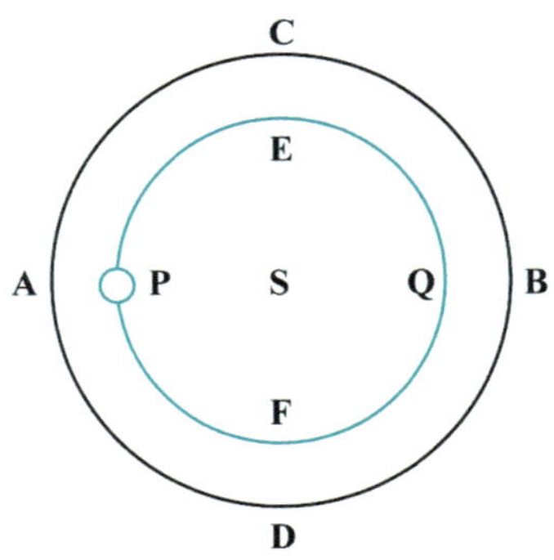

아무런 일도 하지 않음이 명백하다. 안쪽 구 PEQF의 인력만이 남는다. 그리고 (법칙 72에 따라서) 이것은 거리 PS에 비례한다. [증명 끝]

설명 입체들은 표면들로 구성되어 있는데, 여기서 표면들은 순수한 수학적인 것이 아니라, 매우 얇아서, 그 두께가 영이나 다름없는 껍질들(orbes)을 말한다. 그러니까 매우 얇은 껍질들이, 그 개수가 한없이 증가하고 그 두께가 한없이 감소하면, 구는 궁극적으로 이것들로 구성된다. 이와 비슷하게, 그 직선들, 면들, 그리고 입체들이 점들로 구성되어 있다고 말하면, 같은 크기의 하찮은 입자들로 이해하기 바란다.

법칙 74, 정리 34

같은 가정들 하에, 구의 바깥쪽에 위치한 입자는, 구의 중심으로부터 거리의 제곱에 역으로 비례하는 힘으로 당겨진다.

왜냐 하면 구를 무수히 많은 동심의 구의 표면들로 분할할 수 있다. 그리고 각각의 표면들로부터 생겨나는, 입자에 대한 인력들은 (법칙 71에 따라서) 그 중심으로부터 입자의 거리의 제곱에 역으로 비례한다. 그리고 이들의 결합이 인력들의 합이 된다. 그러니까 전체 구의 입자에 대한 인력이, 같은 비율이 된다. [증명 끝]

딸린법칙 1 그러므로 균질한 구들의 중심들로부터 같은 거리들에서, 그 인력들은 구들에 (구들의 질량들에) 비례한다. 왜냐 하면 (법칙 72에 따라서) 만약 거리들이 구들의 지름들에 비례하면, 힘들은 지름들에 비례한다. 큰 거리를 그 비율에 따라서 줄여라. 그러면 이제 거리들이 같아졌으니, 인력은 그 제곱의 비율로 증가하게 된다. 그러니 따라서 다른 인력과의 비율이, 그 세제곱의 비율이 된다. 그러니까 구들의 (질량들의) 비율이 된다.

딸린법칙 2 임의의 거리들에서, 인력들은 그 구를 거리의 제곱으로 나눈 것에 비례한다.

딸린법칙 3 균질한 구의 바깥쪽에 위치한 입자가 그 중심으로부터 그 거리의 제곱에 역으로 비례하는 힘으로 당겨지며, 그리고 구는 당기는 알갱이들로 구성되어 있다고 하자. 그러면 각각의 알갱이의 힘은 그 알갱이로부터 거리의 제곱의 비율로 감소하게 된다.

법칙 75, 정리 35

주어진 구의 각각의 점들을 향해서, 동등한 구심의 힘들이, 그 점들로부터 거리들의 제곱들의 비율로 감소하여 작용한다고 하자. 그러면 이와 비슷한 임의의 다른 구는, 중심들의 거리의 제곱에 역으로 비례하는 힘으로 당겨진다.

왜냐 하면 임의의 알갱이의 당겨짐은 (법칙 74에 따라서) 당기는 구의 중심으로부터 그 거리의 제곱에 역으로 비례하며, 그러니 전체 당기는 힘이 이 구의 중심에 위치한 하나의 입자로부터 생겨나는 것이나 마찬가지이다.

그런데 이 당김의 크기는, 만약 같은 입자가 역으로, 당겨지는 구의 각각의 알갱이들에 의해서, 그것(입자)이 그들(알갱이들)을 당기는 것과, 같은 힘으로 당겨지면, 같은 입자의 당겨지는 크기와 같다. 그리고 입자의 그 당겨짐은 (법칙 74에 따라서) 구의 중심으로부터 그 거리의

제곱에 역으로 비례하게 된다. 그러므로 구의 당겨짐도 이와 같은 비율이 된다. [증명 끝]

딸린법칙 1 구들의, 다른 균질한 구들에 대한 인력들은, 당기는 구들을 (구들의 질량들을) 당겨지는 구들의 중심들로부터 그 (당기는 구들의) 중심들의 거리들의 제곱들로 나눈 것에 비례한다.

딸린법칙 2 당겨지는 구가 또한 당기는 경우도 마찬가지가 된다. 왜냐하면 각각의 점들은 다른 각각의 점들을, 당겨지던 것과 같은 힘으로, 역으로 당기기 때문이다. 그런데 모든 인력에서 당기는 점들은 (운동 법칙 3에 따라서) 당겨지는 점들과 마찬가지로 (힘이) 가해지니, 상호적으로 당기는 힘은 이중적이며, 비율들을 유지한다.

딸린법칙 3 위에서 증명한, 원뿔곡선들의 초점들의 둘레에서의 물체들의 운동들은 모두, 당기는 구가 초점에 위치하고, 그리고 물체들이 구의 바깥쪽에서 움직이면, 마찬가지로 성립한다.

딸린법칙 4 그런데 원뿔곡선들의 중심들의 둘레에서의 물체들의 운동들로 증명된 것들은, 운동들이 구의 안쪽에서 행지지면 성립한다.

법칙 76, 정리 36

구들이 그 중심으로부터 원둘레로의 진행에서 (물질의 밀도 그리고 당기는 힘에서) 임의로 불균질하고, 그러나 중심으로부터 주어진 모든 거리의 둘레로의 진행은 모든 곳에서 균질하고, 그리고 각각의 점의 당기는 힘은 당겨지는 입자의 거리의 제곱의 비율로 감소한다고 하자. 그러면 이러한 종류의 한 구가 다른 구를 당기는 전체 힘은, 중심들의 거리의 제곱에 역으로 비례한다.

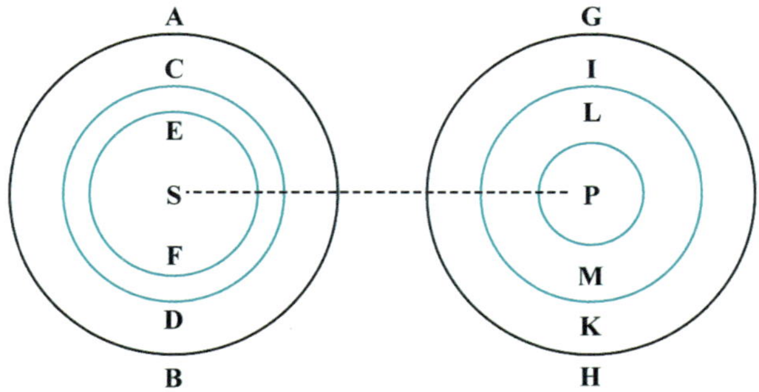

임의의 개수의 동심의 균질한 구들 AB, CD, EF, …가 있어서, 안쪽 것들을 바깥쪽 것들에다 더해서, 중심으로 갈수록 높은 밀도의 물질로 구성되거나, 또는 뺄셈으로 낮은 밀도로 구성된다고 하자. 그리고 이것들은 (법칙 75에 따라서) 다른 임의의 개수의 동심의 균질한 구들 GH, IK, LM, …을 거리 SP의 제곱에 역으로 비례하는 힘으로, 하나씩 하나씩, 당긴다.

그리고 덧셈 또는 뺄셈으로, 그 모든 힘들의 합, 또는 어떤 것의 다른 것에 대한 차이를 구해라. 그러니까 임의의 개수의 동심의 구들의 합 또는 차이로 구성된, 전체 구 AB가, 임의의 개수의 동심의 구들의 합 또는 차이로 구성된, 전체 구 GH를 당기는 힘은, 이와 같은 비율이 된다.

동심의 구들의 개수를 한없이 증가시켜라. 그래서 물질의 밀도와 더불어 당기는 힘이, 원둘레에서부터 중심으로 진행하면서, 임의의 규칙에 따라서 증가 또는 감소한다고 하자. 그리고 당기지 않는 물질을 추가하여서, 만약 필요하면 밀도의 결핍을 모든 곳에서 보충해 주어서, 임의의 원하는 형태(밀도 구성)의 구를 얻을 수 있도록 해라. 그리고 이러한 한 구가 다른 (이러한) 구를 당기는 힘은, 위의 추론에 따라서, 여전히 그 거리의 제곱의 역의 비율이 된다. [증명 끝]

딸린법칙 1 그러므로 만약 다수의 이러한 구들이, 서로 간에 모든 면에서 유사하고, 서로 간에 당기면, 어느 하나의 가속의 인력은 다른 하나와의 비율이, 임의의 중심들로부터 같은 거리들일 때, 당기는 구들에 비례한다.

딸린법칙 2 그리고 임의의 다른 거리들에서, 당기는 구를 (구의 질량을) 중심들 사이 거리의 제곱으로 나눈 것에 비례한다.

딸린법칙 3 그런데 동력의 인력들, 또는 다른 구들을 향한 구들의 무게들은, 중심들로부터 같은 거리들에서, 당기는 그리고 당겨지는 구들의 결합에 비례한다. 그러니까 구들을 서로 곱하여 생겨나는 결과에 비례한다.

딸린법칙 4 다른 거리들에서, 그 곱한 결과에 바로 비례하고, 중심들 사이 거리의 제곱에 역으로 비례한다.

딸린법칙 5 두 구들로부터 생겨나는 당기는 힘들이 서로 간에 다른 구에게 행사되더라도, 이것은 여전히 성립한다. 왜냐 하면 당기는 힘들 둘은 이중적이며, 비율이 유지되기 때문이다.

딸린법칙 6 이러한 어떤 구들이 다른 정지한 구들의 둘레를, 하나씩 둘레를 하나씩, 회전하고, 그리고 회전하는 중심들과 정지한 중심들 사이의 거리들은 정지한 (구들의) 지름들에 비례한다고 하자. 그러면 그 주기의 시간들은 같다.

딸린법칙 7 그리고 역으로, 만약 주기의 시간들이 같으면, 거리들은 그 지름들에 비례한다.

딸린법칙 8 위에서 증명한, 원뿔곡선들의 초점들의 둘레에서의 물체들의 운동에 관한 모든 것들이, 당기는 구들이 초점에 위치해 있고, 그 형태(밀도 구성) 및 조건들이 이미 설명한 것과 같으면, 그대로 성립한다.

딸린법칙 9 그리고 회전하는 구들도 역시 당기는 구들처럼, 이미 설명한 임의의 조건들을 만족하면, 그대로 성립한다.

법칙 77, 정리 37

구의 각각의 점들을 향한 구심력이, 당겨지는 입자로부터 점들의 거리들에 비례한다고 하자. 그러면 두 구들이 서로 간에 당기는 결합된 힘은, 구들의 중심들 사이 거리에 비례한다.

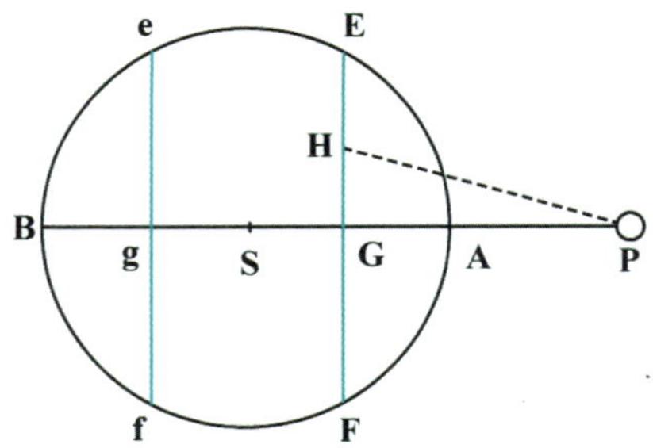

경우 1. AEBF는 구이고, S는 그 중심, P는 당겨지는 입자, PASB는 구의 축으로서 입자의 중심을 지나고, EF, ef는 두 평면들로, 이들에 의해서 구는 분할되며, 이들은 이 축에 수직이고, 구의 중심으로부터 양쪽으로 같은 거리만큼 떨어져 있다고 하자. G, g는 그 평면들과 축의 교점들, 그리고 H는 평면 EF의 임의의 점이라고 하자.

입자 P에 대한 점 H의 구심력은, 직선 PH를 따라서 행사되며, 거리 PH에 비례한다. 그리고 (운동 법칙들에 딸린 법칙 2에 따라서) 직선 PG를 따르는, 또는 중심 S를 향하는 힘의 성분은 길이 PG에 비례한다. 그러므로 평면 EF의 모든 점들이 가하는, 그러니까 평면 EF 전체가 입자 P를 중심 S를 향해서 당기는 힘은, 거리 PG에다 점들의 개수를 곱한 것에 비례한다. 그러니까 평면 EF 자신을 밑면으로, 거리 PG를 높이로 하는 입체에 (입체의 부피에) 비례한다.

그리고 마찬가지로, 평면 ef가 입자 P를 중심 S를 향해서 당기는 힘은,

그 평면에다 거리 Pg를 곱한 것에 비례한다. 또는 그와 같은 평면 EG에다 거리 Pg를 곱한 것에 비례한다. 그리고 두 평면들의 힘들의 합은, 평면 EF에다 거리들의 합 PG+Pg를 곱한 것에 비례한다. 그러니까 그 평면에다 중심과 입자 사이의 거리인 PS의 두 배를 곱한 것에 비례한다. 그러니까 평면 EF의 두 배에다 거리 PS를 곱한 것, 또는 같은 두 평면들의 합 EF+ef에다 거리 PS를 곱한 것에 비례한다.

그리고 마찬가지 추론으로, 전체 구의 모든 평면들의 힘들은, 구의 중심으로부터 같은 거리들에 있는 양쪽 평면들로 생각하면, 평면들의 합 곱하기 거리 PS에 비례한다. 그러니까 전체 구 그리고 거리 PS에 결합하여 비례한다.

경우 2. 이제 입자 P가 구 AEBF를 당긴다고 하자. 그리고 같은 추론으로, 그 구가 당겨지는 힘은 거리 PS에 비례함을 증명할 수 있다.

경우 3. 이제 다른 구가 한없이 많은 입자들 P로 구성되어 있다고 하자. 각각의 입자들이 당겨지는 힘은, 첫째 구의 중심으로부터 그 입자의 거리 그리고 동일한 (첫째) 구에 결합하여 비례하니, 그 힘의 전부가 (첫째) 구의 중심에 위치한 하나의 입자로부터 나오는 경우나 마찬가지가 된다. 둘째 구의 모든 입자들이 당겨지는 전체 힘은, 그러니까 그 (둘째) 구 전체가 당겨지는 힘은, 첫째 구의 중심에 위치한 하나의 입자로부터 발산되는 힘에 의해서 그 구가 당겨지는 경우나 마찬가지이니, 그러므로 구들의 중심들 사이 거리에 비례한다.

경우 4. 구들이 서로 간에 당기면, 이중적인 힘은 앞의 비율을 유지한다.

경우 5. 이제 입자 p가 구 AEBF의 안쪽에 위치한다고 하자. 평면 ef가 그 입자에게 가하는 힘은, 그 평면 그리고 거리 pg로 만든 입체에 비례하고, 평면 EF의 반대되는 힘은, 그 평면 그리고 거리 pG로 만든 입체에 비례하니, 둘을 결합한 힘은 입체들의 차이에 비례하게 된다. 그러니까 같은 평면들의 합을 거리들의 차이의 절반에다 곱한 것에 비례한다. 그러니까 합을, 구의 중심으로부터 입자의 거리인 pS에다 곱한 것에 비례한다.

그리고 마찬가지 추론으로, 구 전체의 모든 평면들 EF, ef의 인력은, 그러니까 구 전체의 인력은, 전체 평면들의 합, 또는 전체 구, 그리고 구의 중심으로부터 입자의 거리인 pS에 결합하여 비례한다.

경우 6. 그리고 만약 무수히 많은 입자들 p로 새로운 구를 구성하여서, 이전의 구 AEBF의 안쪽에 위치시키면, 그 인력이, 한 구의 다른 하나에 대한 단순한 작용이든, 또는 둘 서로 간의 상호적 작용이든, 중심들의 거리 pS에 비례함을 앞에서처럼 증명할 수 있다. [증명 끝]

법칙 78, 정리 38

구들이 그 중심으로부터 원둘레로의 진행에서 임의로 불균질하고 다른데, 그러나 중심으로부터 주어진 모든 거리의 둘레로의 진행은 모든 곳에서 균질하고, 그리고 각각의 점의 당기는 힘은 당겨지는 입자의 거리에 비례한다고 하자. 그러면 이러한 종류의 한 구가 다른 구를 당기는 전체 힘은, 구들의 중심들의 거리에 비례한다.

법칙 75로부터 법칙 76을 증명한 것과 같은 방법으로, 앞의 법칙으로부터 (이 법칙을) 증명할 수 있다.

딸린법칙 위에서 법칙들 10 그리고 64에서 원뿔곡선들의 중심들 둘레에서의 물체들의 운동에 대해서 증명한 것들이, 만약 모든 인력들이 여기에서 설명해 놓은 조건들의 구형 물체들의 힘에 의해서 만들어지고, 당겨지는 물체들도 같은 조건들의 구들이면, 유효하게 된다.

설명

나는 여기서 인력들의 두 가지 중요한 경우들에 대해서 설명하였다. 말하자면, 그 구심력들이 그 거리들의 제곱의 비율로 감소하는 경우, 또는 그 거리들의 단순한 비율로 증가하는 경우. 두 경우들에서 물체들이 원뿔곡선들을 따라서 회전하도록 초래하며, 그리고 구성된 구형 물체들의 구심의 힘들은, 중심에서 멀어지면, (그 구를 구성하는) 입자들 자신들과 같은 규칙에 따라서, 증가 또는 감소한다. 이는 주목할 만한 일이다.

다른 경우들은, 결론들이 그다지 산뜻하게 나오지 않고, 각각의 경우를 다루는 데 많은 시간이 걸린다. 나는 그들 모두를 동시에, 다음과 같은 일반적인 방법으로 결정하고 이해하도록 하겠다.

[렘마 29]

S를 중심으로 하여 임의의 원 AEB를 그리고, P를 중심으로 하여 두 원들 EF, ef를 그려서, 이들이 첫째를 자르는 점들을 E, e라 하고, 직선 PS를 자르는 점들을 F, f라 하자. 그리고 PS를 향해 수직선들 ED, ed를 내리그어라. 만약 호들 EF, ef 사이의 거리가 한없이 작아지면, 한없이 짧은 직선 Dd 대 한없이 짧은 직선 Ff의 궁극적인 비율은, 직선 PE 대 직선 PS의 비율과 같다.

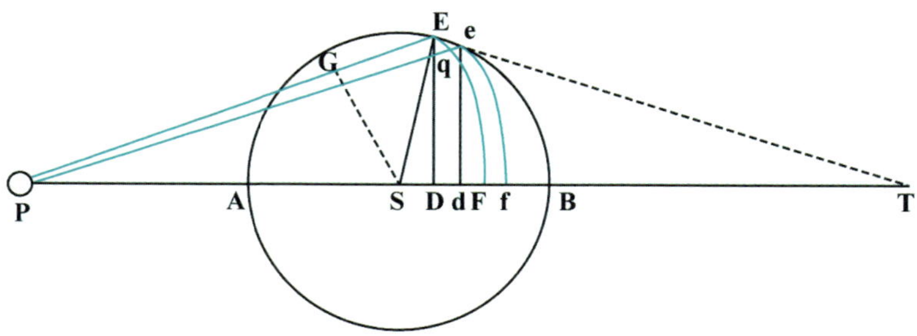

직선 Pe가 호 EF를 자르는 점을 q라 하자. 직선 Ee는 한없이 작아지는 호 Ee와 일치하게 되는데, 이것을 길게 늘여서, 직선 PS와 만나는 점을 T라 하자. 그리고 S로부터 PE에 법선 SG를 내리그어라.

삼각형들 DTE, dTe, DES가 닮은꼴이니, Dd 대 Ee는, DT 대 TE, 또는 DE 대 ES와 같다. 그리고 삼각형들 Eeq, ESG가 (렘마 8, 렘마 7의 딸린 법칙 3에 따라서) 닮은꼴이니, Ee 대 eq 또는 Ff는, ES 대 SG와 같다.

그리고 비례식의 같음에 따라서, Dd 대 Ff는, DE 대 SG와 같다. 그러니까 (삼각형들 PDE, PGS가 닮은꼴이니) PE 대 PS와 같다. [증명 끝]

법칙 79, 정리 39

표면 EFfe의 두께가 한없이 감소하여서, 이제 막 사라지는 참에, 그것이 축 PS에 대해 회전하여서, 오목 · 볼록한 구형 (껍질의) 입체를 그리며, 그 각각의 알갱이들을 향하여 같은 구심의 힘들이 작용한다고 하자. 그러면 그 입체가 P에 위치한 입자를 당기는 힘은, 입체 $DE^2 \times Ff$의 비율, 그리고 같은 입자를 주어진 알갱이가 위치 Ff에서 당기는 힘의 비율을 결합한 비율이 된다.

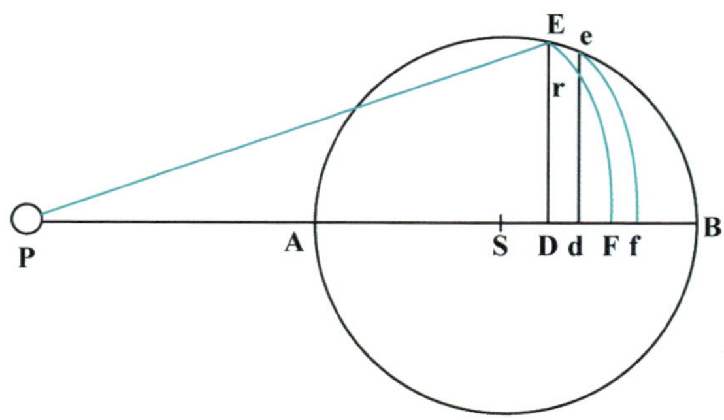

구형 표면 FE의 힘을 우선 고려하자. 이것은 호 FE의 회전에 의해서 생성되었으며, 직선 de에 의해서 임의의 점 r에서 잘려진다. 이 표면에서

둥근 띠 모양의, 호 rE의 회전에 의해서 생성된 부분은, 구의 반지름 PE가 그대로 유지되면, (그 넓이가) 직선의 원소 Dd에 비례한다. (아르키메데스의 책 [구 그리고 원기둥]에 증명이 나온다.)

그리고 이 힘은, 원뿔곡면의 모든 방향에 위치한 직선 PE 또는 Pr을 따라서 행사되며, 표면에서 둥근 띠 부분에 비례한다. 그러니까 직선의 원소 Dd에 비례한다. 또는, 같은 말이지만, 주어진 구의 반지름 PE 그리고 직선의 원소 Dd로 만든 직사각형에 비례한다. 그런데 직선 PS를 따라서 중심 S로 향하는 성분은, PD 대 PE의 비율로 더 작다. 그러니까 PD×Dd에 비례한다.

이제 직선 DF를 무한한 개수의 같은 알갱이들로 분할하였다고 생각하고, 그들 각각을 Dd라 부르자. 그러면 면 FE도 이와 같은 개수의 둥근 띠들로 분할되며, 그 힘은 모든 PD×Dd를 합한 것에 비례한다. 그러니까 $\frac{1}{2}PF^2 - \frac{1}{2}PD^2$에, 그러므로 DE^2에 비례한다.

이제 면 FE에다 고도 Ff를 곱해라. 그러면 입체 EFfe가 입자 P에다 가하는 힘은 $DE^2 \times$Ff에 비례한다. 주어진 어떤 알갱이 Ff가 거리 PF에서 입자 P에게 가하는 힘이 주어졌다면 말이다. 그러나 만약 그 힘이 주어지지 않았다면, 입체 EFfe의 힘은, $DE^2 \times$Ff 그리고 주어지지 않은 그 힘, 둘에 결합하여 비례한다. [증명 끝]

법칙 80, 정리 40

중심 S에 대해서 그린 임의의 구 ABE의 각각의 알갱이들을 향해서 같은 구심의 힘들이 작용한다고 하자. 그리고 어떤 입자 P가 위치한 구의 축 AB에 대해서, (그 축의) 각각의 점들 D에서 수직선 DE를 세워서, 구와 만나는 점을 E라 하자. 그리고 이 수직선에서 길이 DN을 잡되, 그것은

양 $\frac{DE^2 \times PS}{PE}$ 그리고 축에 위치한 구의 알갱이가 거리 PE에서 입자 P에게 가하는 힘에 결합하여 비례하도록 해라. 그러면 입자 P가 구를 향해서 당겨지는 전체 힘은, 구의 축 AB의 아래에서, 곡선 ANB로 둘러싼 도형의 넓이에 비례한다. 여기서 곡선 ANB는 점 N의 궤적이다.

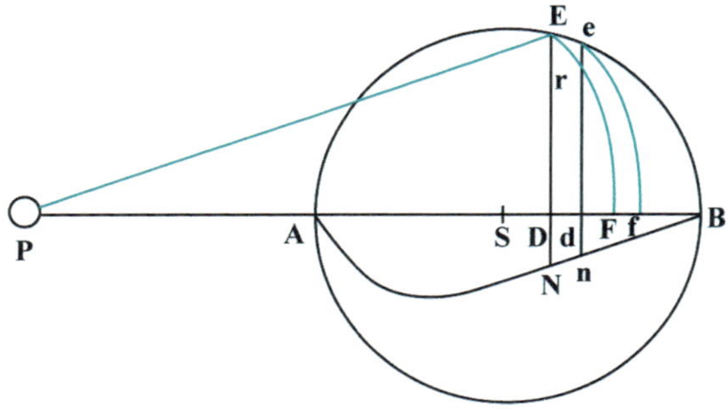

직전의 렘마와 법칙에서 작도한 것들을 그대로 받아들여서, 구의 축 AB를 한없이 많은 개수의 같은 알갱이들 Dd로 분할하였다고 하자. 그리고 전체 구를 그와 같은 개수의, 오목 · 볼록한 구형 막들(laminas) EFfe로 분할하였다고 하자. 그리고 수직선 dn을 세워라.

위의 법칙에 따라서, 막 EFfe가 입자 P를 당기는 힘은, $DE^2 \times Ff$ 그리고 한 알갱이가 거리 PE 또는 PF에서 행사하는 힘에 결합하여 비례한다. 그런데 (직전의 렘마에 따라서) Dd 대 Ff는 PE 대 PS와 같으며, 따라서 Ff는 $\frac{PS \times Dd}{PE}$ 와 같다. 그리고 $DE^2 \times Ff$는 $Dd \cdot \frac{DE^2 \times PS}{PE}$ 와 같다.

그러므로 막 EFfe의 힘은, $Dd \cdot \frac{DE^2 \times PS}{PE}$ 그리고 한 알갱이가 거리 PF에서 행사하는 힘에 결합하여 비례한다. 그러므로 가정에 따라서 DN×Dd, 또는 한없이 작은 넓이 DNnd에 비례한다. 그러므로 모든 막들이 입자 P에게 행사하는 힘은, 모든 넓이들 DNnd에 비례한다. 그러니까 구의 전체 힘은, ANB 전체 넓이에 비례한다. [증명 끝]

딸림법칙 1 그러므로 만약 각각의 알갱이들을 향하는 구심의 힘들이 모든 거리들에서 같게 유지된다면, 그리고 DN을 $\frac{DE^2 \times PS}{PE}$ 에 비례하도록 잡으면, 입자가 구에 의해서 당겨지는 전체 힘은, 넓이 ANB에 비례한다.

딸림법칙 2 만약 알갱이들의 구심의 힘이 그들에 의해서 당겨지는 입자의 거리에 역으로 비례하면, 그리고 DN을 $\frac{DE^2 \times PS}{PE^2}$ 에 비례하도록 잡으면, 입자 P가 구 전체에 의해서 당겨지는 힘은, 넓이 ANB에 비례한다.

딸림법칙 3 만약 알갱이들의 구심의 힘이 그에 의해서 당겨지는 입자의 거리의 세제곱에 역으로 비례하면, 그리고 DN을 $\frac{DE^2 \times PS}{PE^4}$ 에 비례하도록 잡으면, 입자가 구 전체에 의해서 당겨지는 힘은, 넓이 ANB에 비례한다.

딸림법칙 4 그리고 일반적으로 만약 구의 각각의 알갱이들을 향하는 구심의 힘이 양 V에 역으로 비례한다고 가정하면, DN을 $\frac{DE^2 \times PS}{PE \times V}$ 에 비례하도록 잡으면, 입자가 구 전체에 의해서 당겨지는 힘은, 넓이 ANB에 비례한다.

법칙 81, 문제 41

앞에서와 같이 가정하고, 넓이 ANB를 측정하시오.

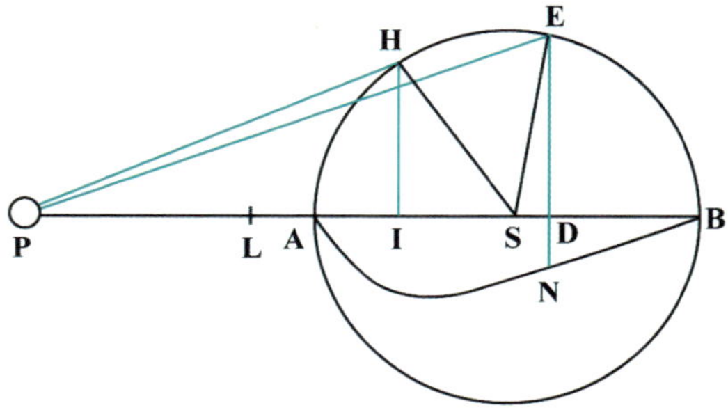

점 P에서부터 구에 접하도록 직선 PH를 긋고, 접점을 H라 하자. 그리고 축 PAB로 법선 HI를 내리긋고, PI를 이등분하는 점을 L이라 하자. 그러면 ([기하학 원론] 2권 법칙 12에 따라서) PE^2은 $PS^2 + SE^2 + 2PS \times SD$와 같다. 게다가 SE^2 또는 SH^2은 (삼각형들 SPH, SHI가 닮은꼴이니) 직사각형 PS×SI와 같다. 그러므로 PE^2은 PS 그리고 PS + SI + 2SD로 만든 (직사각형의) 내용물과 같다. 그러니까 PS 그리고 2LS + 2SD로 만든, 그러니까 PS 그리고 2LD로 만든 직사각형.

한편 DE^2은 $SE^2 - SD^2$과 같다. 또는

$$SE^2 - LS^2 + 2SL \times LD - LD^2$$

그러니까

$$2SL \times LD - LD^2 - AL \times LB$$

와 같다. 왜냐 하면 $LS^2 - SE^2$ 또는 $LS^2 - SA^2$은 ([기하학 원론] 2권 법칙 6에 따라서) 직사각형 AL×LB와 같기 때문이다.

그러므로 만약 DE^2 대신에 $2SL \times LD - LD^2 - AL \times LB$라 적으면, 양 $\frac{DE^2 \times PS}{PE \times V}$를, 이것은 (앞의 법칙의 딸린 법칙 4에 따라서) 세로

좌표 DN의 길이에 비례하는데, 다음 세 부분들로 분할할 수 있다.

$$\frac{2SL \times LD \times PS}{PE \times V} - \frac{LD^2 \times PS}{PE \times V} - \frac{AL \times LB \times PS}{PE \times V}$$

여기서 만약 V 대신에 구심의 힘의 역비율을 적어 넣고, PE 대신에 PS 그리고 2LD 사이의 비례 중항을 넣으면, 그 세 부분들은 같은 개수의 곡선들의 세로 좌표들이 되며, 이들의 넓이들은 흔히 쓰는 방법들로 구할 수 있다. [증명 끝]

〈예제 1〉 구의 각각의 알갱이들을 향해서 작용하는 구심의 힘이 거리에 역으로 비례한다고 하자. V 대신에 거리 PE를 적고, PE^2 대신에 2PS×LD를 적어라. 그러면 DN은 $SL - \frac{1}{2}LD - \frac{AL \times LB}{2LD}$ 에 비례한다. DN이 이것의 두 배인 $2SL - LD - \frac{AL \times LB}{LD}$ 와 같다고 가정하자.

그리고 그 세로 좌표에서 주어진 부분 2SL을 가로 AB로 그으면, 직사각형의 넓이 2SL×AB를 그리게 된다. 그리고 미확정인 부분 LD를 수직으로, 연속적인 운동으로 같은 가로로 긋되, 움직이는 동안 증가하든 또는 감소하든, 항상 길이 LD와 같도록 유지하는 규칙 하에 그으면, 넓이 $\frac{LB^2 - LA^2}{2}$ 을 그리게 된다. 그러니까 넓이 SL×AB를 그린다. 이것을 처음 넓이 2SL×AB로부터 빼면, 넓이 SL×AB가 남는다.

세 번째 부분 $\frac{AL \times LB}{LD}$ 은, 마찬가지로 수직인 국소적 운동에 의해서 같은 길이를 따라 그리는데, 쌍곡선의 넓이를 그리게 된다. 넓이 SL×AB로부터 이 넓이를 빼면, 요구하는 넓이 ANB가 남게 된다.

그러므로 이러한 문제는 다음과 같이 작도하면 된다. 점들 L, A, B에서 수직선들 Ll, Aa, Bb를 세우되, Aa는 LB와 같도록, Bb는 LA와 같도록 잡아라. Ll, LB를 점근선들로 하여, 점들 a, b를 지나도록 쌍곡선 ab를 그어라. 그리고 현 ba를 그으면, 그것이 감싸는 넓이 aba가 바로 구하는 넓이 ANB와 같다.

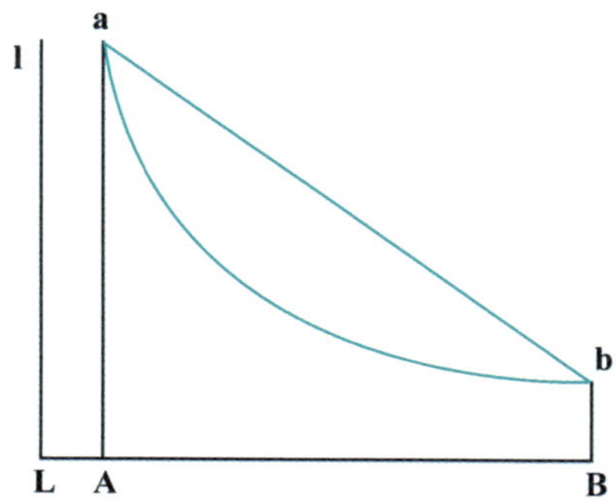

〈예제 2〉 구의 각각의 알갱이들을 향해서 작용하는 구심의 힘이 거리의 세제곱에 역으로 비례한다고 하자. 또는 (마찬가지이지만) 주어진 임의의 평면에다 그 세제곱을 붙인 것(그 부피를 붙였을 때 생기는 높이)에 역으로 비례한다고 하자. V 대신에 $\frac{PE^3}{2AS^2}$ 을 적고, PE^2 대신에 2PS×LD를 적어라. 그러면 DN은 다음과 같이 된다.

$$\frac{SL\times AS^2}{PS\times LD}-\frac{AS^2}{2PS}-\frac{AL\times LB\times AS^2}{2PS\times LD^2}$$

그러니까 (PS, AS, SI는 차례차례 구한 비율이 같으니)

$$\frac{LS\times SI}{LD}-\frac{1}{2}SI-\frac{AL\times LB\times SI}{2LD^2}$$

가로 AB에서 이들 세 부분들을 그으면, 첫째 $\frac{LS\times SI}{LD}$ 는 쌍곡선의 넓이를 낳는다. 둘째 $\frac{1}{2}SI$ 는 넓이 $\frac{1}{2}AB\times SI$ 를 낳는다. 셋째

$\frac{AL \times LB \times SI}{2LD^2}$ 는 넓이 $\frac{AL \times LB \times SI}{2LA} - \frac{AL \times LB \times SI}{2LB}$ 를 낳는다.

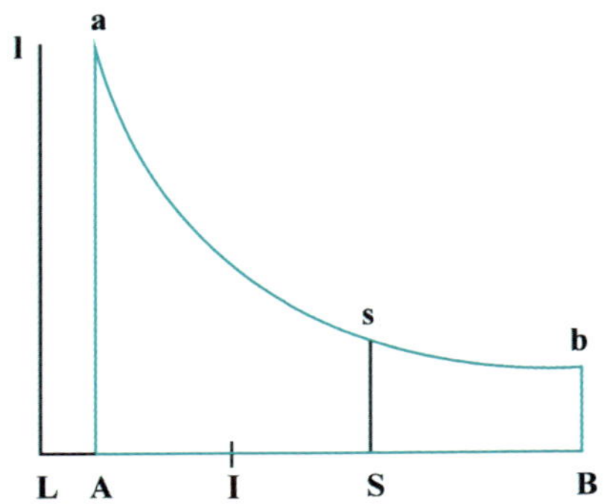

그러니까 $\frac{1}{2}AB \times SI$. 첫째로부터, 둘째 그리고 셋째를 더한 것을 빼라. 그러면 요구하는 넓이 ANB가 남게 된다.

그러므로 이러한 문제는 다음과 같이 작도하면 된다. 점들 L, A, S, B에서 수직선들 Ll, Aa, Ss, Bb를 세우되, Ss는 SI와 같도록 잡아라. 점 s를 지나고, Ll, LB를 점근선들로 하여, 쌍곡선 asb를 그어서, 수직선들 Aa, Bb와 만나는 점들을 a, b라 하자. 그리고 쌍곡선 넓이 AasbB로부터 직사각형 2AS×SI를 빼라. 그러면 요구하는 넓이 ANB가 남게 된다.

〈예제 3〉 구의 각각의 알갱이들을 향해서 작용하는 구심의 힘이 거리의 네제곱에 역으로 비례한다고 하자. V 대신에 $\frac{PE^4}{2AS^3}$ 라 적고, PE 대신에 $\sqrt{2PS \times LD}$ 라 적어라. 그러면 DN은 다음과 같이 된다.

$$\frac{IS^2 \times SL}{\sqrt{2SI}} \times \frac{1}{\sqrt{LD^3}} - \frac{SI^2}{2\sqrt{2SI}} \times \frac{1}{\sqrt{LD}} - \frac{SI^2 \times AL \times LB}{2\sqrt{2SI}} \times \frac{1}{\sqrt{LD^5}}$$

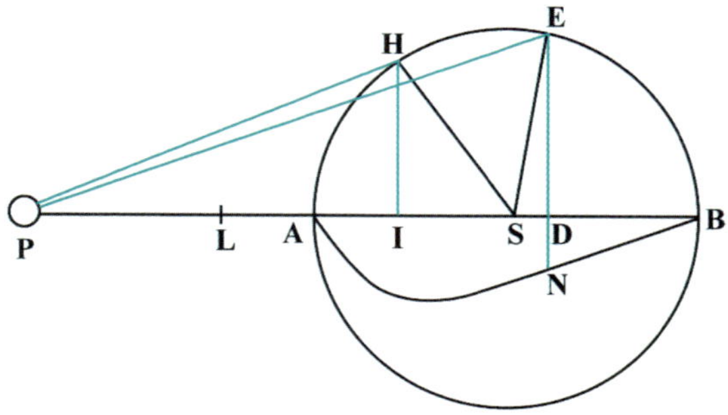

가로 AB에서 이들 세 부분들을 그으면, 같은 개수의 넓이들이 생긴다. 즉, $\frac{2SI^2 \times SL}{\sqrt{2SI}}$ 곱하기 $(\frac{1}{\sqrt{LA}} - \frac{1}{\sqrt{LB}})$, $\frac{SI^2}{\sqrt{2SI}}$ 곱하기 $(\sqrt{LB} - \sqrt{LA})$, $\frac{SI^2 \times AL \times LB}{3\sqrt{2SI}}$ 곱하기 $(\frac{1}{\sqrt{LA^3}} - \frac{1}{\sqrt{LB^3}})$.

(번역자 주) 이것들은 각각 함수들 $x^{-\frac{3}{2}}$, $x^{-\frac{1}{2}}$, $x^{-\frac{5}{2}}$의 정적분들이다.

적당하게 환원하고 나면, 이들은 $\frac{2SI^2 \times SL}{LI}$, SI^2, $SI^2 + \frac{2SI^3}{3LI}$ 이 된다. 뒤의 둘을 처음에서 빼면, $\frac{4SI^3}{3LI}$ 이 된다. 그러므로 입자 P가 구의 중심으로 당겨지는 전체 힘은 $\frac{SI^3}{PI}$ 에 비례한다. 그러니까 $PS^3 \times PI$에 역으로 비례한다. [증명 끝]

마찬가지 방법으로, 구의 안쪽에 위치한 입자에 대한 인력도 구할 수 있다. 그렇지만 다음 법칙이 더 쉬울 것 같다.

법칙 82, 정리 41

중심이 S이고 구간 SA로 그린 구에서, SI, SA, SP를 차례차례 비율이 같도록 잡아라. 그러면 구 안쪽의 임의의 위치 I에 있는 입자의 인력 대, 구의 바깥쪽의 위치 P에 있을 때 그것의 인력과의 비율은, 중심으로부터 거리들 IS, PS의 비율의 제곱근에다, 그 위치들 P 그리고 I에서의 원의 중심을 향해서 작용하는 구심의 힘들의 비율의 제곱근을 곱한 비율이 된다.

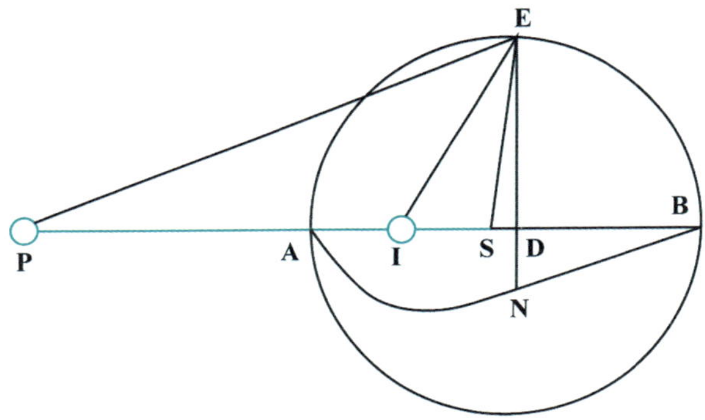

그러니, 만약 구의 알갱이들의 구심의 힘들이 그것에 의해서 당겨지는 입자의 거리에 역으로 비례하면, I에 위치한 입자가 전체 구에 의해서 당겨지는 힘 대, 그것이 P에서 당겨지는 힘의 비율은, 거리 SI 대 거리 SP의 비율의 제곱근에다, 중심에 있는 임의의 알갱이로부터 생겨나는, 위치 I에 가하는 구심의 힘 대, 중심에 있는 같은 알갱이로부터 생겨나는, 위치 P에 가하는 구심의 힘의 비율의 제곱근을, 그러니까 거리들 SI, SP 사이의 역비율의 제곱근을, 결합한 비율이 된다. 이 두 비율들의 제곱근들의 결합은 같은 것들의 비율이 된다. 그러므로 전체 구가 만드는 I, P에서의 인력들은 같다.

마찬가지 계산으로, 만약 구의 입자들의 힘들이 그 거리들의 제곱들의 비율의 역이 되면, I에서의 인력 대 P에서의 인력의 비율은, 거리 SP 대 구의 반지름 SA의 비율과 같게 된다. 만약 그 힘들이 거리들의 세제곱들의 비율의 역이 되면, I, P에서의 인력들은 서로 간에 SP^2 대 SA^2의 비율이 된다. 만약 네제곱에 역으로 비례하면, SP^3 대 SA^3의 비율이 된다.

그러므로 이 마지막의 경우에, P에서의 인력은 $PS^3 \times PI$에 역으로 비례함을 구하였으니, I에서의 인력은 $SA^3 \times PI$에 역으로 비례하게 된다. 그러니까 (SA^3은 주어졌으니) PI에 역으로 비례하게 된다. 그리고 이런 식으로 무한히 진행된다. 이 법칙은 다음과 같이 증명한다.

앞에서와 같이 작도하자. 그리고 임의의 위치 P에 입자가 놓여 있으며, 세로 좌표 DN은 $\frac{DE^2 \times PS}{PE \times V}$에 비례하도록 구해졌다고 하자. 그러면 만약 임의의 다른 입자의 위치 I의 세로 좌표 IE를 세우고, 대응하여 변화시키면, $\frac{DE^2 \times IS}{IE \times V}$에 비례하게 된다.

구의 임의의 점 E로부터 생겨나오는 구심의 힘들이 서로 간의 비율이, 거리들이 IE, PE일 때, PE^n 대 IE^n이라고 하자. (여기서 숫자 n은 PE 그리고 IE의 지수로서 승(거듭제곱)을 나타낸다.) 그러면 그 세로 좌표들은 $\frac{DE^2 \times PS}{PE \times PE^n}$ 그리고 $\frac{DE^2 \times IS}{IE \times IE^n}$에 비례하게 되며, 이들 서로 간의 비율은 $PS \times IE \times IE^n$ 대 $IS \times PE \times PE^n$이다.

그런데 SI, SE, SP는 차례차례 비율이 같으니, 삼각형들 SPE와 삼각형 SEI는 닮은꼴이다. 그러므로 IE 대 PE의 비율은 IS 대 SE 또는 SA의 비율과 같다. IE 대 PE의 비율 대신에 IS 대 SA의 비율을 적어라. 그러면 세로 좌표들의 비율은 $PS \times IE^n$ 대 $SA \times PE^n$ 이다.

그런데 PS 대 SA의 비율은 거리 PS, SI의 비율의 제곱근과 같다. 그리고 IE^n 대 PE^n 의 비율은 (IE 대 PE의 비율은 IS 대 SA의 비율과 같으니) 거리들 PS, IS에서의 힘들의 비율의 제곱근과 같다. 그러므로 세로 좌표들의 비율, 그리고 따라서 세로 좌표들이 그리는 넓이들의 비율, 따라서 이에 비례하는 인력들의 비율은, 이 비율들의 제곱근들을 결합한 비율이 된다. [증명 끝]

법칙 83, 문제 42

구의 중심에 위치한 입자가, 구의 임의의 활꼴에 의해서 당겨지는 힘을 구하시오.

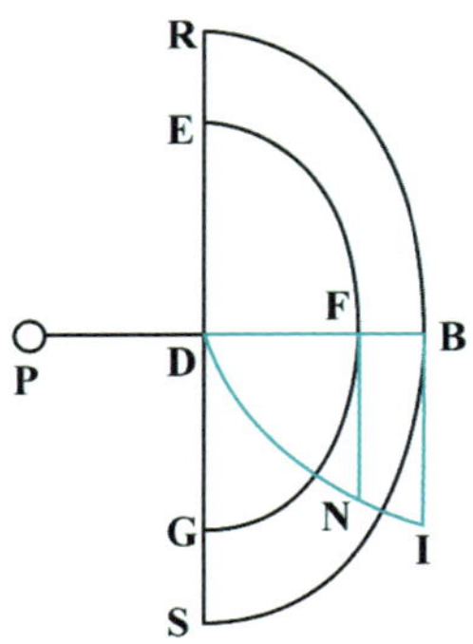

P는 구의 중심에 있는 입자이고, 그리고 RBSD는 평면 RDS와 구의 표면 RBS로 둘러싸인 활꼴이라 하자. P를 중심으로 구의 표면 EFG를 그려서, DB를 자르는 점을 F라 하고, 활꼴을 부분들 BREFGS, FEDG로 분할하여라.

이제 그 표면이 순수하게 수학적인 것이 아니라, 물리적인 것이라고 하고, 최소의 두께를 가진다고 하자. 그 두께를 O로 나타내자. 그러면 (아르키메데스가 증명한 것에 따라서) 이 표면은 $PF \times DF \times O$에 비례한다. 그리고 또한 구의 알갱이들이 당기는 힘들은 그 거리의 몇 승에 역으로 비례하는데, 그 지수가 n이라고 가정하자.

그러면 표면 EFG가 입자 P를 당기는 힘은 (법칙 79에 따라서)

$\frac{DE^2 \times O}{PF^n}$ 에 비례한다. 그러니까 $\frac{2DF \times O}{PF^{n-1}} - \frac{DF^2 \times O}{PF^n}$ 에 비례한다. 수직선 FN을 긋되, FN에다 (두께) O를 곱한 것이 이 양에 비례하도록 해라. 그러면 수직선 FN이 길이 DB를 따라 연속적인 운동으로 만든 곡선 도형 BDI의 넓이는, 활꼴 RBSD 전체가 입자 P를 당기는 전체 힘에 비례한다. [증명 끝]

법칙 84, 문제 43

임의의 활꼴의 축에, 구의 중심의 바깥쪽에 위치한 입자를, 바로 그 활꼴이 당기는 힘을 구하시오.

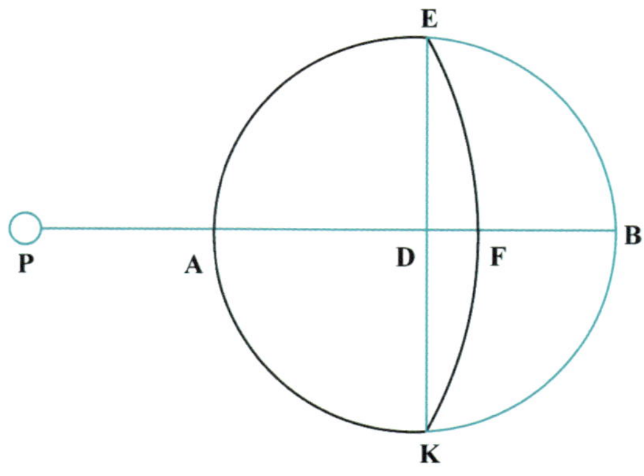

활꼴 EBK가 그 축 ADB에 위치한 입자 P를 당긴다고 하자. P를 중심으로 거리 PE로 구의 표면 EFK를 그려서, 그 활꼴을 두 부분들 EBKFE 그리고 EFKDE로 분할하여라. 첫째 부분의 힘은 법칙 81을 써서 구하고, 둘째 부분의 힘은 법칙 83을 써서 구해라. 그리고 힘들의 합이, 전체 활꼴 EBKDE의 힘이 된다. [증명 끝]

설명

구형 물체들의 인력들을 설명하였으니, 이제 균질하게 당기는 입자들로 구성된, 다른 어떤 물체들의 인력들의 법칙들을 다루어도 될 것 같다. 그러나 이런 특수한 경우들을 다루는 것은 나의 구상에서 그리 중요하지 않다. 이러한 물체들의 힘들에 관한 몇 가지 일반적인 법칙들과, 그로부터 생겨나는 운동들을 추가하는 것으로 충분하다. 자연 철학에서 이들은 거의 사용되지 않기 때문이다.

제 13 장

구형이 아닌 물체들의 당기는 힘들

법칙 85, 정리 42

만약 물체의 인력이, 닿아 있을 때의 인력이, 서로 간에 매우 짧은 구간이라도 떨어진 경우보다 훨씬 더 강하다면, 알갱이들의 당기는 힘들은, 당겨지는 물체로부터 멀어짐에 따라서, 알갱이들로부터 거리들의 제곱들보다 더 큰 비율로 감소한다.

왜냐 하면 만약 힘들이 알갱이들로부터 거리들의 제곱의 비율로 감소하면, 구형 물체를 향한 인력은 (법칙 74에 따라서) 구의 중심에서부터 당겨지는 물체의 거리의 제곱에 역으로 비례하기 때문에, 접촉에 의해서 눈에 띄게 증가하지는 않는다. 만약 당겨지는 물체로부터 멀어짐에 따라서 인력이 더 작은 비율로 감소하면, 접촉에 의해서 증가하는 것이 더욱 작게 된다. 그러므로 구들이 당기는 경우, 이 법칙은 명백하다.

그리고 오목한 구형 표면들(orbium spharicorum concavorum)이 바깥쪽의 물체를 당기는 경우에도 마찬가지가 된다. 표면들이 안쪽에 위치한 물체를 당기는 경우는 더욱 잘 확립되어 있다. 왜냐 하면 인력들은 사방의 오목한 표면들을 향한 반대되는 인력들에 의해서 (법칙 70에 따라서) 상쇄되며, 그래서 심지어 직접 접촉하여도 영이 되기 때문이다.

만약 이 구들 또는 구형 표면들에서 접하는 위치로부터 거리가 먼 임의의 부분들을 제거하고, 새로운 부분들을 다른 위치에 덧붙여 주면, 이 당기는 물체들의 형태를 자유롭게 변화시킬 수 있다. 그러나 덧붙이거나 또는 제거한 부분들은, 접촉하는 위치로부터 멀리 떨어져 있으니, 접촉하는 것으로부터 생겨나는 인력의 과잉을 눈에 띄게 증가시키지 못한다. 그러므로 모든 형태의 물체들에 대해서 이 법칙이 성립한다. [증명 끝]

법칙 86, 정리 43

만약 당기는 물체를 구성하는 알갱이들의 힘들이, 당겨지는 물체로부터 멀어짐에 따라서 알갱이들로부터 거리들의 세제곱 또는 세제곱보다 더 큰 비율로 감소하면, 접촉해 있을 때의 인력이, 당기는 그리고 당겨지는 물체들 서로 간에 매우 짧은 구간이라도 떨어진 경우보다, 훨씬 더 강하다.

왜냐 하면 이러한 종류의 당기는 구를 향해서 당겨지는 입자가 접근하면, 인력이 한없이 증가함이, 문제 41의 풀이를 통해서 그리고 예제 2, 3에서 확립되었다. 그 예제들 그리고 법칙 41을 같이 비교해 보면, 오목 · 볼록한 표면들을 향한 물체들의 인력들은, 당겨지는 물체들이 표면들의 바깥쪽에 위치하든 또는 오목한 안쪽에 위치하든, 마찬가지가 됨을 쉽게 추론할 수 있다.

그런데 이러한 구들 또는 표면들에게, 접하는 위치로부터 먼 곳에서 당기는 물질들을 덧붙이거나 또는 제거하여서, 당기는 물체의 형태를 임의로 할당해 줄 수 있으니, 이 법칙은 일반적인 (형태의) 물체들에게 확립이 된다. [증명 끝]

법칙 87, 정리 44

서로 닮은꼴인 두 물체들이, 동일하게 당기는 물질로 구성되어 있고, 이들이 제각각 이들에게 비례하고 이들에 대해서 닮은꼴로 위치한 입자들을 당긴다고 하자. 그러면 그 전체 물체들을 향한 입자들의 가속의 인력들의 비율은, 그 전체 물체들에 비례하고 그리고 전체에 대해서 닮은꼴로 위치한 알갱이들을 향한 입자들의 가속의 인력들의 비율과 같다.

물체들을 알갱이들로 잘게 쪼개되, 알갱이들이 전체에 비례하고, 전체에 대해서 닮은꼴로 위치하도록 해라. 그러면 한 물체의 각각의 알갱이의 인력은, 다른 입체의 그에 대응하는 알갱이의 인력과의 비율은, 처음 물체의 주어진 어떤 알갱이의 인력 대 그에 대응하는 다른 어떤 (물체의) 알갱이의 인력과의 비율과 같다. 그리고 결합하면, 전체 처음 물체의 인력 대 전체 둘째의 인력과의 비율과 같다. [증명 끝]

딸린법칙 1 그러므로 만약 알갱이들의 당기는 힘들이, 당겨지는 입자들의 거리들이 증가함에 따라서, 거리들의 몇 승의 비율로 감소한다고 하면, 전체 물체를 향한 가속의 인력들은 그 물체에 바로 비례하고, 거리들의 그 몇 승에 역으로 비례한다.

예를 들어 알갱이들의 힘들이 당겨지는 입자들로부터 거리들의 제곱의 비율로 감소하고, 물체들이 A^3 대 B^3의 비율이라고 하자. 그러면 물체들의 세제곱근들, 그리고 당겨지는 입자들로부터 물체들의 거리들은, 비율이 A 대 B이다. 그러므로 물체들을 향한 가속의 인력들은, 비율이 $\frac{A^3}{A^2}$ 대 $\frac{B^3}{B^2}$ 이다. 그러니까 그 물체들의 세제곱근들의 비율인 A 대 B이다.

만약 알갱이들의 힘들이 당겨지는 입자들로부터 거리들의 세제곱의 비율로 감소하면, 전체 물체의 가속의 인력들은 비율이 $\frac{A^3}{A^3}$ 대 $\frac{B^3}{B^3}$ 이다. 그러니까 같다. 만약 힘들이 네제곱의 비율로 감소하면, 물체들을 향한 인력들은 비율이 $\frac{A^3}{A^4}$ 대 $\frac{B^3}{B^4}$ 이다. 이렇게 계속된다.

딸린법칙 2 그러므로 반면에, 닮은꼴인 물체들이 닮은꼴인 위치에 있는 입자들을 당기는 그 힘들로부터, 당겨지는 입자에서 멀어질 때 당기는 알갱이들의 힘들의 감소 비율을 추론할 수 있다. 만약 그 감소가 거리의 어떤 승에 바로 또는 역으로 비례한다면 말이다.

법칙 88, 정리 45

임의의 물체의 같은 알갱이들의 당기는 힘들이, 알갱이들로부터 그 위치의 거리들에 비례한다고 하자. 그러면 물체 전체의 힘은 그 무게중심을 향하게 된다. 그리고 이 힘은, 이 물체와 같은 물질로 구성되어 있고, 크기(부피)가 같은 구가 무게중심을 그 중심으로 하여 있으면, 그 구의 힘과 같다.

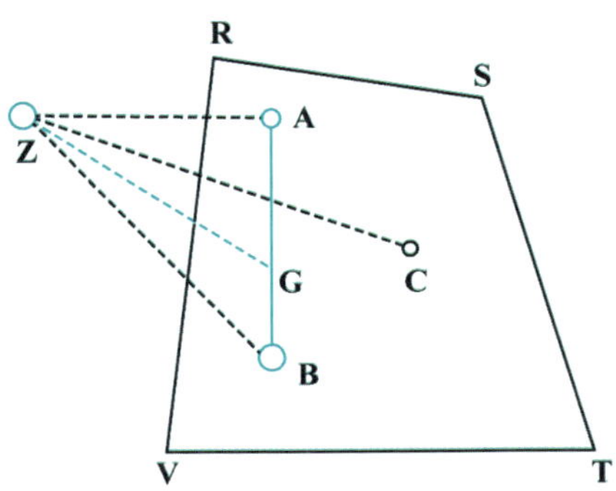

물체 RSTV의 알갱이들 A, B가 어떤 입자 Z를 당기는 힘들이, 만약 이 알갱이들이 서로 간에 크기가 같으면, 거리들 AZ, BZ에 비례한다고 하자. 하지만 만약 알갱이들이 크기가 다르면, 이 알갱이들 그리고 거리들 AZ, BZ의 결합에 비례한다고 하자. 또는 (바꿔 말하면) 이 알갱이들을 그 거리들 AZ, BZ에 각각 곱한 것에 비례한다고 하자. 그리고 이 힘들을 그 (곱한) 내용물들인 A×AZ, B×BZ로 나타내자.

AB를 연결하여라. 그리고 G에서 자르되, AG 대 BG가 알갱이 B 대 알갱이 A의 비율이 되도록 해라. 그러면 G는 알갱이들 A 그리고 B의 공통 무게중심이 된다. 힘 A×AZ는 (운동 법칙들에 딸린 법칙 2를 써서) 힘 A×GZ 그리고 힘 A×AG로 분해할 수 있으며, 힘 B×BZ는 힘 B×GZ 그리고 힘 B×BG로 분해할 수 있다.

그런데 힘들 A×AG와 B×BG는, A 대 B 그리고 BG 대 AG가 비례하기 때문에, 크기가 같다. 그러므로 이들이 반대 방향들을 향하면, 서로간에 상쇄된다. 힘들 A×GZ 그리고 B×GZ가 남는다. 이들은 Z로부터 중심 G를 향하며, 힘 (A+B)×GZ를 합성한다. 그러니까 당기는 알갱이들 A 그리고 B가 공통 무게중심 G에 놓여 있어서, 거기에서 구를 형성하는 경우의 힘과 같다.

마찬가지 추론으로, 만약 세 번째 알갱이 C가 추가되면, 이 힘을 중심 G를 향하는 힘 (A+B)×GZ와 더불어 결합하면, 그로부터 생겨나는 힘은 G의 그 구 그리고 알갱이 C의 공통 무게중심을 향한다. 그러니까 세 알갱이들 A, B, C의 공통 무게중심을 향한다. 그리고 만약 그 구 그리고 알갱이 C가 그 공통 무게중심에 위치하여서, 거기에서 더 큰 구를 형성하였을 때와 (힘의 크기가) 같다.

그리고 무한히 계속 진행된다. 그러므로 임의의 물체 RSTV의 모든 알갱이들의 전체 힘은, 그 물체가 같은 무게중심을 유지하면서, 구의 형태를 취하는 경우와 같다. [증명 끝]

딸린법칙 그러므로 당겨지는 물체 Z의 운동은, 당기는 물체 RSTV가 구인 경우와 같다. 그러므로 만약 당기는 물체가 정지해 있거나, 또는 직선을 따라서 일정하게 진행하면, 당겨지는 물체는 당기는 물체의 무게중심을 중심으로 하는 타원을 따라서 움직인다.

법칙 89, 정리 46

같은 알갱이들로 구성된 다수의 물체들이 있는데, 그 (알갱이들의) 당기는 힘들은 각각의 위치의 거리에 비례한다고 하자. 이들이 임의의 입자를 당기는, 모든 힘들의 결합으로 구성된 힘은, 당기는 물체들의 공통 무게중심을 향한다. 그리고 이 힘은, 그 당기는 물체들이 공통 무게중심을 그대로 유지하면서, 모여서 구를 형성하는 경우의 힘과 같다.

위의 법칙과 같은 방법으로 증명할 수 있다.

딸린법칙 그러므로 당겨지는 물체의 운동은, 당기는 물체들이 공통 무게중심을 그대로 유지하면서, 모여서 구를 형성하는 경우와 같다. 그러므로 만약 당기는 물체들의 공통 무게중심이 정지해 있거나, 또는 직선을 따라서 일정하게 진행하면, 당겨지는 물체는 당기는 물체들의 공통 무게중심을 중심으로 하는 타원을 따라서 움직인다.

법칙 90, 문제 44

임의의 원의 각각의 점들을 향해서 같은 (크기의) 구심의 힘들이 작용하며, 거리의 임의의 비율로 증가 또는 감소한다고 하자. 원의 평면에 수직이 되도록, 원의 중심에서 그은 직선의 임의의 위치에 있는, 입자를 당기는 힘을 구하시오.

평면에서 중심 A로, 임의의 구간 AD로 원을 그렸으며, 그 평면에 대해서 직선 AP가 수직이라고 하자. 그러면 임의의 입자 P가 그 원을 향해서 당겨지는 힘을 구해야 한다.

원의 임의의 점 E로부터 당겨지는 입자 P로 직선 PE를 그어라. 직선 PA에서, PE와 길이가 같도록 PF를 잡아라. 그리고 법선 FK를 세우되,

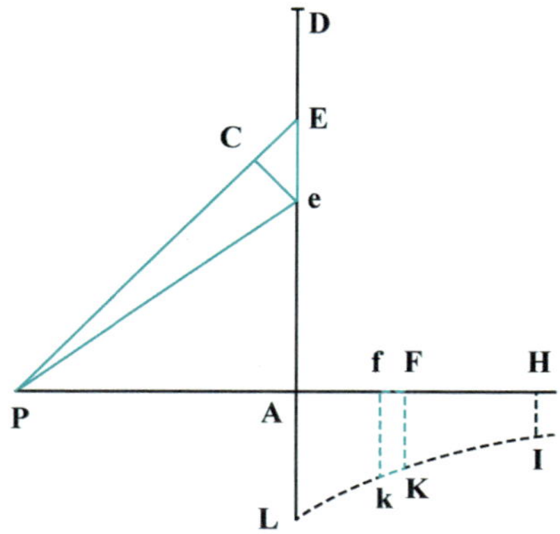

(FK는) 점 E가 입자 P를 당기는 힘에 비례하도록 해라. 곡선 IKL은 점 K가 계속해서 그린 궤적이라고 하자. 이것이 원의 평면과 만나는 점을 L이라고 하자.

직선 PA에서, PD와 길이가 같도록 PH를 잡아라. 그리고 수직선 HI를 세워서, 언급한 곡선과 만나는 점을 I라 하자. 그러면 원을 향해서 입자 P를 당기는 힘은, 넓이 AHIL에다 고도 AP를 곱한 것에 비례함을 보이겠다.

AE에서 최소의 직선 Ee를 잡아라. Pe를 연결하여라. 그리고 PE, PA에서 각각 PC, Pf를 잡되, Pe와 같도록 해라. 언급한 평면에서 중심 A, 구간(반지름) AE인 고리의 임의의 점 E가 입자 P를 자신을 향해서 당기는 힘은 FK에 비례한다고 가정하였고, 그러니 따라서 입자 P를 A를 향해서 당기는 힘은 $\frac{AP \times FK}{PE}$ 에 비례한다. 그러므로 이 고리 전체가 입자 P를 A 방향으로 당기는 힘은, 이 고리 그리고 $\frac{AP \times FK}{PE}$ 에 결합하여 비례한다.

그런데 이 고리는, 반지름 AE 그리고 폭 Ee로 만든 직사각형에 비례하며, 그리고 이 직사각형은 (PE 그리고 AE, Ee 그리고 CE가 비례하니) 직사각형 PE×CE 또는 PE×Ff와 같다. 그러므로 이 고리가 입자 P를 A를 향해서 당기는 힘은, PE×Ff 그리고 $\frac{AP \times FK}{PE}$ 에 결합하여 비례한다.

그러니까 Ff×FK×AP의 내용물에, 또는 넓이 FKkf에다 AP를 곱한 것에 비례한다.

그러므로 중심 A로, 구간 AD로 그린 원에 놓여 있는 모든 고리들이, 입자 P를 A를 향해서 당기는 힘들의 합은, 전체 넓이 AHIKL에다 AP를 곱한 것에 비례한다. [증명 끝]

딸린법칙 1 그러니 만약 점들의 힘들이 거리들의 제곱의 비율로 감소하면, 그러니까 만약 FK가 $\frac{1}{PF^2}$에 비례하면, 넓이 AHIKL은 $\frac{1}{PA} - \frac{1}{PH}$에 비례하게 되며, 원을 향해서 입자 P를 당기는 힘은 $1 - \frac{PA}{PH}$에 비례하게 된다. 그러니까 $\frac{AH}{PH}$에 비례하게 된다.

딸린법칙 1 그리고 일반적으로, 당기는 힘이 거리 D에 대해서, 거리의 몇 승인 D^n에 역으로 비례한다고 하자. 그러니까 FK가 $\frac{1}{D^n}$에 비례한다고 하자. 그러면 넓이 AHIKL은 $\frac{1}{PA^{n-1}} - \frac{1}{PH^{n-1}}$에 비례하게 된다. 입자 P를 원을 향해서 당기는 힘은 $\frac{1}{PA^{n-2}} - \frac{PA}{PH^{n-1}}$에 비례하게 된다.

딸린법칙 3 원의 지름이 한없이 커지고, 그리고 수 n은 1보다 더 크다고 하자. 그러면 한없이 큰 평면 전체의 입자 P에 대한 인력은 PA^{n-2}에 역으로 비례하게 된다. 왜냐 하면 다른 항 $\frac{PA}{PH^{n-1}}$는 한없이 작아지기 때문이다.

법칙 91, 문제 45

회전체의 축에 입자가 위치해 있다고 하고, 각각의 점들을 향하는 구심의 힘들이 거리들의 임의의 비율로 감소할 때, 그 입자에 대한 인력을 구하시오.

입체 DECG를 향해서 입자 P가 당겨지는데, (입자 P는) 그 축 AB에 위치해 있다고 하자. 이 축에 수직인 임의의 원 RFS로 이 입체를 잘라라. 그리고 축을 지나는 어떤 평면 PALKB에서, 그 원의 반지름 FS에서 길이 FK를 잡되, (법칙 90을 써서) FK는 입자 P가 이 원을 향해서 당겨지는 힘에 비례하도록 해라.

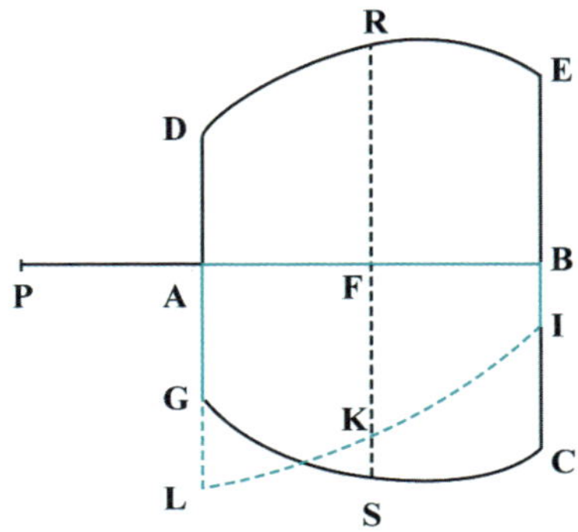

점 K의 궤적을 곡선 LKI라 하고, 이것이 맨 끝의 원들의 평면들 AL, BI와 만나는 점들을 L, I라 하자. 그러면 이 입체를 향한 입자 P의 인력은 넓이 LABI에 비례한다. [증명 끝]

딸린법칙 1 축 AB의 둘레에서 평행사변형 ADEB를 회전시켜서 그린 원기둥의 입체를 고려해 보자. 그리고 그 각각의 점들을 향하는 구심의 힘들은 점들로부터 거리들의 제곱들에 역으로 비례한다고 하자. 이 원기둥을 향한 입자 P의 인력은 AB - PE + PD에 비례하게 된다.

왜냐 하면 세로 좌표 FK는 (법칙 90, 딸린 법칙 1에 따라서) $1 - \frac{PF}{PR}$에 비례한다. 이 1인 부분에다 길이 AB를 곱하면, 넓이 1×AB를 그린다.

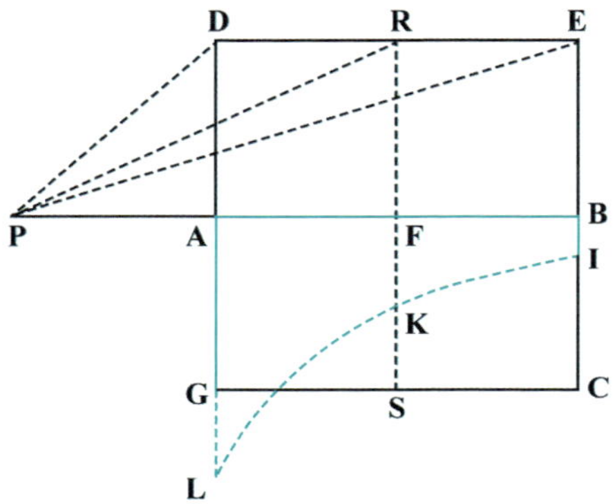

그리고 다른 부분 $\frac{PF}{PR}$에다 길이 PB를 곱하면, 넓이 1×(PE - AD)를 그린다. (곡선 LKI의 도형의 넓이를 구하는 것으로부터 쉽게 보일 수 있다.) 그리고 마찬가지로, 같은 부분에다 길이 PA를 곱하면, 넓이 1×(PD - AD)를 그리고, PB와 PA의 차이인 AB를 곱하면, 넓이들의 차이인 1×(PE - PD)를 그린다.

첫째 양 1×AB에서 마지막 양 1×(PE - PD)를 빼라. 그러면 넓이 LABI는 1×(AB - PE + PD)와 같음이 나온다. 그런데 힘은 이 넓이에 비례하니, AB - PE + PD에 비례한다.

딸린법칙 2 그러므로 회전타원체 AGBC가, 그 바깥쪽에, 그 축 AB에 위치한 임의의 입자 P를 당기는 힘도 역시 구할 수 있다. NKRM은 원뿔곡선이고, 그 세로 좌표 ER은 PE에 수직이고, (ER은) 항상 길이 PD와 같다고 하자. 여기서 PD는 이 좌표가 회전타원체를 자르는 점 D로 그은 직선이다.

회전타원체의 꼭짓점들 A, B에서, 그 축 AB에 수직이 되도록 AK, BM을 세우되, 각각 AP, BP와 길이가 같도록 해라. 그러므로 원뿔곡선과 K, M에서 만난다. 그리고 KM을 연결하여서, (원뿔곡선으로부터) 활꼴 KMRK를 잘라내라.

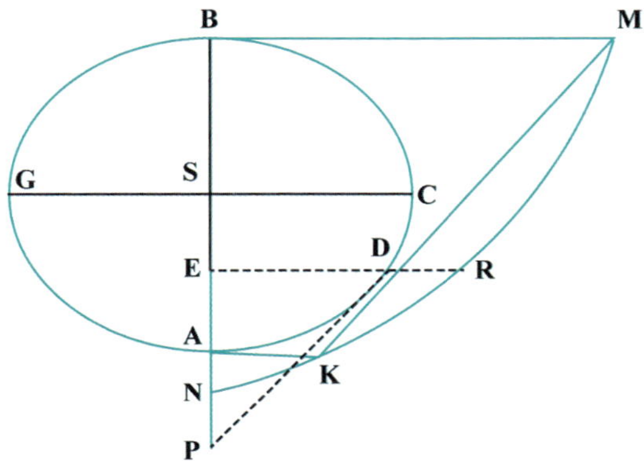

이제 회전타원체의 중심을 S라 하고, 장반지름을 SC라 하자. 그러면 회전타원체가 입자 P를 당기는 힘 대, 지름 AB로 그린 구가 같은 입자를 당기는 힘의 비율은, $\frac{AS \times CS^2 - PS \times KMRK}{PS^2 + CS^2 - AS^2}$ 대 $\frac{AS^3}{3PS^2}$ 의 비율과 같다. 그리고 같은 원리로 계산하여서, 회전타원체의 활꼴들의 힘들도 구할 수 있다.

딸린법칙 3 그런데 만약 그 입자가 회전타원체의 안쪽에, 그 축에 놓여 있으면, 인력은 중심으로부터 그 거리에 비례한다. 입자가 축에 놓여 있든, 또는 주어진 다른 어떤 지름에 놓여 있든, 다음과 같이 추론하면 더욱 쉽게 알 수 있다.

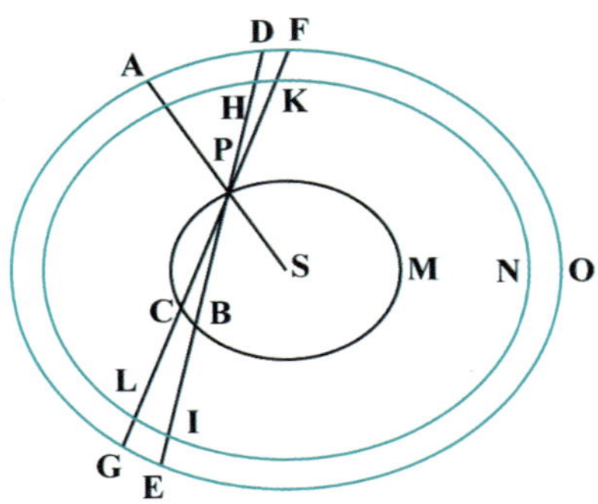

AGOF는 당기는 회전타원체이고, S는 그 중심이고, 그리고 P는 당겨지는 입자라고 하자. 그 입자 P를 지나도록 반지름 SPA를 그어라. 그 다음에 입자 P를 지나도록 임의의

두 직선들 DE, FG를 그어서, 회전타원체와 만나는 점들이 D 그리고 E, F 그리고 G라 하자.

PCM, HLN은 안쪽의 두 회전타원체들의 표면들로서, 이들은 바깥쪽(회전타원체의 표면)과 닮은꼴이며 중심이 같고, 이들 중 전자는 입자 P를 지나고, 직선들 DE, FG를 자르는 점들이 B, C이고, 후자는 같은 직선들을 자르는 점들이 H, I 그리고 K, L이라 하자.

모든 회전타원체들이 공통인 축을 가진다고 하자. 그리고 직선들을 양쪽에서 잘라서 생기는 부분들 DP 그리고 BE, FP 그리고 CG, DH 그리고 IE, FK 그리고 LG는 서로 길이가 같다. 왜냐 하면 직선들 DE, PB, HI는 같은 점에서 이등분되고, 직선들 FG, PC, KL도 역시 같은 점에서 이등분되기 때문이다.

이제 DPF, EPG는 서로 반대쪽의 원뿔들을 나타내고, 맞꼭지각들 DPF, EPG로 둘러싸여 있으며, 이 각들은 한없이 작고, 선들 DH, EI도 한없이 작다고 생각하자. 그러면 원뿔들의 알갱이들 DHKF, GLIE는, 직선들 DH, EI가 같고, 회전타원체의 표면들을 서로 간에 입자 P로부터 거리들의 제곱들의 비율로 잘라냈으니, 그 입자를 같은 힘으로 당기게 된다.

그리고 같은 이유로, 만약 입체들 DPF, EGCB를 수없이 많은, 동심의 닮은꼴이고 공통인 축을 가지는, 회전타원체들의 표면들의 알갱이들로 자르면, 이들은 모두 입자 P를 서로 반대 방향들로, 같은 크기의 힘들로 당기게 된다. 그러므로 원뿔 DPF 그리고 원뿔의 토막 입체 EGCB는 힘들이 같으며, 방향이 반대이니, 서로 간에 상쇄된다.

그리고 가장 안쪽의 회전타원체 PCBM의 바깥쪽에 놓여 있는 모든 물질들의 힘들은 이렇게 된다. 그러므로 입자 P는 가장 안쪽의 회전타원체

PCBM에 의해서만 당겨지며, 그러므로 (법칙 72, 딸린 법칙 3에 따라서) 이 힘 대 전체 회전타원체 AGOD가 입자 A를 당기는 힘의 비율은, 거리 PS 대 거리 AS의 비율과 같다. [증명 끝]

법칙 92, 문제 46

주어진 당기는 물체에 대해서, 그것의 각각의 점들에서 그것을 향한 구심의 힘들의 감소 비율을 구하시오.

주어진 물체는 구 또는 원기둥 또는 다른 어떤 규칙적인 모양을 갖춰야 하며, 그 인력의 규칙을, 어떤 비율에 따른 감소로, (법칙 80, 81, 91에 따라서) 구할 수 있어야 한다. 그런데 실험들을 행함으로써, 여러 거리들에서 인력의 힘들을 구하고, 이렇게 하여 드러난 전체를 향한 인력의 규칙은, 각각의 부분들의 힘들의 감소 비율을 제시해 줄 것이다. 이것이 바로 구하려던 것이다. [증명 끝]

법칙 93, 정리 47

입체의 한쪽 편은 평면이고, 그리고 다른 편은 무한히 펼쳐져 있으며, 동일하게 당기는 알갱이들로 구성되어 있으며, 입체로부터 멀어질 때 그 힘들은 거리들의 제곱보다 더 큰 어떤 승의 비율로 감소한다고 하자. 그리고 평면의 어느 편에든 놓여 있는 입자는, 전체 입체의 힘으로 당겨진다. 그러면 입체의 그 당기는 힘은, (입자가) 표면인 평면으로부터 멀어짐에 따라서, 평면으로부터 입자의 거리를 밑으로 하고, 거리에 따른 힘의 규칙의 지수에서 3을 뺀 것을 지수로 하는, 거듭제곱(승)의 비율로 감소하게 된다.

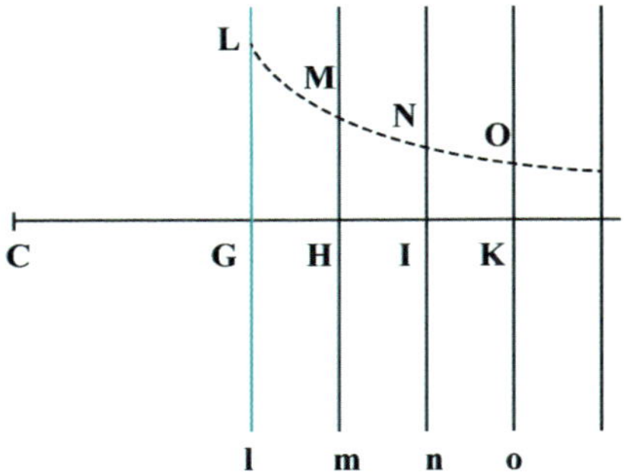

경우 1. 평면 LGl이 그 입체의 경계면이라 하자. 그 입체는 이 평면으로부터 I를 향한 편에 놓여 있다고 하고, 입체를 분할하여서 무수히 많은 평면들 mHM, nIN, oKO, … 로 만들었다고 하자.

그리고 우선 당겨지는 입자 C가 그 입체의 바깥쪽에 위치한다고 하자. 이제 그 무수히 많은 평면들에 수직이 되도록 CGHI를 그어라. 그리고 입체의 점들의 당기는 힘들이 거리의 n승의 비율로 줄어드는데, 지수 n은 3보다 작지 않다고 하자.

그러면 (법칙 90, 딸린 법칙 3에 따라서) 임의의 평면 mHM이 점 C를 당기는 힘은 CH^{n-2}에 역으로 비례한다. 평면 mHM에서, CH^{n-2}에 역으로 비례하도록 길이 HM을 잡아라. 그러면 힘은 HM에 비례한다. 마찬가지로 각각의 평면들 lGL, nIN, oKO, …에서 길이 GL, IN, KO, …를 잡되, CG^{n-2}, CI^{n-2}, CK^{n-2}, …에 역으로 비례하도록 잡아라. 그러면 평면들의 힘들은 이렇게 잡은 길이들에 비례한다.

그러므로 힘들의 합은 길이들의 합에 비례한다. 그러니까 전체 입체의 힘은, OK 방향으로 끝없이 뻗어나간 도형 GLOK의 넓이와 같다. 그런데 이 넓이는 (이 넓이를 구하는 알려진 방법에 따라서) CG^{n-3}에 역으로 비례한다. 그러므로 전체 입체의 힘은 CG^{n-3}에 역으로 비례한다.

경우 2. 이제 입자 C가 평면 lGL의 다른 편에, 그 입체의 안쪽에 놓여 있다고 하자. 거리 CK를 거리 CG와 같도록 잡아라. 그러면 평행한 평면들 lGL, oKO로 둘러싸인 입체 LGloKO는, 입자 C가 이 입체의 한

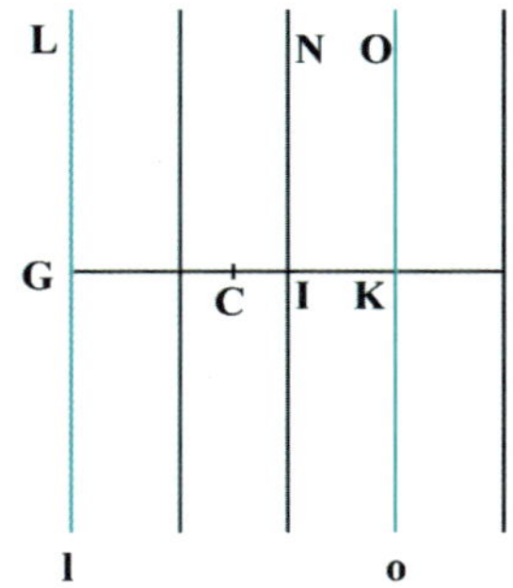

가운데에 놓여 있으니, 어느 편으로도 치우쳐 당기지 않으며, 반대되는 점들의 반대되는 작용들이 크기가 같으니, 서로 간에 상쇄된다.

그러므로 입자 C는 평면 OK 너머의 입체에 의해서만 당겨진다. 그런데 이 힘은 (경우 1에 따라서) CK^{n-3}에 역으로 비례한다. 그러니까 (CG와 CK는 같으니까) CG^{n-3}에 역으로 비례한다. [끝]

딸린법칙 1 그러므로 만약 입체 LGIN이 양쪽 편에서 두 개의 평행한 무한 평면들 LG, IN으로 둘러싸여 있으면, 그 당기는 힘을 구할 수 있다. 전체 무한한 입체 LGKO의 당기는 힘에서, KO 방향으로 무한히 뻗어 있는, 더 멀리 있는 부분 NIKO의 당기는 힘을 빼면 된다.

딸린법칙 2 만약 이 무한 입체의 더 먼 부분이, 그 인력이 가까운 부분의 인력과 비교하여 매우 작아서 무시해도 될 정도이면, 없다 치고, 그 가까운 부분의 인력은, 거리가 증가함에 따라, 거의 CG^{n-3}의 비율로 감소하게 된다.

딸린법칙 3 그러니 어떤 유한한 물체가 있어서, 어느 한쪽이 평면으로 되어 있고, 그 평면의 가운데 영역에서 떨어져 있는 입자를 그 평면 쪽으로 당기며, 입자와 평면 사이의 거리는 당기는 물체의 크기에 비해서 매우 작다고 하자. 그리고 당기는 물체는 균질한 알갱이들로 구성되어 있으며, 그 당기는 힘은 거리에 따라서, 거리의 네제곱보다 더 큰 임의의 거듭제곱의 비율로 감소한다고 하자. 그러면 전체 물체의 당기는 힘이 감소하는 정도는, 그 매우 짧은 거리를 밑으로 하고, 앞에서 말한 지수에서

3을 뺀 것을 지수로 한 거듭제곱의 비율과 거의 같다.

그렇지만 물체를 구성하는 알갱이들의 당기는 힘들이 그 거리들의 세제곱의 비율로 감소하면, 이 주장이 성립하지 않는다. 왜냐 하면 이 경우는, 딸린 법칙 2의 멀리 있는 무한히 큰 부분의 당기는 힘이, 가까운 부분의 당기는 힘에 비해서, 항상 무한히 더 크기 때문이다.

설명

임의의 물체가 주어진 평면을 향해서 수직으로 당겨지고, 그리고 인력의 규칙이 주어졌을 때, 물체의 운동을 구하시오. 이 문제는, 그 평면을 향한 직선을 따른 물체의 하강을 (법칙 39를 써서) 구하고, 그리고 이 운동을 그 평면에 평행한 직선들을 따른 일정한 운동과 (운동 법칙들에 딸린 법칙 2를 써서) 결합하면 해결된다. 그리고 역으로, 주어진 임의의 곡선을 따라서 물체가 움직일 때, 그 평면에 수직인 직선들을 따라서 가해지는 인력의 규칙을 구하라는 문제는, 세 번째 문제(법칙 8)를 푸는 것과 비슷한 방법으로 풀 수 있다.

그렇지만 세로 좌표를 수렴하는 급수로 분해하면, 계산 과정이 더 간단해진다. 예를 들어 밑 A에다, 주어진 임의의 각도로 길이 B를 세로 좌표로 붙였으며, 그것은 그 밑의 임의의 거듭제곱인 $A^{\frac{m}{n}}$에 비례한다고 하자. 그리고 어떤 물체가, 붙인 세로 좌표의 위치를 따라서, 그 밑을 향해서 끌리거나, 또는 밑으로부터 벗어나 곡선을 따라서 움직이는데, 거기에 붙인 세로 좌표가 높은 끝점으로 항상 그 곡선을 그린다고 하자. 그 물체에게 가해지는 힘을 구하시오.

나는 그 밑이 매우(한없이) 작은 부분 O만큼 증가했다고 가정하고, 세로 좌표$(A+O)^{\frac{m}{n}}$을 무한 급수로 분해하면,

$$A^{\frac{m}{n}} + \frac{m}{n}OA^{\frac{m-n}{n}} + \frac{mm-mn}{2nn}OOA^{\frac{m-2n}{n}} + \cdots$$

여기서 힘은 이 무한 급수에서 O가 제곱인 항에 비례한다고 가정하자. 그러니까 항 $\frac{mm-mn}{2nn}OOA^{\frac{m-2n}{n}}$에 비례한다고 하자. 그러면 구하려는 힘은 $\frac{mm-mn}{nn}A^{\frac{m-2n}{n}}$에 비례한다. 또는 마찬가지이지만, $\frac{mm-mn}{nn}B^{\frac{m-2n}{m}}$에 비례한다.

그래서 만약 세로 좌표가 포물선을 그리면, m=2 그리고 n=1이 되며, 힘은 주어진 $2B^{0}$에 비례하게 된다. 그러니까 (힘이) 주어지게 된다. 그러므로 힘이 (일정하게) 주어지면, 물체는 포물선을 따라서 움직인다. 이 사실은 갈릴레오가 증명하였다. 만약 세로 좌표가 쌍곡선을 그리면, m = 0 - 1, 그리고 n = 1이 되며, 힘은 $2A^{-3}$ 또는 $2B^{3}$에 비례한다. 그러므로 힘이 세로 좌표의 세제곱에 비례하면, 물체는 쌍곡선을 따라서 움직이게 된다.

그렇지만 이러한 종류의 법칙들은 제쳐두고, 지금까지 다루지 않은 다른 운동에 대해서 논하도록 하겠다.

제 14 장

어떤 거대한 물체의 각각의 부분들을 향하는 구심의 힘들의 작용에 따른, 한없이 작은 입자들의 운동

법칙 94, 정리 48

두 개의 균질한 매질들이, 평행한 평면들로 양쪽이 막혀 있는 공간에 의해서, 서로 간에 분리되어 있다고 하자. 그리고 이 공간을 통과하는 물체는, 어느 하나의 매질을 향해서 수직으로 당겨지거나 또는 추진되며, 그 이외의 다른 어떠한 힘의 자극 또는 방해도 받지 않는다고 하자. 그리고 그 인력은, 각각의 평면으로부터 같은 쪽을 향해서 같은 거리들에서, 모든 곳에서 같다고 하자. 그러면 한 평면에서의 입사각의 사인(sine) 대 다른 평면에서의 굴절각의 사인(sine)은 주어진 비율이 된다.

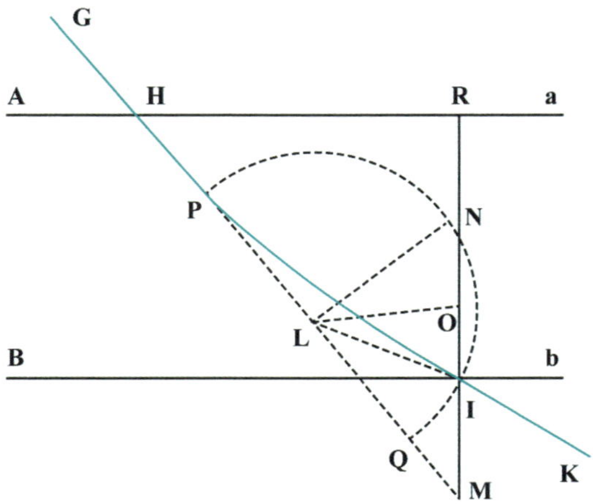

경우 1. Aa, Bb는 두 개의 평행한 평면들이라고 하자. 물체가 처음 평면 Aa를, 직선 GH를 따라서 입사한다고 하자. 그리고 이것이 중간의

공간을 지나가면서, 입사한 매질을 향해서 당겨지거나 또는 추진되는 힘을 받아서, 이 작용 때문에 곡선 HI를 그려서, 직선 IK를 따라서 나간다고 하자.

나가는 평면 Bb에 수직이 되도록 IM을 세우고, 입사 직선 GH를 길게 늘이고, 이 직선과 만나는 점을 M이라 하자. 그리고 입사 평면 Aa와 수직선 IM이 만나는 점을 R이라 하자. 그리고 나오는 직선 KI를 길게 늘이고, HM과 만나는 점을 L이라 하자. L을 중심으로 구간 LI로 원을 그리고, HM을 자르는 점들을 P, Q라 하고, MI를 길게 늘인 직선을 자르는 점을 N이라 하자.

우선, 만약 당기거나 추진시키는 힘이 일정하면, 곡선 HI는 (갈릴레오가 증명한 것처럼) 포물선이 되며, 그것의 주어진 라투스 렉텀과 직선 IM을 가지고 만든 직사각형은, HM으로 만든 정사각형과 (넓이가) 같게 되는 성질을 지닌다. 게다가 직선 HM은 점 L에서 이등분된다.

그러므로 만약 MI로 수직선 LO를 내리그으면, MO, OR은 길이가 같게 된다. 그리고 이들에다 길이가 같은 ON, OI를 더하면, 전체 MN, IR은 길이가 같게 된다. 그런데 IR은 주어졌고, MN도 주어졌으니, 직사각형 NM×MI 대, 라투스 렉텀과 IM으로 만든 직사각형의 넓이 비율은, 그러니까 HM^2과의 넓이 비율은, 주어진 비율이 된다.

그런데 직사각형 NM×MI는 직사각형 PM×MQ와 넓이가 같다. 그러니까 정사각형 ML^2과, PL^2 또는 LI^2과의 차이와 같다. 그리고 HM^2은 자신의 1/4인 ML^2과의 비율이 주어졌다. 그러므로 $ML^2 - LI^2$ 대 ML^2의 비율이 주어졌다. 그러므로 비례식의 변환에 따라서, LI^2 대 ML^2의 비율이 주어졌다. 그러므로 이것의 제곱근인, LI 대 ML의 비율이 주어졌다.

그런데 모든 삼각형 LMI에서, 각들의 사인(sine)들은 마주 보는 변들에 비례한다. 그러므로 입사하는 각 LMR의 사인 대 나오는 각 LIR의 사인의 비율은 주어졌다.

경우 2. 이제 평행한 평면들로 갈라져 있는 다수의 공간들 AabB, BbcC, …속을 물체가 연속적으로 지나며, 각각의 공간을 분리해서 간주하면 일정한 힘을 받지만, 다른 공간에서는 (힘이) 다르다고 하자.

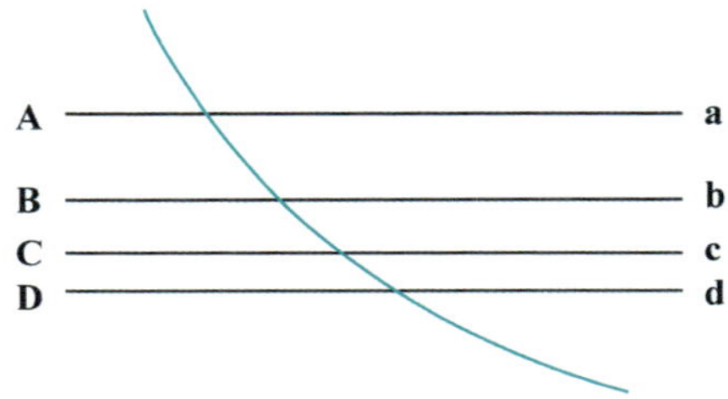

그러면 이미 증명한 것들에 따라서, 첫째 평면 Aa에 대한 입사하는 각의 사인 대, 둘째 평면 Bb에 대한 나오는 각의 사인은 주어진 비율이 된다. 그리고 이 사인은, 둘째 평면 Bb에 대한 입사각의 사인이며, 셋째 평면 Cc에 대한 나오는 각의 사인에 대해서, 어떤 주어진 비율이 된다. 그리고 이 사인 대, 넷째 평면 Dd에 대한 나오는 각의 사인도, 어떤 주어진 비율이 된다. 이렇게 무한히 계속된다. 그러므로 비례식의 같음에 따라서, 첫째 평면의 입사각의 사인 대 마지막 평면의 나오는 각의 사인은, 어떤 주어진 비율이 된다.

이제 평면들의 간격이 감소하고, 그 개수가 무한히 증가한다고 하자. 그래서 당기거나 또는 추진시키는 작용이, 임의의 부여된 규칙들에 따르지만, 연속적이 된다고 하자. 그리고 첫째 평면의 입사각의 사인 대 마지막 평면의 나오는 각의 사인의 비율은, 항상 주어지니, 여전히 주어지게 된다. [증명 끝]

법칙 95, 정리 49

같은 가정들 하에, 물체가 들어가기 전의 속력 대 나온 다음의 속력의 비율은, 나올 때의 사인 대 들어갈 때의 사인의 비율과 같다.

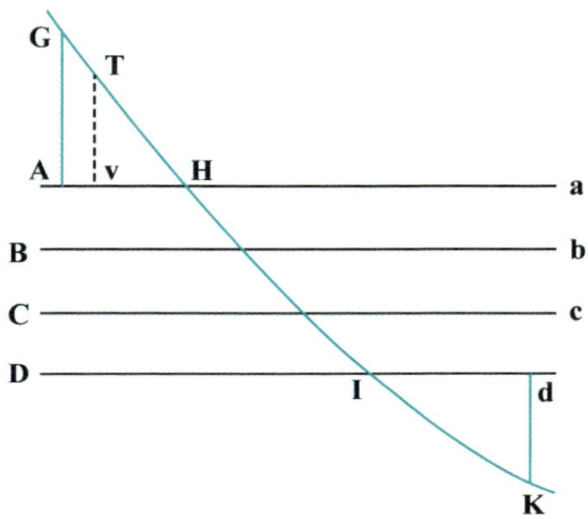

AH, Id를 길이가 같도록 잡아라. 수직선들 AG, dK를 세우고, 들어가는 선 GH, 나오는 선 IK와 각각 만나는 점들을 G, K라 하자. GH에서, IK와 길이가 같도록 TH를 잡고, 평면 Aa로 법선 Tv를 내리그어라. 그리고 (운동 법칙들에 딸린 법칙 2를 써서) 물체의 운동을 둘로 분리하여라. 하나는 평면들 Aa, Bb, Cc, …에 수직이 되도록, 다른 하나는 이들에 평행하도록.

인력 또는 추진의 힘은, 수직인 직선들을 따라서 작용하니, 평행선들을 따른 운동은 바뀌지 않는다. 그러므로 물체는 이 운동으로, 같은 시간들 동안, 평행선들을 따라서 같은 길이의 구간들을 진행하며, 그것은 직선 AG 그리고 점 H 사이, 점 I 그리고 직선 dK 사이이다. 그러므로 물체는 직선들 GH, IK를 같은 시간들에 그린다.

따라서 들어가기 전의 속력 대 나온 이후의 속력의 비율은, GH 대 IK 또는 TH의 비율과 같다. 그러니까 AH 또는 Id 대 vH의 비율과 같다. 그러므로 (반지름들 TH 또는 IK에 대해서) 나올 때의 사인 대 들어갈 때의 사인의 비율과 같다. [증명 끝]

법칙 96, 정리 50

같은 가정들 하에, 들어가기 전의 운동이 그 이후보다 더 빠르다고 하자. 만약 들어가는 직선을 계속 기울이면, 결국에 가서 반사되며, 반사의 각은 들어가는 각과 크기가 같다.

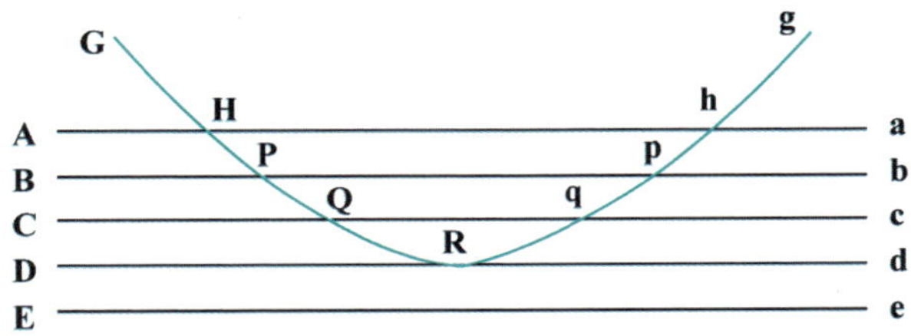

위에서처럼, 물체가 평행한 평면들 Aa, Bb, Cc, … 사이를 지나면서, 포물선을 그린다고 하자. 그 호들을 HP, PQ, QR, …이라 하자. 그리고 첫째 평면 Aa에 대한 들어가는 직선 GH의 기울기가, 들어가는 각의 사인 대 그 사인을 따지는 원의 반지름과의 비율이, 들어가는 각의 사인 대 평면 Dd에서 공간 DdeE로 나오는 각의 사인과의 비율과 같아지도록 해라. 그러면 나오는 각의 사인이 이미 반지름과 같도록 만들었으니, 나오는 각은 직각이 되며, 나오는 선은 평면 Dd와 일치하게 된다.

물체가 이 평면에서 점 R에 이르렀다고 하자. 나오는 선이 이 평면과 일치하니, 물체는 평면 Ee 너머로 더 나아가지 못함이 명백하다. 게다가 나가는 선 Rd를 따라서 계속 진행할 수도 없다. 왜냐 하면 이 물체는 들어오는 매질을 향해서 계속 당겨지거나 또는 추진되고 있기 때문이다.

그러므로 이 물체는 평면들 Cc, Dd 사이로 되돌아가게 되며, 포물선 QRq를 그리게 되고, 그 주꼭짓점은 (갈릴레오가 증명하였듯이) R이고, 평면 Cc를 q에서 자르는 각은, 이전에 Q에서 잘랐을 때의 각과 같다. 그 다음에 포물선의 호들 qp, ph, …를 따라 진행하는데, 이들은 앞의 호들 QP, PH, …와 닮은꼴이며 길이가 같다. 그리고 평면들을 p, h, …에서 자르는 각들은, P, H, …에서 자른 각들과 크기가 같다. 마침내 h에서 나오는 기울기는, H에서 들어가는 기울기와 같다.

이제 평면들 Aa, Bb, Cc, Dd, Ee, … 사이의 간격들이 한없이 감소하고, 개수가 한없이 증가하면, 당기는 또는 추진시키는 작용이 어떠한 할당된 규칙에 따르더라도, 연속이 되도록 할 수 있다. 그리고 나오는 각은 항상 들어가는 각과 같으니, 여전히 같도록 유지된다. [증명 끝]

설명 스넬(Snell)이 발견하였듯이, 빛은 주어진 시컨트(secant)의 비율에 따라서 반사되고 굴절되며, 그러니 후에 데카르트(Descartes)가 설명한 것처럼, 주어진 사인의 비율에 따른다. 이러한 인력들은 그것과 크게 다르지 않다. 왜냐 하면 빛은 연속적으로 전파되며, 태양에서 지구에 이르기까지 7분 또는 8분이 소요됨이, 목성의 위성들의 현상들로 이제 확립되었으며, 여러 천문학자들이 관측을 통해서 확인해 주고 있다.

그런데 광선은 공기 중에서 (최근에 그리말디(Grimaldi)가 발견하였다. 그는 작은 구멍을 통해서 어두운 방으로 빛이 들어오도록 했다. 나도 역시 이 실험을 해 보았다.) 각진 물건 근처를 지날 때, 그게 불투명하든 또는 투명하든(금, 은, 구리로 만든 주화들의 직사각형 원형 경계들, 그리고 칼들, 돌들, 깨진 유리들의 선들), 마치 물체에 끌리는 것처럼 그 둘레로 굽게 된다. 물체에 가장 가까이 지나는 광선이 가장 심하게 굽는다. 마치 가장 강하게 당겨지는 것처럼. 나 자신도 매우 조심스럽게 관찰하였다. 그리고 멀리 지나는 광선은 덜 굽는다. 그리고 더욱 먼 광선은 반대 방향으로 약간 굽어서, 세 개의 회절 무늬가 생긴다.

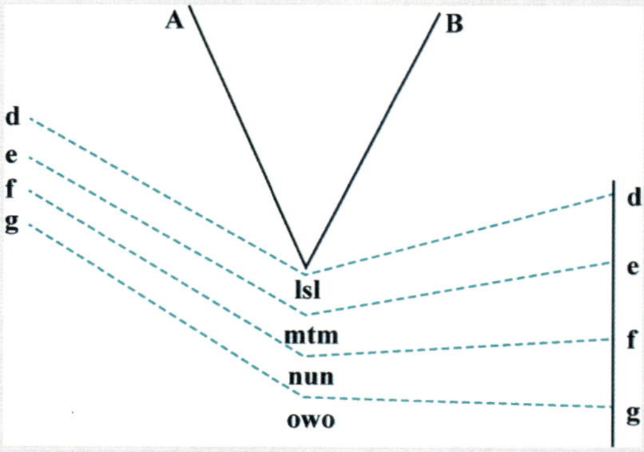

이 그림에서, 칼날이나 기타 각진 물건 AsB의 날카로운 끝이 s라고 하자. 그리고 gowog, fnunf, emtme, dlsld는 광선이 호 owo, nun, mtm, lsl에서 칼날 방향으로 굽은 것이라고 하자. 굽은 정도는 칼과의 거리에 따라서 크거나 또는 작다. 이렇게 광선이 굽는 것이 칼 바깥쪽의 공기 중에서 일어나니, 칼에 입사하는 광선도 칼에 닿기 전에 공기 중에서 굽게 된다. 유리에 입사하는 광선도 마찬가지이다.

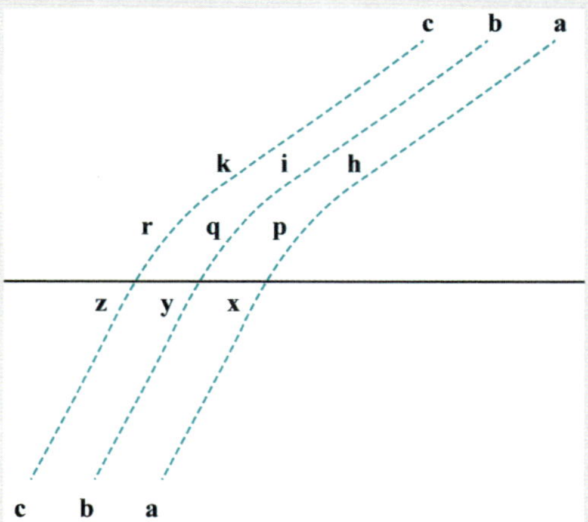

그러므로 굴절은 입사하는 점에서 생기는 게 아니라, 광선이 점차

연속적으로 굽어서 생긴다. 약간은 유리에 닿기 전 공기 중에서 일어나며, 약간은 (내가 아는 바로는) 유리에 들어간 직후 유리 속에서 일어난다. 여기에 광선들 ckzc, biyb, ahxa를 그려 놓았는데, 이들은 r, q, p에서 유리에 입사하며, k와 z 사이, i와 y사이, h와 x 사이에서 굴절된다.

그런데 빛의 광선의 전파 그리고 물체의 진행 사이에 유사점이 있으니, 광학에 사용하도록 다음 법칙들을 덧붙여 놓겠다. 당분간 광선들의 본성은 (그것들이 물체인지 여부를) 전혀 논란삼지 않겠으며, 다만 광선들의 궤적들과 매우 흡사한 물체들의 궤적들을 구할 뿐이다.

법칙 97, 문제 47

어떤 표면에 대해서, 들어가는 사인 대 나오는 사인이 주어진 비율을 가진다고 하자. 그리고 물체들의 궤적이 표면 근처에서 굽는 것이, 매우 짧은 거리에서이며, 그것을 점이라 간주해도 된다고 하자. 주어진 위치에서 차례차례 분출되는 모든 입자들이, 주어진 다른 위치에서 모이도록 만드는, 표면을 구하시오.

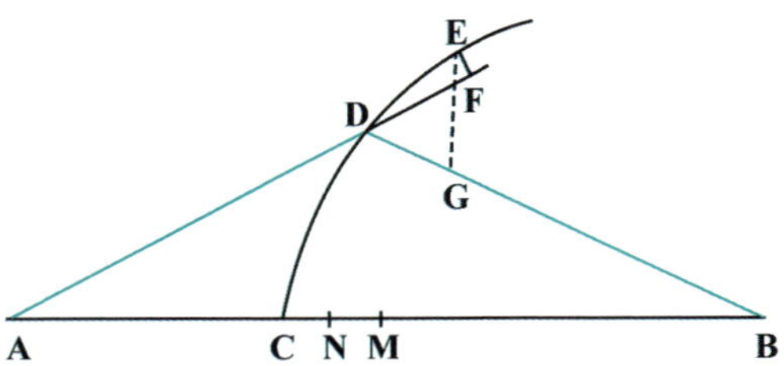

A는 입자들이 분산되는 위치고, B는 그들이 모여야 하는 위치라고 하자. 곡선 CDE를 축 AB의 둘레에서 회전시키면, 구하려는 곡면이 그려진다고 하자. D, E는 그 곡선의 임의의 두 점들이라 하자. 입자의 궤적 AD, DB로 수직선들 EF, EG를 내리그어라.

점 D가 점 E로 접근하도록 해라. AD의 증가분인 DF 대, DB의 감소분인 DG의 궁극적인 비율은, 들어가는 사인 대 나오는 사인의 비율과 같다. 그러므로 직선 AD의 증가분 대 직선 DB의 감소분의 비율이 주어졌다.

그러므로 축 AB의 임의의 점 C를 잡아서, 거기로 곡선 CDE가 지나가야 한다면, AC의 증가분 CM 대 BC의 감소분 CN의 비율이 주어진 그 비율이 되도록 하고, 중심들 A, B, 그리고 구간들 AM, BN으로 두 원들을 그려서, 서로 간에 교차하는 점을 D라 하자. 그 점 D는 구하려는 곡선 CDE를 접촉하게 된다. 그리고 임의의 곳에서 접촉하여서, 곡선을 결정하게 된다. [증명 끝]

딸린법칙 1 그런데 점 A 또는 B를 이제 무한히 멀리 보내거나, 이제 점 C의 다른 편으로 보내면, 데카르트가 [광학] 그리고 [기하학]에서 굴절에 관하여 제시한 그 모든 도형들을 얻을 수 있다. 데카르트는 구하는 방법을 숨겼지만, 나는 이 법칙에서 활짝 공개해 놓았다.

딸린법칙 2 입자가 임의의 표면 CD로, 임의의 규칙으로 그은 직선 AD를 따라서 입사하면, 다른 임의의 직선 DK를 따라서 나온다고 하자.

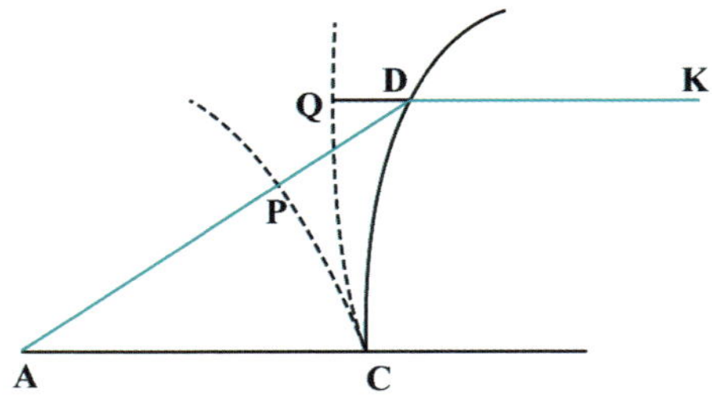

점 C에서부터 곡선 CP, CQ를 그리되, 항상 AD, DK에 수직이 되도록 해라. 그러면 선들 PD, QD의 증가분들, 따라서 이 증가분들에 의해서 생성되는 선들 PD, QD 자신들이, 들어가는 사인 그리고 나오는 사인 서로 간의 비율과 같다. 그리고 역도 성립한다.

법칙 98, 문제 48

마찬가지로 가정하고, 축 AB의 둘레에 임의의 당기는 표면 CD를 그리고, 규칙적이든 또는 불규칙적이든, 주어진 위치 A에서 분출되는 입자들이 반드시 통과한다고 하자. 두 번째 당기는 표면 EF를 구하되, 그것이 그 입자들이 주어진 점 B로 수렴하게 만들도록 하시오.

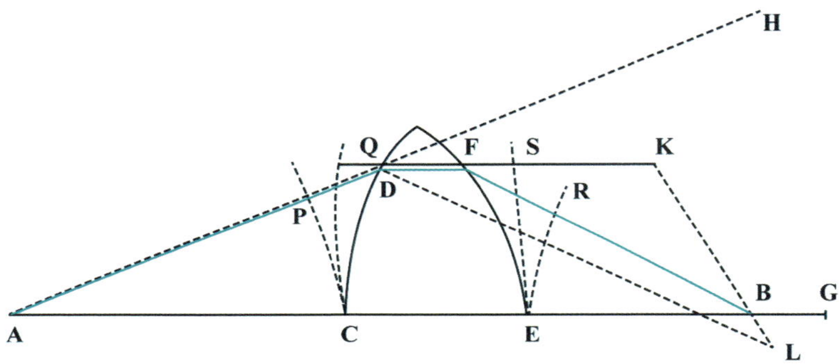

AB를 연결하고, 이것이 첫째 표면을 자르는 점을 C, 둘째 표면을 자르는 점을 E라 하자. D는 임의의 점이다. 첫째 면의 들어가는 사인 대 나오는 사인의 비율은, 그리고 둘째 면의 나오는 사인 대 들어가는 사인의 비율은, 어떤 주어진 양 M 대 다른 주어진 양 N의 비율과 같다고 하자.

그 다음에 AB를 G로 길게 늘이되, BG 대 CE는 M-N 대 N과 같도록 해라. 그 다음에 AD를 H로 길게 늘이되, AH가 AG와 같게 되도록 해라. 그리고 DF도 K로 늘이되, DK 대 DH가 N 대 M이 되도록 해라.

KB를 연결하여라. 중심 D로 구간 DH로 원을 그리고, KB를 늘인 것과 만나는 점을 L이라 하자. 그리고 DL에 평행하도록 BF를 그어라. 그러면 점 F가 선 EF에 놓이며, 이 선을 축 AB의 둘레에서 회전시키면, 우리가 구하는 면을 그리게 된다.

왜냐 하면 직선들 CP, CQ가 제각각 AD, DF와, 그리고 직선들 ER, ES가 제각각 FB, FD와 모든 곳에서 수직이라고 가정하면, 따라서 QS는 CE와 항상 같게 된다. 그리고 (법칙 97에 딸린 법칙 2에 따라서) PD 대 QD는 M 대 N과 같다. 그러므로 DL 대 DK 또는 FB 대 FK와 같다.

빼셈을 하면, DL-FB 또는 PH-PD-FB 대 FD 또는 FQ-QD와 같다. 덧셈을 하면, PH-FB 대 FQ와 같다. 그러니까 (PH 그리고 CG, QS 그리고 CE가 같으니) CE+BG-FR 대 CE-FS와 같다. 그런데 (BG 대 CE는 M-N 대 N과 같으니) 또한 CE+BG 대 CE는 M 대 N과 같다. 그러므로 빼셈을 하면, FR 대 FS는 M 대 N과 같다. 그러므로 (법칙 97, 딸린 법칙 2에 따라서) 표면 EF는 입자를 강제하여서, 직선 DF를 따라서 들어온 입자가, 직선 FR을 따라서 진행하여서, 위치 B로 가도록 한다. [증명 끝]

설명

같은 방법으로 표면들이 세 개 또는 더 많은 경우에도 계속할 수 있다. 그렇지만 광학적으로 사용하기에는, 구면 형태가 가장 적합하다. 만약 망원경의 대물렌즈를 구면 형태의 두 유리들로 만들고, 그 사이에 물을 주입하면, 유리 표면들의 바깥 부분에서 생겨나는 굴절의 수차들을 상당히 정확하게 교정할 수 있다. 이러한 대물렌즈는 타원형 또는 쌍곡선형 렌즈보다 더 선호된다. 더 쉽게 그리고 더 정확하게 제조할 수 있음은 물론이고, 유리의 축의 바깥을 지나는 광선의 다발들을 더 정확하게 굴절시켜 주기 때문이다.

그렇지만 다른 광선들이 다른 굴절률을 가짐이 장애물이 되어서, 렌즈가 구면 형태이든 또는 다른 어떠한 곡선의 형태이든, 광학에서 완벽함이 성취될 수 없다. 거기에서 생겨나는 수차들을 교정할 수 없으면, 다른 수차들을 교정하려는 모든 노력들이 헛수고가 될 것이다.

프린키피아 (제1권 물체들의 움직임)

개정판 발행 2024년 2월 20일

지은이 유클리드
옮긴이 이무현
펴낸이 오판근
펴낸곳 (주) 교우
주　소 서울시 동대문구 약령시로 8 교우빌딩 2층 (주)교우
전　화 02-925-2861 / **팩　스** 02-925-2860. **편집부** 02-925-2825
홈페이지&북스토어 www.kyowoo.co.kr / **이메일** kyowoo@kyowoo.co.kr

등　록 1994년 3월 24일 제1994-000013호
ISBN 978-89-8172-091-9 (94420) / 978-89-8172-090-2 (세트)

(주) 교우는 보다 혁신적이고 참신한 도서를 다양하게 기획하고 있습니다.
책으로 펴내고자 하는 아이디어나 원고는 메일로 보내주세요.
(주) 교우는 전과정을 책임지고 최선을 다하겠습니다.

값 25,000원

교우미디어는 (주) 교우의 Imprint 사입니다.
수학정원·과학정원은 (주) 교우의 새로운 브랜드명입니다.

잘못된 책은 구입하신 서점에서 교환해 드립니다.